HISTORY
OF
MODERN PHYSICS

DE DIVERSIS ARTIBUS

COLLECTION DE TRAVAUX	COLLECTION OF STUDIES
DE L'ACADÉMIE INTERNATIONALE	FROM THE INTERNATIONAL ACADEMY
D'HISTOIRE DES SCIENCES	OF THE HISTORY OF SCIENCE

DIRECTION
EDITORS

EMMANUEL
POULLE

ROBERT
HALLEUX

TOME 57 (N.S. 20)

BREPOLS

PROCEEDINGS OF THE XXth INTERNATIONAL CONGRESS
OF HISTORY OF SCIENCE (Liège, 20-26 July 1997)

VOLUME XIV

HISTORY

OF

MODERN PHYSICS

Edited by

Helge KRAGH, Geert VANPAEMEL, Pierre MARAGE

BREPOLS

The XXth International Congress of History of Science was organized by the Belgian National Committee for Logic, History and Philosophy of Science with the support of :

ICSU
Ministère de la Politique scientifique
Académie Royale de Belgique
Koninklijke Academie van België
FNRS
FWO
Communauté française de Belgique
Région Wallonne
Service des Affaires culturelles de la Ville
  de Liège
Service de l'Enseignement de la Ville
  de Liège
Université de Liège
Comité Sluse asbl
Fédération du Tourisme de la Province
  de Liège
Collège Saint-Louis
Institut d'Enseignement supérieur
  "Les Rivageois"

Academic Press
Agora-Béranger
APRIL
Banque Nationale de Belgique
Carlson Wagonlit Travel -
  Incentive Travel House

Chambre de Commerce et d'Industrie
  de la Ville de Liège
Club liégeois des Exportateurs
Cockerill Sambre Group
Crédit Communal
Derouaux Ordina sprl
Disteel Cold s.a.
Etilux s.a.
Fabrimétal Liège - Luxembourg
Generale Bank n.v. -
  Générale de Banque s.a.
Interbrew
L'Espérance Commerciale
Maison de la Métallurgie et de l'Industrie
  de Liège
Office des Produits wallons
Peeters
Peket dè Houyeu
Petrofina
Rescolié
Sabena
SNCB
Société chimique Prayon Rupel
SPE Zone Sud
TEC Liège - Verviers
Vulcain Industries

D/2002/0095/21
ISBN 2-503-51200-3
Printed in the E.U. on acid-free paper

TABLE OF CONTENTS

Part three
ELECTRON

Part four
EINSTEIN

Part five
QUANTUM THEORY

Part six
PARTICLE PHYSICS

INTRODUCTION

Helge KRAGH

During the 1997 Liège Congress of the Division of History of Science, the two sessions on the history of post-1600 physics and astronomy were populated by many historians of science who presented papers on the historical development of the physical sciences. In addition, the Commission for the History of Modern Physics sponsored a symposium in commemoration of the centenary of the electron. The present volume, edited by Geert Vanpaemel, Pierre Marage and Helge Kragh, includes papers based on these three sessions. It is to be noted that "modern physics" should here be understood in a broader sense than usual, namely, including developments all the way back to the time of Galileo. Although several more languages were accepted as "official" during the 1997 congress, all of the 31 papers in the present volume are written in either French or English. As an illustration of the internationality of history of science, the 37 authors are distributed among twelve countries, namely, France, Italy, Croatia, Belgium, The Netherlands, Russia, Germany, Denmark, Portugal, Brazil, Japan and The United States.

The volume is structured in seven parts, with the largest one dealing with the seventeenth and eighteenth centuries, the classical period of the new physics, that emerged in the late renaissance period. In his introductory chapter, Michel Blay surveys seventeenth-century classical mechanics in a broad perspective in which he emphasises the great conceptual issues that formed the background of the Scientific Revolution as well as its consolidation and further development during the age of enlightenment. Galileo, more than anyone the founder of early modern physics, is the subject of two further papers. Whereas Giulia di Girolamo examines the influence of Archimedes on Galileo's statics, Jacques Gapaillard takes up one of the classical topics of history of science, the laws of free fall as discussed in Galileo's *Discorsi*. Another of the giants in what has been called the age of genius, Christiaan Huygens, is studied by Fokko Jan Dijksterhuis. He focuses on Huygens' *Dioptrica*, but rather than considering it as a purely scientific work, Dijksterhuis sees it in the framework

of the science-technology relationship, as an attempt to develop a technological instrument in a scientific way. The contributions to mechanics of the French
savant Pierre Varignon, and especially his theory of forces, are studied in the
paper by Vadim Iakovlev and V. Malanin who see Varignon as an important but
transitional figure in the development of mechanics towards a universal and
abstract science.

During the eighteenth century, mathematical physics flourished and important progress was made by the Bernoullis, among others. The paper by
Stephane Colin is concerned with Daniel Bernoulli's application of Newtonian
mechanics in the realm of hydro- and aerodynamics, perhaps the first serious
attempt to understand atmospheric science on the basis of the new mathematical physics. Contrary to many other natural philosophers of the century, the
versatile Roger Boscovich has continued to fascinate historians, philosophers
and scientists alike. Indeed, in his survey of Boscovich's life and work Miroslav Mirković argues that his ideas of physical space and the structure of matter
are still living parts of modern physics and thus have a significance that go
beyond mere history. The same claim has been made with regard to Goethe,
whose unorthodox views on science continue to attract the attention of a
minority of scientists, scholars and alternative thinkers. The edition and publication of Goethe's extensive scientific writings goes back to the early 1930s
and, as described by Gisela Nickel, is still under way. As becomes clear from
Nickel's paper, a historico-critical edition of this scope and complexity has its
own history which reflects the broader historical changes in German society.

The second part deals primarily with the development of thermodynamics,
a science that emerged in the nineteenth century and evolved in close interaction with the steam engine and other heat-engine technologies. Michel Cotte
writes about one of the early thermodynamicists, Marc Seguin, who counts
among the precursors of the law of energy conservation and was among the
first to recognize the equivalence of heat and work. Much better known is
Rudolf Clausius, whose seminal contributions to the foundation of thermodynamics are covered in two of the papers. Eri Yagi and Haruo Hayashi present
results, based on a database of Clausius' publications, that show how the German physicist treated the two laws of thermodynamics ; and moreover, that
Clausius was significantly influenced by the works of Fourier on the analytical
theory of heat. Joke Meheus investigates Clausius' derivation of Sadi Carnot's
theorem, which, she argues, cannot be understood on the basis of classical
logic but necessitates what she calls an " inconsistency-adaptive logic ". The
contribution of Bernard Pourprix deals with Adolf Fick, a relatively unknown
German scientist who during the second half of the nineteenth century wrote
extensively on problems of thermodynamics and endeavoured to build op an
entire world view based on the new science of heat and energy.

The year 1997 marked the centenary of the discovery of the electron or, at
least, J.J. Thomson's famous identification of cathode rays with negatively

charged, subatomic " corpuscles ". However, as Helge Kragh points out in his paper, the concept of the electron can reasonably be traced back to the 1830s and even after 1897 it was far from evident what the electron " really was " and which role it played in the structure of atoms. Indeed, about 1900 the electron seemed to have many faces. One of the faces was that of a particle belonging to the theories of electrodynamics, such as developed by Lorentz, Larmor, Wiechert and Poincaré. Arcangelo Rossi briefly considers Poincaré's electron theory and its relationship to the theory of Lorentz. What, one may ask, is the meaning of " the discovery of the electron " ? This question, in part philosophical and in part historiographical, forms the starting point of the paper by Nahum Kipnis in which he suggests that the acceptance of the electron occurred somewhat arbitrarily, that is, before a reasonable proof of its existence was secured. Astrochemistry, as conceived by Norman Lockyer and other Victorian scientists, formed an important if often neglected background for the discovery of the electron. The connection between Lockyer's " proto-elements " and Thomson's discovery is discussed by Nadia Robotti and Matteo Leone who argue that Lockyer's speculations significantly belong to the discovery history of the electron ; or, to be more precise, to that of the " corpuscle ".

Relativity, one of the conceptual pillars of twentieth-century physics, is the subject of three papers. Yves Pierseaux looks at the birth of the special theory of relativity, which he connects with Einstein's no less revolutionary 1905-theory of light quanta. Although dealing with two quite different domains of physics, the two theories had a common philosophical root in what Pierseaux calls the principle of independent events. After his fame had been firmly secured, Einstein travelled widely and was celebrated all over the world. His tour to South America in 1925 is described by Alfredo Tolmasquim and I.C. Moreira in whose account the scientific, political and ideological aspects appear closely intertwined. The quantum theory of light, at the time still a controversial subject, was dealt with by Einstein in an unpublished address on " Remarks on the Present Situation of the Theory of Light ", the manuscript of which is included in the article by Tolmasquim and Moreira. An earlier travel of Einstein's brought him to Japan and it was here, in Kyoto in 1922, that he gave an important and much discussed lecture in which he revealed something of the origin of his special theory of relativity. Based on a re-examination of the Japanese text of Einstein's Kyoto address, Ryoichi Itagaki reaches the conclusion — contrary to what is generally accepted today — that Einstein did probably not know about Michelson's ether-drift experiment when he formulated the theory of relativity in 1905.

If relativity is one of the two foundational pillars of modern physics, quantum theory is surely the other. Close to the centenary of Planck's epochal introduction of the quantum of action in December 1900, Pietro Cerreta re-examines how the quantum theory came into existence. In his paper, which is primarily of a historiographical nature, the interpretations of Thomas Kuhn, Silvio Bergia, Peter Galison and others are discussed and so is the role of Boltzmann as an inspiration and precursor of energy quantization. About half a century after Planck's discovery, David Bohm proposed his causal hidden-variable theory of quantum mechanics which since then has attracted much attention among philosophers of sciences (but much less among physicists). The development and meaning of the interpretation of Bohm and his followers is reviewed in a historico-philosophical perspective by Olival Freire, Michel Paty and Alberto Barros who propose reasons why this class of theories has been received negatively by mainstream physicists. Bohm's theory of 1952 was closely related to the much earlier views of Louis de Broglie, whose early training and work is the subject of Chieko Kojima's paper. Kojima examines in particular the notes that young de Broglie made of Paul Langevin's course in quantum theory in 1919.

Tomoji Okada takes up a specific problem in the so-called old quantum theory, namely, the introduction of the Bohr magneton as a natural unit of the molecular or atomic magnetic moment. He examines early quantum theories of magnetism and Pauli's 1920-proposal of what he called the Bohr magneton, according to Okada a true discovery rather than merely an introduction of a new magnetic unit. In the development of quantum theory, including quantum mechanics, Göttingen had a special and most prominent position. The question of what was so special about the Göttingen environment is discussed by Arne Schirrmacher, who argues that research politics — in the sense of local scientific entrepreneurship — is a particularly suitable perspective for understanding the driving forces of local scientific developments. Dealing with the period 1900-1924, Schirrmacher focuses on the investment of resources rather than the conceptual changes as the basic motive forces of physics.

Two papers deal with high energy or elementary particle physics. Ana Maria Ribeiro de Andrade investigates how the pion (then called the π-meson) was discovered by the international group of physicists at Bristol University. She pays particular attention to the Brazilian physicist Cesar Lattes and in general emphasises the role of detection technologies (photographic emulsions) and the socio-historical environment. Finally, Seiya Aramaki briefly outlines the ontological change that occurred in high energy physics from about 1967 to 1974 with what has been called the gauge field revolution. During these years, the mass of elementary particles became less fundamental whereas the (gauge) field came to be seen as the fundamental substratum of the quantum world.

There are of course many fields, perspectives and periods of physics that are not included in this volume. Being a conference proceeding, it necessarily reflects the somewhat arbitrary collection of subjects that happened to be on the programme in Liège in 1997. Nonetheless, on the whole the contributions do span a considerable part of the wide spectrum of physics. It has been worthwhile editing the volume for publication and we, the editors, would like to thank the organizers of the XXth International Congress of History of Science for the opportunity of doing so.

PART ONE

CLASSICAL PHYSICS

LA SCIENCE CLASSIQUE " REVISITÉE "

Michel BLAY

> " Nous sommes tous en danger pendant que nous
> vivons, mais c'est justement ce danger que nous
> aimons puisqu'il élargit nos cœurs en y faisant
> entrer l'infini ".
>
> Rainer Maria Rilke[1]

Le concept de science classique est une dénomination commode pour couvrir l'évolution des savoirs entre deux grandes charnières : d'une part, la formulation systématique de l'héliocentrisme avec Nicolas Copernic au milieu du XVIe siècle, et, d'autre part, celle de l'évolutionnisme, avec Jean-Baptiste de Monet de Lamarck au tournant des XVIIIe et XIXe siècles, conjointement avec celle de la mécanique analytique par Joseph-Louis Lagrange, avant l'introduction au XIXe siècle du Darwinisme et du concept physique de champ.

La constitution et l'avènement de la science classique figurent parmi les grandes aventures de l'histoire de la pensée humaine. Elles restent cependant, en dépit de très nombreuses études, un objet de vives discussions et d'interprétations souvent contradictoires.

Depuis quelques années, voire quelques décennies, de nouveaux points de vue ont été adoptés conduisant à une meilleure appréciation de certains secteurs laissés autrefois plus ou moins en friche.

Toute nouvelle " visite " des modalités de constitution et de développement de la science classique impose maintenant, en premier lieu, de décrire les milieux, les réseaux, les institutions et les lieux d'enseignement. C'est la naissance, au début du XVIIe siècle, des premières académies, des cercles savants, d'une nouvelle sociabilité que façonnent de multiples voyageurs et d'importants échanges épistolaires. C'est aussi la transformation des lieux et des contenus de l'enseignement. Ainsi, la réforme introduite par Christoph Clavius au

---

1. R.M. Rilke, *Lettres à une amie vénitienne,* Gallimard, 1985, 1996, 27.

tournant des XVIe et XVIIe siècles donne une impulsion, en particulier dans les collèges tenus par les jésuites, aux études consacrées aux questions impliquant les mathématiques dites mixtes ; un nouvel espace se trouve ainsi dégagé pour des recherches dans le domaine de ce qui va devenir, avec Galilée, la physique mathématique.

De ces réseaux, de ces groupes, de ces cercles, de cette sociabilité surgissent les grandes institutions académiques de la fin du XVIIe siècle et du XVIIIe siècle : la *Royal Society* à Londres, l'Académie Royale des Sciences à Paris, puis les Académies de St Petersburg et de Berlin. La science classique ne peut être pensée en dehors de ces multiples échanges internationaux que soulignent les expressions de République des Lettres ou d'Europe savante. Ainsi Vigneul-Marville, en 1701, écrit-il dans ses *Mélanges d'Histoire et de Littérature* : " [La République des Lettres] est composée de gens de toute nation, de toute condition, de tout âge, de tout sexe […] on y parle toutes sortes de langues vivantes et mortes. Les arts y sont joints aux lettres, et les mécaniques y tiennent leur rang, mais la religion n'y est pas uniforme, et les moeurs, comme dans toutes les autres républiques y sont mélangées de bien et de mal […] ".

C'est à l'intérieur de cet espace, qui n'est pas fait que de la circulation des personnes mais aussi de celle des savoirs (néoplatonisme, aristotélisme, stoïcisme, atomisme), que les nouveautés conceptuelles sont portées, transportées, enrichies. Ces nouveautés sont l'enjeu de débats qui dépassent largement, par leurs implications sociologiques, philosophiques ou théologiques, nos modernes divisions disciplinaires comme en porte témoignage la prolifération des journaux et périodiques (*Journal des Sçavans, Acta Eruditorum, Philosophical Transactions, Mémoires de Trevoux*, etc.) dans lesquels les domaines du savoir ne constituent pas encore des disciplines autonomes et où les nouvelles sciences expérimentales coexistent avec les sciences spéculatives. Aussi, pour rendre compte de la genèse et de l'organisation des connaissances à l'époque classique, pour " revisiter " la science classique, il importe fondamentalement de décloisonner les problématiques traditionnelles de l'histoire des sciences et, en particulier, de se dégager de l'analyse par champs disciplinaires. Une telle analyse ne permet pas, en effet, de saisir les enjeux essentiels qui sous-tendent les développements conceptuels et théoriques. Pour ne prendre qu'un exemple, il est très surprenant et finalement très anachronique de séparer, pour la période classique, l'histoire des sciences d'avec l'histoire de la philosophie et d'avec ce qu'on appelle l'histoire littéraire. Comment penser l'oeuvre scientifique d'un Descartes, d'un Galilée, d'un Leibniz ou d'un Newton indépendamment des choix philosophiques et théologiques qui, sous des formes diverses, gouvernent leurs réflexions ?

Si je considère qu'il faut décloisonner les problématiques traditionnelles des champs disciplinaires, ce n'est pas pour autant que je souhaite voir se développer des études superficielles mêlant, par exemple, science, sociologie et histoire dans de vastes compositions donnant précisément seulement l'illusion du décloisonnement. Ce qui doit s'imposer, c'est de penser à nouveaux frais la science classique à travers des questionnements susceptibles de dépasser les cadres et les approches conceptuels impliqués par les a priori disciplinaires. Un tel travail ancré résolument dans une perspective visant à saisir l'émergence des territoires et des champs du savoir au moment même de leur constitution, doit permettre de retrouver, par delà l'histoire trop récurrente des grands cheminements disciplinaires retracés a posteriori et par delà les micro-disputes qui font les beaux jours des analyses sociologiques, les questionnements fondamentaux où s'enracinent les enjeux essentiels de notre modernité.

Il s'agit donc finalement non pas de repenser l'histoire des différents champs disciplinaires, mais de s'interroger sur les gestes et les moments spéculatifs par lesquels ces champs se sont constitués et organisés. Il y a une antériorité du travail de la raison qui fonde, par delà les régimes établis de la pensée, de nouveaux espaces de savoir.

Ainsi, par exemple, lorsque René Descartes rédige son *Monde ou Traité de la lumière* entre 1629 et 1633 (année de la condamnation de Galilée), ce qui importe c'est le geste créateur cartésien, le mouvement de la pensée spéculative, de la pensée qui donne naissance, contre le cosmos aristotélicien, à un nouveau monde. Ce qui importe ce n'est pas le " système " de Descartes ou de ses successeurs, c'est la pensée qui anime Descartes lorsqu'il jette sur le papier son *Monde* et qu'ainsi, sous notre regard étonné, surgissent finalement les premiers mots et gestes de notre modernité.

L'enthousiasme de Descartes est si intense, dans la correspondance qu'il échange pendant la période de la rédaction avec le Père Marin Mersenne, que l'on voit en effet progressivement les Astres, les Planètes, la Terre s'inscrire dans une explication globale où tout s'enchaîne et s'ordonne dans un monde nouveau, loin des hiérarchies ontologiques du cosmos aristotélicien. Ainsi, comme un voyageur hardi ayant définitivement rompu avec le cosmos aristotélicien, et rappelant en cela Giordano Bruno ou Cyrano de Bergerac, Descartes poursuit sa route, sa rêverie, au gré des raisons de son Monde. Tout s'éclaire et s'explique maintenant différemment ; les choses se découvrent dans un nouvel ordre et le Monde surgit dans sa profonde rationalité. La position de chaque étoile comme le mouvement des comètes acquièrent leur totale intelligibilité et celle-ci, dans l'unité retrouvée des phénomènes célestes et terrestres, ouvre alors définitivement la voie à la compréhension de la totalité des choses.

Il s'agit donc de " revisiter " la science classique pour en saisir, comme dans l'exemple cartésien, les gestes créateurs, mais aussi pour en saisir les dialogues de la pensée où converge la multiplicité des thématiques, avant même l'émergence de nos modernes champs disciplinaires.

Dans cette dernière perspective, et pour illustrer d'une manière un peu plus précise mon propos, il m'est apparu nécessaire de revenir longuement sur la problématique exemplaire de l'infini, en ce sens que la réflexion sur l'infini, active en des lieux multiples de la pensée du XVIIe siècle — compréhension, statut, enjeux philosophiques et théologiques —, constitue une étape décisive dans le développement de la science classique et dans l'avènement du style physico-mathématique du XVIIIe siècle.

C'est en effet au cours du XVIIe siècle que la diversité des questions sur l'infini est apparue dans toute son ampleur, en relation avec ses dimensions d'inquiétude et de souci métaphysique. Il y a une dimension tragique dans la pensée infinitiste du XVIIe siècle, et c'est à travers cette dimension tragique qu'il devient possible de saisir l'organisation de la pensée de ce siècle, de percevoir l'originalité de la tâche qui s'y accomplit et en quel sens la résolution et le dépassement de cette dimension tragique ouvre sur le XVIIIe siècle et la construction effective de la science classique.

Cette dimension tragique, ce souci métaphysique s'imposent à la seule lecture des textes. Galilée (1564-1642) n'écrit-il pas dans la première journée de ses *Discorsi* publié à Leyde en 1638 : " Rappelons-nous que nous traitons d'infinis et d'indivisibles, inaccessibles à notre entendement fini, les premiers à cause de leur immensité, les seconds à cause de leur petitesse. Pourtant nous constatons que la raison humaine ne peut s'empêcher de sans cesse y revenir "[2]. A cela Blaise Pascal (1623-1662) fait écho dans les *Pensées* : " Connaissons donc notre portée. Nous sommes quelque chose et ne sommes pas tout. Ce que nous avons d'être nous dérobe la connaissance des premiers principes qui naissent du néant, et le peu que nous avons d'être nous cache la vue de l'infini "[3], tandis que René Descartes (1596-1650), en affirmant clairement dans les *Principes de la philosophie*[4] que le mot d'infini doit être réservé à Dieu seul, introduit l'indéfini comme unique domaine à l'intérieur duquel la pensée humaine peut effectivement se développer : " Qu'il ne faut point tâcher de comprendre l'infini, mais seulement penser que tout ce en quoi nous ne trouvons aucunes bornes est indéfini "[5]. L'infini est donc ce qui est toujours à l'horizon des questionnements et toujours impossible à pleinement s'approprier.

Comment penser alors la nouvelle science sans penser pleinement l'infini ? Comment construire la nouvelle science sans construire un concept de l'infini ?

---

2. Galileo Galilei, " Discorsi e dimostrazioni matematiche intorno a due nuove scienze ", *Opere*, VIII, éd. nationale en vingt volumes publié par Favaro et Longo, Florence, 1890-1909, 73 (Dans la suite *Opere*) et *Discours concernant deux sciences nouvelles*, traduction par Maurice Clavelin, Paris, 1995, première édition Paris, 1970, 26 (Dans la suite *Discours*).

3. B. Pascal, *Oeuvres complètes*, 1963, 528 (collection l'*Intégrale*).

4. R. Descartes, *Principes de la philosophie*, Paris, 1647 (première édition latine, Amsterdam, 1644).

5. R. Descartes, " Les Principes de la philosophie ", in Ch. Adam, P. Tannery (eds), *Oeuvres*, 1896-1913, 12 vol. plus un suppl., rééd. Vrin-CNRS, vol. IX, 1964-1974, première partie, paragraphe 26. (Dans la suite *AT*).

C'est cette tension entre, d'une part, un infini qui toujours surgit dans le mouvement, dans sa continuité, son commencement et sa fin ou dans la cosmologie et, d'autre part, l'impossibilité qu'il y a à saisir cet infini en tant qu'il appartient à Dieu seul, qui traverse la pensée du XVIIe siècle ; c'est ce souci à la fois mathématique et métaphysique, apparaissant comme l'un des foyers vivants de la pensée du XVIIe siècle, que nous voudrions, dans ces quelques pages, donner à voir dans sa dimension de quête et d'interrogation.

D'abord, l'effort mathématique pour penser le mouvement et les conditions de sa géométrisation, puis les enjeux métaphysiques de l'impossible pensée de l'infini ; enfin, pour rompre cette tension, l'apaisement fontenellien de la distinction entre l'infini métaphysique et l'infini géométrique, c'est-à-dire l'ouverture sur le XVIIIe siècle et l'avènement de la science classique.

L'INFINI À PENSER

L'un des aspects les plus novateurs du développement de la science au début du XVIIe siècle consiste dans la géométrisation du mouvement. Par géométrisation, il faut comprendre une démarche dont l'objet consiste à reconstruire les phénomènes du mouvement à l'intérieur du domaine de l'intelligibilité géométrique, de telle sorte que ces phénomènes se trouvent soumis à l'emprise de la raison géométrique et puissent être l'objet d'une mise en forme déductive sur le modèle des *Eléments* d'Euclide.

Cependant, cette entreprise ne va pas sans difficultés. Elle se heurte rapidement à des questions impliquant la considération de l'infini et, bien sûr, le retour des célèbres paradoxes de Zénon d'Elée (la dichotomie, l'Achille et la flèche). Comment peut-on penser la continuité d'un mouvement, le début et la fin d'un mouvement ? Comment expliquer la variété des mouvements accélérés ; doit-on avoir, comme le suggèrent certains atomistes, recours à un mélange de mouvements et de repos ?

Autant de questions qui occuperont les savants du XVIIe siècle, Galilée, Bonaventura Cavalieri (1598-1647), Blaise Pascal, et qui ne trouveront finalement une réponse mathématique explicite qu'au début du XVIIIe siècle avec l'algorithmisation de la cinématique.

Dans une lettre adressée à Galilée en date du 21 mars 1626, Cavalieri souligne parfaitement l'importance et la difficulté des problèmes posés, dans le cadre de la géométrisation, par la compréhension du commencement et de l'évolution continue du mouvement : " […] je suis arrivé à composer quelque petite chose sur le mouvement […] : lorsqu'on en arrive à devoir prouver que le mobile, qui du repos doit passer à un degré quelconque de vitesse, doit passer par les (degrés) intermédiaires, je ne trouve aucune raison qui me tranquillise, bien qu'il me semble que généralement il en soit ainsi […] "[6].

6. *Opere*, XIII, 312.

La quête d'une raison qui tranquillise, c'est ici à la fois un programme de travail et une attitude d'esprit ; c'est la volonté de comprendre le commencement et l'évolution continue du mouvement, mais surtout de les penser mathématiquement, ou plutôt d'en construire les raisons mathématiques.

Cependant le traitement de ces questions est d'une extrême difficulté, car s'y attaquer c'est immédiatement se trouver confronté à l'infini. Blaise Pascal en témoigne explicitement, par exemple dans son petit traité intitulé *De l'esprit géométrique* : " […] quelque prompt que soit un mouvement, on peut en concevoir un qui le soit davantage, et hâter encore ce dernier ; et ainsi toujours à l'infini, sans jamais arriver à un qui le soit de telle sorte qu'on ne puisse plus y ajouter. Et au contraire, quelque lent que soit un mouvement, on peut le retarder davantage, et encore le dernier ; et ainsi à l'infini, sans jamais arriver à un tel degré de lenteur qu'on ne puisse encore en descendre à une infinité d'autres sans tomber dans le repos "[7].

Dans une perspective très voisine, Galilée écrit dans les *Discorsi e dimostrazioni matematiche intorno a due nuove scienze*, en plaçant les mots dans la bouche de son ami et porte-parole, Salviati : " Écoutez-moi bien. Vous ne refuserez pas, je crois, de m'accorder qu'une pierre tombant de l'état de repos acquiert ses degrés successifs de vitesse selon l'ordre dans lequel ces mêmes degrés diminueraient et se perdraient, si une force motrice la reconduisait à la même hauteur ; et le refuseriez-vous que je ne vois pas comment la pierre, dont la vitesse diminue et se consume en totalité au cours de son ascension, pourrait atteindre l'état de repos sans être passée par tous les degrés successifs de lenteur "[8].

Dans ce texte, Galilée souligne, comme Pascal, mais d'une façon plus précise, la continuité caractérisant selon lui la croissance ou la décroissance de la vitesse dans un mouvement naturellement accéléré. Ainsi dans un tel mouvement, comme le précise également Galilée dans les *Discorsi*, " un grave […] ne demeure en aucun de ces degrés de vitesse pendant un temps fini "[9]. Ce qui revient encore à dire que, suivant Galilée, dans un mouvement accéléré ou retardé, un grave qui sort du repos ou qui y retourne passe par une infinité de degrés de vitesse dans un intervalle de temps qui, si petit qu'il soit, contient une infinité d'instants. En ce sens, le repos peut être considéré, non comme opposé au mouvement, mais comme une limite ou un cas particulier du mouvement.

Les problèmes soulevés par cette analyse de la continuité du mouvement, tout en rendant possible la géométrisation du mouvement, comme en témoigne le traitement galiléen de cette question dans les *Discorsi* ou dans le *Dialogo* (Florence, 1632), sont d'une extrême difficulté.

---

7. B. Pascal, *Oeuvres complètes, op. cit.*, 351-352.
8. *Opere*, VIII, 200. *Discours*, 133.
9. *Idem*, 133.

En effet, s'il y a une infinité de degrés de lenteur pour atteindre le repos, ne faut-il pas un temps infini pour que ce mouvement puisse s'accomplir ou, plus exactement, pour que le mobile animé d'un tel mouvement s'arrête en passant successivement par tous les degrés de lenteur ? Et, à l'inverse, pour qu'un mouvement commence en passant successivement par tous les degrés croissants de vitesse ne faut-il pas, là aussi, un temps infini pour atteindre la moindre vitesse ? Dans un cas le repos est impossible à atteindre, dans l'autre c'est le mouvement qui ne peut, à strictement parler commencer. Or, bien évidemment, les mouvements commencent et finissent !

CONTINUITÉ / DISCONTINUITÉ

Que le mouvement commence, et voilà les paradoxes de l'infini qui s'insinuent et semblent venir ruiner toute possibilité de penser la continuité du début et de la fin du mouvement. Une réponse consiste à rejeter l'idée d'un commencement non fini du mouvement ou plutôt de considérer que, par exemple, le mouvement de chute des graves commence non pas à partir d'une vitesse nulle par accroissements successifs continus, mais à partir d'une vitesse petite mais finie. C'est ainsi qu'Edme Mariotte (1620-1684) envisage la question.

Dans son *Traitté de la percussion ou chocq des corps*, publié à Paris en 1673, il refuse l'idée qu'un mouvement accéléré puisse l'être dès le premier instant. Son argumentation repose, bien évidemment, sur un rappel des difficultés engendrées par les paradoxes de Zénon sur l'infini, mais aussi, bien que le contexte infinitésimal y semble peu propice, sur diverses expériences en rapport principalement avec l'écoulement et la force des fluides : " Galilée fait quelques raisonnements assez vraisemblables pour prouver qu'au premier moment qu'un poids commence à tomber, sa vitesse est plus petite qu'aucune qu'on puisse déterminer : mais ces raisonnements sont fondés sur les divisions à l'infini, tant des vitesses que des espaces passés, et des temps de chutes, qui sont des raisonnements très suspects, comme celui que les anciens faisaient pour prouver qu'Achille ne pourrait jamais attraper une tortue, auquel raisonnement il est difficile de répondre et d'en donner la solution ; mais on en démontre la fausseté par l'expérience, et par d'autres raisonnements plus faciles à concevoir. Ainsi l'on objectera à Galilée les raisonnements ci-dessus qui sont faciles à concevoir, particulièrement celui de la balance, et qui sont beaucoup plus clairs que les siens, qu'il a fondez sur les divisions à l'infini, qui sont inconcevables, et sur certaines règles de l'accélération de la vitesse des corps, qui sont douteuses : car on ne peut savoir si le corps tombant ne passe pas un petit espace, sans accélérer son premier mouvement, à cause qu'il faut du temps pour produire la plupart des effets naturels, comme il paraît lorsqu'on fait passer du papier au travers d'une grande flamme, avec une grande vitesse, sans qu'il s'allume ; et par conséquent on doit préférer les raisonnements ci-dessus à ceux de Galilée "[10].

Il devient donc possible d'éliminer l'infini au début du mouvement en considérant qu'il n'y a pas, au sens strict, de début au mouvement. Dès le premier instant le corps est animé d'une vitesse très petite mais finie. De même le repos peut être atteint sans que le mobile passe par tous les degrés de lenteur ainsi que le propose, par exemple Hartsocker dans une lettre adressée à G.W. Leibniz (1646-1716) en date du 6 janvier 1712 : " Il y a une loi dans la Nature, dites-vous, Monsieur, qui porte qu'il n'y a aucun passage *per saltum*. Je vous l'accorde dans un certain sens ; mais quand vous dites, que cette loi ne permet pas qu'il n'y ait point de milieu entre le dur et le fluide, je n'y vois aucune nécessité. Si vous ne saviez pas par l'expérience, Monsieur, qu'un corps qui se meut avec tout autant de vitesse qu'il vous plaira peut demeurer en repos dès l'instant du choc, sans perdre peu à peu et par degrés son mouvement, ne diriez-vous pas par votre loy que cela est impossible ? "[11].

Descartes est également très prudent concernant l'accroissement continu de la vitesse lorsque les corps descendent et suggère, qu'" ordinairement ", ils ne passent pas par tous les degrés de vitesse[12]. D'ailleurs en énonçant, dans la deuxième partie de ses *Principes de la philosophie*, ses lois du choc, dont la réforme va reposer entre autres, pour Leibniz, sur l'application de sa loi de continuité, Descartes se met précisément en contradiction avec les exigences de la continuité. Par l'expression de la première loi du choc, Descartes indique que " deux corps [...] exactement égaux et se (mouvant) d'égale vitesse en ligne droite l'un vers l'autre, lorsqu'ils viendraient à se rencontrer [...] rejailliraient tous deux également, et retourneraient chacun vers le côté d'où il serait venu, sans perdre rien de leur vitesse ". Mais, si l'on suppose maintenant avec Descartes dans les deuxième et troisième lois, que l'un des corps est " tant soit peu plus grand " ou qu'il a " tant soit peu plus de vitesse ", alors il n'y aura, par la deuxième loi, que le plus petit ou, par la troisième loi, que le plus lent qui rejaillira seul, de sorte que les corps iront après, dans un cas comme dans l'autre, tous les deux du même côté[13]. Une telle analyse est en parfaite contradiction avec l'idée même de continuité, comme le souligne par exemple Leibniz en 1691-1692 dans ses *Animadversiones in partem generalem principiorum cartesianorum*[14].

Le traitement " à la façon " galiléenne de l'évolution " sans sauts ", " pauses " ou discontinuités du mouvement apparaît au XVIIe siècle comme le

---

10. E. Mariotte, *Traitté de la percussion ou chocq des corps*, Paris, 1673, avertissement placé à la fin de la proposition X, 247-249.

11. *Die philosophischen Schriften von Leibniz*, Bd. 1-7, Hrsg. von C.I. Gerhardt, Berlin, 1875-1890, rééd. Hildesheim, III, 1960-1961, 531.

12. *AT*, II, 399. *AT*, II, 399.

13. *AT*, IX, paragraphes 46, 47, 48.

14. *Die philosophischen Schriften von Leibniz*, IV, *op. cit.*, 350 et sq.

résultat d'un choix théorique risqué mais décisif car, comme Galilée l'a parfaitement perçu, c'est la possibilité même de la géométrisation du mouvement qui est ici en jeu. Le traitement géométrique du mouvement requiert de dépasser par la construction rationnelle, mais avec les risques de l'infini, ce qui chez Mariotte relève d'une sorte d'évidence expérimentale qui n'apprend rien.

LE " COMMENCEMENT " LEIBNIZIEN

Alors qu'il ne développera son calcul différentiel et intégral qu'en 1676, Leibniz rédige en 1670 une *Théorie du mouvement abstrait (Theoria motu abstracti)*[15] qui a essentiellement pour objet d'édifier une théorie a priori ou purement rationnelle du mouvement. Ce travail s'inspire de certains résultats mathématiques de Cavalieri exposés dans son célèbre écrit intitulé *Geometria indivisibilibus* publié à Bologne en 1635.

Dans sa *Théorie du mouvement abstrait* Leibniz considère que le mouvement est un continu, c'est-à-dire qu'il n'est " nullement entrecoupé de petits repos ", comme cela était parfois envisagé par les atomistes. Donc, en tant qu'il est continu, le mouvement, comme c'est d'ailleurs le propre de tout continu suivant Leibniz, est non seulement divisible à l'infini mais effectivement divisé, en ce sens qu'" il y a des parties données en acte dans le continu " et que " celles-ci sont infinies en acte ". Cependant " il n'y a pas de minimum dans l'espace ou le temps ", car un tel minimum " implique contradiction ". En effet, dans ce cas, il y aurait autant de minima dans le tout que dans la partie, puisque toute partie de même espèce que le tout est encore infiniment divisible. Leibniz échappe à cette contradiction en s'appuyant sur son interprétation de la méthode cavalierienne, méthode qu'il est conduit à envisager, plus préoccupé qu'il est ici sans doute par l'analyse du mouvement et des trajectoires que par les pures questions de géométrie, sous l'angle de la composition du continu. Il introduit donc son concept d'indivisible : " Des indivisibles ou inétendus sont donnés, sans quoi ni le commencement, ni la fin du mouvement et du corps ne sont concevables ". Que dire en effet, comme on l'a vu précédemment, du " commencement ", que ce soit celui d'un corps, d'un espace, d'une durée ou d'un mouvement, sans retomber dans les paradoxes de Zénon ?

Pour Leibniz, un tel commencement appartient à l'espace, au temps, au mouvement, sans pour autant être lui-même divisible. Comme on l'a vu, la

---

15. G.W. Leibniz développe sa théorie du mouvement dans son *Hypothesis physica nova*, rédigé en 1670 et publié à Mayence en 1671. Cet écrit regroupe deux textes complémentaires intitulés respectivement : " Theoria motus concreti, seu hypothesis de rationibus phaenomenorum nostri orbis " et " Theoria motus abstracti seu rationes motuum universales, a sensu et phaenomenis independentes " ; cet écrit a été réédité dans *Sämtliche Schriften und Briefe*, VI, II, Akademie Verlag, Berlin, 1966, 262 et sq., et dans *Leibnizens mathematische Schriften*, Bd. 1-7, Hrsg. von C.I. Gerhardt, Berlin, Halle, 1849-1863, rééd. Hildesheim, VI, 1960-1961, 17-80. Pour des raisons de commodité nous donnerons nos références dans ce dernier recueil (abréviation *GM*).

notion d'un commencement divisible est contradictoire. Il y a donc des indivisibles, constitutifs de l'espace, du temps et du mouvement, et cependant hétérogènes à ce qu'ils constituent. Ce faisant, Leibniz introduit alors des êtres mathématiques pour le moins surprenants, que sont " le commencement du corps, de l'espace, du mouvement, du temps (à savoir le point, l'effort, l'instant) ". C'est à Thomas Hobbes (1588-1679) que Leibniz emprunte, en le transformant, le concept d'effort, pour en faire son indivisible de mouvement : " L'effort est au mouvement ce que le point est à l'espace, soit comme l'unité à l'infini, il est en effet le commencement et la fin du mouvement "[16]. Il existe donc un indivisible de mouvement, " l'effort ", qui, d'un certain point de vue, bloque la régression à l'infini qui interdisait de penser le commencement ou la fin du mouvement.

Les tentatives pour penser mathématiquement l'engendrement du mouvement font immédiatement surgir l'infini ; penser la continuité du mouvement, son commencement ou sa fin, c'est faire entrer l'infini dans le monde, en en affirmant la présence. Dans cette perspective, le projet de géométrisation retrouve comme une conséquence inévitable, et non plus sur le mode de la décision péremptoire, les thèses de Giordano Bruno présentées en particulier dans *De l'infinito, universo e mondi* publié à Londres en 1584 : " […] d'autant que, s'il y a une raison pour qu'existe un bien fini, un parfait terminé, il y a incomparablement plus de raison pour qu'existe un bien infini : car tandis que le bien fini existe par convenance et raison, le bien infini existe par absolue nécessité "[17].

Comment penser un infini réel et présent dans le monde alors que précisément le discours sur l'infini est réservé au Créateur ou que le nom d'infini est réservé à Dieu seul ?

L'INFINI IMPENSABLE

La position de Pascal est, dans cette affaire, particulièrement éclairante. Car tout en affirmant la double infinité qui se rencontre dans toute chose, il souligne simultanément que cette double infinité ne peut être conçue par notre esprit et donc, finalement, que notre connaissance ne peut effectivement pénétrer pleinement dans la nature des choses : " Voilà l'admirable rapport que la nature a mis entre ces choses, et les merveilleuses infinités qu'elle a proposées aux hommes, non pas à concevoir mais à admirer "[18].

---

16. *GM*, VI, 67-68.
17. G. Bruno, " De l'infini, de l'univers et des mondes ", *Oeuvres complètes*, IV, texte établi par G. Aquilecchia, notes de J. Seidengart, introduction de M.A. Granada, traduction de G.-P. Cavaillé, 1995, 74.
18. B. Pascal, *Oeuvres complètes*, *op. cit.*, 354.

Le monde est infini, traversé de toutes parts par l'infini, mais l'infini n'est pas de notre monde, en ce sens que nous ne pouvons ni le saisir, ni le concevoir, mais seulement le contempler.

La construction d'un concept mathématique de l'infini qui soit également un mot du langage de la nature totalement compréhensible par la pensée humaine est donc hors de notre portée.

Galilée ne manque pas non plus de le rappeler dans les *Discorsi* : " [...] nous traitons d'infinis et d'indivisibles inaccessibles à notre entendement fini "[19], et Descartes s'appuie sur cette incompréhensibilité pour construire son opposition infini/indéfini qu'il formule avec soin dans la première partie des *Principes* : " 26. Qu'il ne faut point tâcher de comprendre l'infini, mais seulement penser que tout ce en quoi nous ne trouvons aucunes bornes est indéfini. Ainsi nous ne nous embarrasserons jamais dans les disputes de l'infini ; d'autant qu'il serait ridicule que nous, qui sommes finis, entreprissions d'en déterminer quelque chose, et par ce moyen le supposer fini en tâchant de le comprendre ; c'est pourquoi nous ne nous soucierons pas de répondre à ceux qui demandent si la moitié d'une ligne infinie est infinie, et si le nombre infini est pair ou non pair, et autres choses semblables, à cause qu'il n'y a que ceux qui s'imaginent que leur esprit est infini qui semblent devoir examiner telles difficultés. Et, pour nous, en voyant des choses dans lesquelles, selon certains sens, nous ne remarquons point de limites, nous n'assurerons pas pour cela qu'elle soient infinies, mais nous les estimerons seulement indéfinies. [...] Et nous appellerons ces choses indéfinies plutôt qu'infinies, afin de réserver à Dieu seul le nom d'infini ; tant à cause que nous ne remarquons point de bornes en ses perfections, comme aussi à cause que nous sommes très assurés qu'il n'y en peut avoir. Pour ce qui est des autres choses, nous savons qu'elles ne sont pas ainsi absolument parfaites, parce qu'encore que nous y remarquions quelquefois des propriétés qui nous semblent n'avoir point de limites, nous ne laissons pas de connaître que cela procède du défaut de notre entendement, et non point de leur nature "[20].

La finitude de la pensée humaine, confrontée à l'infinitude du créateur, interdit au processus de la connaissance de pouvoir s'accomplir complètement. Ce faisant le projet de géométrisation de la nature dans sa visée ontologique et fondatrice perd son sens : il est impossible de lire, tout en le comprenant, l'infini dans la nature, de pénétrer donc pleinement dans la nature des choses. Une déchirure de l'espace des savoirs s'accomplit ; d'un côté donc la science du mouvement ou la cosmologie de Giordano Bruno avec l'appel insistant de l'infini, le retour incessant de la raison vers le concept d'infini et, de l'autre, la pensée impossible de l'infini, la mise en demeure adressée à l'entendement humain de rester dans les limites de sa finitude.

19. *Opere*, VIII, 73. *Discours*, 26.
20. *AT*, IX, première partie, paragraphe 26.

L'APAISEMENT FONTENELLIEN OU L'INAUGURATION DU XVIIIᵉ SIÈCLE

Cette tension du travail de la pensée où viennent converger les discours de la science et de la métaphysique trouve un apaisement dans l'effort fontenellien pour dénouer les liens de la géométrie et de la transcendance. La rédaction de ses *Éléments de la géométrie de l'infini* marque définitivement un nouveau rapport de la pensée à l'infini, c'est-à-dire à la construction du monde.

Si ce nouveau rapport peut se constituer, c'est aussi parce que l'algorithme du calcul différentiel et intégral inventé par G.W. Leibniz apparaît susceptible, par sa mise en oeuvre, de ramener de difficiles problèmes conceptuels impliquant l'infini à des procédures bien réglées ; il semble maintenant possible de tracer avec quelque assurance des chemins dans l'infini, d'en saisir certains contours, de penser l'impensable, de rendre raison de l'infini. Je ne prendrai qu'un exemple, celui relatif à la science du mouvement, science qui, précisément, nous a occupés dans les pages précédentes et qui a tant préoccupé les esprits au XVIIᵉ siècle.

Leibniz introduit donc, à l'occasion de la rédaction de deux brefs Mémoires publiés l'un dans le numéro d'octobre 1684 des *Acta Eruditorum* sous le titre " Nova methodus pro maximis et minimis, itemque tangentibus, quae nec fractas, nec irrationales quantitatis moratur, et singulare pro illis calculi genus "[21] et l'autre dans le numéro de juin 1686 des mêmes *Acta Eruditorum* sous le titre : " De geometria recondita et analysi indivisibilium atque infinitorum "[22], l'algorithme de son calcul, qu'il appelle différentiel. La diffusion de ce nouveau calcul est lente et difficile.

A partir des années 1690 les deux frères Jean et Jacques Bernoulli, en contact étroit, principalement épistolaire, avec Leibniz, vont s'attacher à appliquer les nouvelles méthodes leibniziennes aux sujets les plus divers, l'occasion leur en étant souvent fournie par un défi lancé par un représentant de l'Europe savante.

C'est ensuite, au cours de son séjour parisien pendant l'hiver 1691-1692, que Jean Bernoulli initie, sous la forme de " leçons particulières ", le marquis Guillaume de l'Hospital au calcul leibnizien. Ces leçons, portant à la fois sur le calcul différentiel et calcul intégral, constitueront la base à partir de laquelle le Marquis de l'Hospital rédigera le premier traité ou manuel de calcul différentiel. Celui-ci sera publié à Paris à la fin du mois de juin 1696 sous le titre : *Analyse des infiniment petits pour l'intelligence des lignes courbes*. L'introduction des nouvelles méthodes se trouve ainsi grandement facilitée, bien qu'elles suscitent à l'Académie Royale des Sciences, jusqu'à la fin de la première décennie du XVIIIᵉ siècle, de vives polémiques.

---

21. *Acta Eruditorum*, octobre 1684, 467-473, et *GM*, v, 220-226.
22. *Acta Eruditorum*, juin 1686, 292-300, et *GM*, v, 226-233.

Il n'en reste pas moins que Pierre Varignon (1654-1722), après avoir assimilé assez rapidement les principaux éléments du nouveau calcul, va s'attacher, dans les dernières années du XVIIᵉ siècle et les premières du XVIIIᵉ, à reprendre, dans le cadre des méthodes leibniziennes, l'étude du mouvement. Il construit ainsi l'algorithme de la cinématique, le premier algorithme appartenant au champ spécifique de la physique mathématique[23].

Comment procède-t-il ? D'abord en élaborant le concept de " vitesse dans chaque instant ". En 1698, dans un Mémoire conservé dans les " Registres manuscrits des séances de l'Académie Royale des Sciences ", Varignon suppose que la vitesse d'un corps peut être considérée comme uniforme pendant chaque instant de son mouvement. Puis, mettant en oeuvre les démarches mathématiques décrites par le Marquis de l'Hospital, il parvient à l'expression de la vitesse dans chaque instant : $v = \dfrac{dx}{dt}$, où x représente l'espace parcouru et t le temps.

Deux ans plus tard, en 1700, partant du concept newtonien de force accélératrice tel qu'il est exprimé, non pas dans la loi II mais dans le Lemme X de la section I du livre I des *Philosophiae Naturalis Principia Mathematica* de Newton[24], Varignon parvient à l'expression de la " force accélératrice dans chaque instant " $y = \dfrac{ddx}{dt^2}$ ou $y = \dfrac{dv}{dt}$.

C'est à l'issue de cette double construction qu'il aboutit à l'algorithmique de la cinématique. En effet les deux formules qu'il vient d'établir indépendamment l'une de l'autre, celle de la vitesse dans chaque instant et celle de la force accélératrice dans chaque instant apparaissent comme pouvant se déduire l'une de l'autre par la simple mise en oeuvre des méthodes du calcul différentiel et intégral. La théorie du mouvement varié se réduit donc à de simples recherches analytiques qui consisteront ou dans des différentiations ou dans des intégrations.

Les difficiles problèmes de la science du mouvement, où l'infini semblait à chaque moment menacer les constructions conceptuelles, semblent avoir disparu, ou du moins n'apparaissent plus que dans le cadre d'un travail technique sur les fondements du calcul différentiel. L'infini semble donc être appréhendé à l'intérieur d'un ensemble de procédures formelles. Il devient donc possible de travailler sur l'infini, sur de l'infini, faire des mathématiques et de la physique sans que les enjeux de la métaphysique et de la transcendance y semblent directement impliqués.

---

23. Sur ces questions voir M. Blay, *La naissance de la mécanique analytique. La science du mouvement au tournant des XVIIᵉ et XVIIIᵉ siècles*, Paris, 1992 et *Les raisons de l'infini. Du monde clos à l'Univers mathématique*, Paris, 1993.

24. I. Newton, *Philosophiae Naturalis Principia Mathematica*, Londres, 1687. Pour une étude comparée du statut de la loi II et du lemme X, voir M. Blay, *Les* Principia *de Newton*, Paris, 1995 (collection *Philosophies*).

C'est donc à Fontenelle que va revenir, comme nous l'indiquions précédemment, la tâche de dénouer clairement, dans une démarque théorique, les liens de la géométrie et de la transcendance, c'est-à-dire de donner, d'un point de vue épistémologique, à la mathématique comme à la physique leur autonomie, de les ouvrir sur la modernité.

En décembre 1727, Fontenelle fait paraître à Paris un ouvrage qui lui tient profondément à coeur et auquel il a consacré près de trente années de travail : *Les Éléments de la géométrie de l'infini*[25]. Dans son édition originale, cet ouvrage in 4° de 548 pages en deux parties, sorti des presses de l'Imprimerie Royale, est présenté comme une " suite des Mémoires de l'Académie Royale des Sciences ".

Le livre reçut de la part des contemporains un accueil très réservé. Ces derniers, au lieu de porter leur attention sur le projet intellectuel fontenellien, s'attachèrent seulement à souligner, souvent d'ailleurs à juste titre, les insuffisances mathématiques et les difficultés de la construction théorique. En adoptant une telle attitude, ils méconnaissaient le véritable enjeu du travail et de la réflexion du secrétaire perpétuel de l'Académie Royale des Sciences.

La raison de cette incompréhension réside pour une grande part dans une méconnaissance du concept fontenellien de système géométrique, concept dont l'introduction donne tout son sens à la distinction essentielle pour Fontenelle entre infini géométrique et infini métaphysique. Fontenelle insiste sur l'importance de ce concept en donnant à la première partie de son ouvrage le titre de " Système général de l'infini ". C'est par ailleurs principalement sur cette question qu'il attire dans sa correspondance l'attention de ses lecteurs. Ainsi, dans sa lettre à Jean I Bernoulli en date du 22 avril 1725, il se " flatte " que son assez gros ouvrage […] soit une espèce de système, non pas métaphysique, mais géométrique, assez bien lié de tout ce que vous nous avez découvert sur cette grande matière. J'en crois l'ordre à peu près aussi exact qu'il puisse l'être, et le spectacle assez beau pour un esprit mathématicien, il a fallu, ne fut-ce que pour la liaison des pierres du bâtiment, que j'aie mêlé un grand nombre de pensées qui n'étaient qu'à moi, avec celles qui vous appartenaient […][26].

Fontenelle revient à de multiples reprises sur ces mêmes thèmes dans sa correspondance avec Jean I Bernoulli, mais aussi avec Jean-Pierre de Crousaz (1663-1750), 's Gravesande (1668-1742) et Boullier (1669-1759)[27]. A la lecture de ces différents textes, il apparaît clairement que, pour lui, ses *Éléments* se présentent comme un " système géométrique " doté d'une remarquable cohérence interne (" bien lié ") et faisant usage, entre autres, d'une hypothèse

25. Fontenelle, *Eléments de la géométrie de l'infini*, Paris, 1727, réédition en fac-similé avec une introduction de M. Blay et A. Niderst, Paris, 1995.
26. *Öffentliche Bibliothek der Universität*, Basel, ms. LIa 692.
27. Sur ces correspondances, voir M. Blay, " Du fondement du calcul différentiel au fondement de la science du mouvement dans les *Eléments de la géométrie de l'infini* de Fontenelle ", *Studia leibnitiana* (1989), 99, 122.

en forme de paradoxe présidant à l'introduction de ses étranges " finis indéterminables ". Dans cette perspective, et c'est l'essentiel ici, l'existence des objets du système repose, en dernier ressort, sur cette cohérence interne. Elle est le garant de leur réalité, leur seul support ontologique. Fontenelle écrit d'ailleurs dans la Préface de ses *Éléments* : " La géométrie est toute intellectuelle, indépendante de la description actuelle et de l'existence des Figures dont elle découvre les propriétés. Tout ce qu'elle conçoit nécessaire est réel de la réalité qu'elle suppose dans son objet. L'Infini qu'elle démontre est donc aussi réel que le Fini, & l'idée qu'elle en a n'est point plus que toutes les autres, une idée de supposition, qui ne soit que commode, & qui doive disparoître dès qu'on en a fait usage "[28].

Cela étant, la distinction fontenellienne entre infini géométrique et infini métaphysique prend toute sa signification : " Nous avons naturellement une certaine idée de l'Infini, comme d'une grandeur sans bornes en tous sens, qui comprend tout, hors de laquelle il n'y a rien. On peut appeler cet Infini *Métaphysique* : mais l'Infini *Géométrique*, c'est-à-dire celui que la Géométrie considère, & dont elle a besoin dans ses recherches, est fort différent, c'est seulement une grandeur plus grande que toute grandeur finie, mais non pas plus grande que toute grandeur. Il est visible que cette définition permet qu'il y ait des Infinis plus petits ou plus grands que d'autres Infinis, & que celle de l'Infini Métaphysique ne le permettroit pas. On n'est donc pas en droit de tirer de l'Infini Métaphysique des objections contre le Géométrique, qui n'est comptable que de ce qu'il renferme dans son idée, & nullement de ce qui n'appartient qu'à l'autre "[29].

L'infini géométrique, selon Fontenelle, apparaît donc, dans le cadre de sa conception du " système géométrique ", comme un concept mathématique qui, en tant que tel, est ontologiquement indépendant de l'infini métaphysique. Il ne relève que de la cohérence du système à l'intérieur duquel il se déploie. En conséquence, pour Fontenelle, aucune critique du concept d'infini géométrique s'appuyant sur celui, d'ailleurs pour lui assez flou, d'infini métaphysique, ne peut être d'une quelconque valeur. Par cette volonté de considérer le concept d'infini géométrique comme un concept spécifique dont le contenu doit être défini à l'intérieur du seul discours mathématique, Fontenelle annonce incontestablement (en dépit de certaines faiblesses mathématiques) les travaux de Cantor et de ses successeurs.

Fontenelle a dénoué les liens de l'infini avec la transcendance en offrant à la réflexion géométrique la possibilité de penser un infini ou plusieurs en dehors du discours spécifique consacré à Dieu. Une géométrie de l'infini est possible par delà les inquiétudes métaphysiques sous-jacentes à toute conceptualisation infinitiste au XVIIᵉ siècle. Notre modernité s'accomplit définitive-

---

28. Fontenelle, *Eléments de la géométrie de l'infini, op. cit.*, préface, 11.
29. *Idem*, 13.

ment en faisant de l'infini un objet de travail et de réflexion, un objet à partir duquel il devient possible de penser, c'est-à-dire de construire un monde où le nom d'infini n'est plus réservé à Dieu seul. Ce que Denis Diderot, par exemple, exprime dans la *Lettre sur les aveugles* en notant qu'il n'a " jamais douté que l'état de nos organes et de nos sens n'ait beaucoup d'influence sur notre métaphysique et notre morale, et que nos idées les plus purement intellectuelles, si je puis parler ainsi, ne tiennent de fort près à la conformation de notre corps "[30].

Par cet exemple de l'étude de la notion d'infini qu'il m'a semblé important de développer, j'ai voulu montrer tout l'intérêt qu'il y avait à mettre en place des problématiques pleinement indépendantes des traditions disciplinaires.

Ce n'est pas à l'intérieur de ces traditions que s'est constituée la science classique, mais à l'intérieur de grands champs de questionnements s'inscrivant dans des préoccupations de natures très diverses. Travailler sur l'infini au XVIIe siècle c'est effectivement faire des mathématiques, c'est aussi et peut-être plus faire de la philosophie et toucher du doigt les problèmes théologiques, c'est également tenter de construire une science mathématisée du mouvement.

" Revisiter " la science classique, c'est donc aujourd'hui, s'efforcer de mettre en place des problématiques de décloisonnement pour saisir dans le cadre d'une démarche rigoureuse, alliant érudition et travail sur les concepts, la dynamique spécifique de constitution de la science classique, en saisir la trame et, finalement renouer les liens du savoir d'où notre modernité a surgi.

---

30. D. Diderot, *Oeuvres complètes*, Paris, 1975 et suiv., IV, 26.

L'INFLUENCE D'ARCHIMÈDE DANS LES *THEOREMATA* DE GALILÉE

Giulia Di Girolamo

UN PROBLÈME ARCHIMÉDIEN : LE CENTRE DE GRAVITÉ DES SOLIDES

Dans le climat de la Renaissance à la redécouverte des classiques des mathématiques grecques, le " divin " Archimède joue un rôle central. Pendant le XVIe siècle, à côté des reconstructions philologiques des textes archimédiens[1], un important phénomène se produit : la lecture des livres d'Archimède encourage de nombreuses études sur les centres de gravité des solides. Le calcul des centres de gravité des solides est un problème très débattu par les mathématiciens du XVIe siècle en Italie, parce qu'Archimède n'avait écrit aucun ouvrage sur ce sujet et s'était borné à déterminer les centres de gravité des figures planes dans *De l'équilibre des plans*. La conséquence de cet intérêt est parfois une extension des contenus, parfois la révision de la méthode d'exhaustion qui aboutira aux indivisibles de Bonaventura Cavalieri. Le premier mathématicien qui étudia les centres de gravité des solides est Francesco Maurolico de Messina. Dès 1548, il rédigea un *De momentis aequalibus*, qui ne sera publié qu'à titre posthume en 1685. Cependant les mathématiciens du temps furent au courant des recherches de Maurolico et Federico Commandino en reconnaît la priorité[2].

C'est Commandino qui publie, en 1565, un *Liber de centro gravitatis solidorum* où il suit minutieusement le procédé archimédien, à tel point qu'on peut

---

1. Sur les éditions des ouvrages d'Archimède, voir E.J. Dijksterhuis, *Archimedes*, 1956.

2. F. Maurolico (1494-1575) était professeur de Mathématiques à l'Université de Messina. Bien que la plupart des oeuvres de Maurolico ne fussent publiées qu'à titre posthume, elles ont été connues grâce aux lettres échangées avec F. Commandino et C. Clavius : voir R. Moscheo, *Francesco Maurolico tra Rinascimento e scienza galileiana*, Messina, 1988, 56-59. Commandino (1509-1575) était le fondateur de l'Ecole d'Urbino qui rassemblait des mathématiciens-humanistes et se pencha sur la reconstruction des textes des mathématiciens grecs (Euclide, Archimède, Pappus, etc.) : voir P.L. Rose, " Letters Illustrating the Career of Federico Commandino (1509-1575) ", *Physis*, 15 (1973), 401-407 ; M. Biagioli, " The Social Status of Italian Mathematicians, 1450-1600 ", *History of Science*, 27 (1989), 41-95. Commandino reconnaît la priorité des études de Maurolico dans son *Liber de centro gravitatis solidorum*, Bologna, 1565, II-III.

considérer son style démonstratif en tant que s'appuyant sur l'analogie entre les figures solides et les figures planes analysées dans *De l'équilibre des plans*. Archimède utilise la méthode d'exhaustion et Commandino étend cette méthode aux solides. Par exemple, dans le cas du prisme triangulaire, il ne fait que reprendre la démonstration d'Archimède relative au centre de gravité du triangle, en ajoutant seulement une autre dimension[3].

Il fait presque de même pour les pyramides, les cônes et les cylindres. Lorsque Commandino est obligé d'introduire des innovations, par exemple à propos du conoïde parabolique, il n'y parvient pas et propose une démonstration insatisfaisante. Pour démontrer le résultat déjà connu par Archimède (le barycentre du conoïde parabolique divise l'axe de façon que la partie vers le sommet est double de l'autre), Commandino fait une démonstration longue et embrouillée[4].

Les démonstrations défectueuses de Commandino et l'incomplétude de son ouvrage ne convainquent pas les mathématiciens du temps, comme son disciple Guidobaldo del Monte ou Christophe Clavius, professeur au Collège Romain[5]. Dans cette ambiance d'insatisfaction et, en même temps, de souhait d'une meilleure analyse de la barycentrique, Galilée se penche sur les barycentres des solides, entre 1585 et 1587[6].

Le résultat sont les *Theoremata circa centrum gravitatis solidorum* qui ne seront publiés qu'en 1638 dans l'appendice à ses *Discours et démonstrations concernant deux sciences nouvelles*. C'est dans ce livre que Galilée indique les raisons de son intérêt pour ce problème et les causes de la publication tardive des *Theoremata*[7]. Il parle de l'exigence de pourvoir aux défaillances de l'ouvrage de Commandino ; c'est cette exigence qui aurait amené le jeune Galilée à résoudre les problèmes des barycentres des solides. Galilée envoie

---

3. F. Commandino, *Liber de centro gravitatis solidorum*, *op. cit.*, 10-16.

4. *Idem*, 41-45 ; voir P. Costabel, " Autour de la méthode de Galilée pour la détermination des centres de gravité ", *Revue d'histoire des sciences*, 8 (1955), 123.

5. C. Clavius (1538-1612) avait une grande autorité scientifique et se pencha sur la divulgation des classiques des mathématiques grecques : voir E. Knobloch, " Sur la vie et l'oeuvre de Cristophore Clavius ", *Revue d'histoire des sciences*, 3/4 (1988), 331-356 ; U. Baldini, P.D. Napolitani, *Corrispondenza di Cristophorus Clavius*, vol. 1, partie I, Pisa. Guidobaldo del Monte était un élève de Commandino et fut l'auteur du traité de mécanique le plus célèbre du XVIe siècle (*Mechanicorum liber*, Pesaro, 1577) : voir E. Gamba, " L'attività scientifica nel ducato di Urbino durante i secoli XVI e XVII ", *Studi urbinati di storia filosofia e letteratura*, 2 (1972), 145-158 ; D. Bertoloni Meli, " Guidobaldo dal Monte and the Archimedean Revival ", *Nuncius*, 1 (1992), 3-34.

6. En lisant les lettres de Galilée à Clavius, on déduit que Galilée n'a pas élaboré les théorèmes au même moment. Tandis qu'en 1587 il a donné à Clavius un théorème sur le tronc du conoïde parabolique pendant son premier voyage à Rome, ce n'est qu'en janvier 1588 qu'il envoie au jésuite d'autres propositions. C'est pour cela que nous préférons indiquer la période de 1585-1587 en tant que date probable de la rédaction des *Theoremata*. Sur cette question, voir A. Favaro, " Avvertimento ", dans G. Galilei, *Theoremata*, in *Opere di Galileo Galilei*, vol. 1, *op. cit.*, 182 ; A. Carugo, L. Geymonat, " Note ", dans A. Carugo, L. Geymonat (eds), G. Galilei, *Discorsi e dimostrazioni matematiche intorno a due nuove scienze*, Turin, 1958, 840-841.

7. G. Galilei, *Discours et démonstrations concernant deux sciences nouvelles*, traduction française par M. Clavelin, Paris, 1995, 243-244.

ses solutions à del Monte et à Clavius dans des lettres qui vont du mois de jan-vier 1588 à la fin de 1590[8]. La stratégie galiléenne vise à se faire remarquer pour obtenir une chaire universitaire. Par conséquent, il considère utile de cher-cher le soutien de deux savants éminents qui s'intéressent au même sujet. Cla-vius a certainement accompli des recherches sur les centres de gravité, même s'il ne les a jamais publiées. Quant à del Monte, à l'époque où il échange des lettres avec Galilée en 1588, il publie sa paraphrase de *De l'équilibre des pla-nes*, où souvent il illustre les propositions archimédiennes par des figures soli-des et non planes, à l'encontre d'Archimède et en confirmant son intérêt pour les centres de gravité des solides[9]. Remarquons, donc, l'opportunité du choix de Galilée, qui aborde un problème intéressant aux yeux de ses protecteurs, qui loueront ses résultats[10]. Pour ce qui concerne les raisons de la publication retardée des *Theoremata*, Galilée reconnaît avoir jugé exhaustif le traitement de Luca Valerio qui, en 1604, publia son *De centro gravitatis solidorum libri tres*[11]. Dans cet ouvrage, Valerio trouve une solution qui concerne toutes les figures et qui ne dépend pas de la méthode d'exhaustion. Cette caractéristique le distingue de ses prédécesseurs, y compris Galilée. Comme nous le verrons, Galilée ne s'éloigne pas beaucoup des procédés archimédiens, même s'il résout quelques problèmes de façon originale. Les *Theoremata* contiennent plusieurs références implicites à Archimède ; de plus, nous trouvons un usage conscient et systématique du principe du levier qui jouera un rôle fondamental dans toute la science galiléenne. Dans l'oeuvre de Galilée, on remarque ce rap-port privilégié avec le modèle du levier. Ce rapport naît dans cet ouvrage de jeunesse.

LE TRIOMPHE DU LEVIER : LE POSTULAT ET LA PROPOSITION I

Le Postulat qui ouvre les *Theoremata* est le suivant : " Donnés des poids égaux posés de la même façon sur des balances différentes, nous demandons que, si le centre de gravité de l'ensemble des uns divise la [*relative*] balance selon une certaine proportion, même le centre de gravité de l'ensemble des autres divise la [*respective*] balance selon une proportion égale "[12].

---

8. Voir A. Carugo, L. Geymonat, " Note ", *op. cit.*, 841-843.

9. Sur les recherches accomplies par Clavius autour des centres de gravité qui n'ont été jamais publiées ni retrouvées dans ses manuscrits, voir U. Baldini, P.D. Napolitani, *Corrispondenza di Cristophorus Clavius*, vol. 3, partie II, *op. cit.*, 78. L'oeuvre de del Monte est *In Duos Archimedis Aequiponderantium Libros Paraphrasis Scholijs illustrata*, Pesaro, 1588, 8-9 et 76-77.

10. A ce propos il faut rappeler qu'en 1590 Galilée obtient la chaire de Mathématiques à l'Uni-versité de Pisa : voir W. Shea, *La révolution intellectuelle de Galilée*, traduction française par F. De Gandt, Paris, 1992, 21-22.

11. L. Valerio (1552-1618) était professeur de Mathématiques à l'Université de Rome : voir P.D. Napolitani, " Metodo e statica in Valerio ", *Bollettino di Storia delle Scienze Matematiche*, 2 (1982), 51-58 et U. Baldini, P.D. Napolitani, " Per una biografia di Luca Valerio ", *Bollettino di Storia delle Scienze Matematiche*, 11 (1991).

12. G. Galilei, *Theoremata*, *op. cit.*, 187. La traduction française du texte cité et des autres qui suivront est la mienne.

Ce postulat, apparemment tautologique, peut être résumé à l'aide de la figure 1. Si on établie la relation d'égalité entre les poids a et a' et b et b', de façon que a = a' et b = b' on a que AC : CB = A'C' : C'B'. Si les balances sont égales, on déduit que AC = A'C' et CB = C'B'. Ceci n'est qu'un cas particulier du Postulat.

FIGURE 1

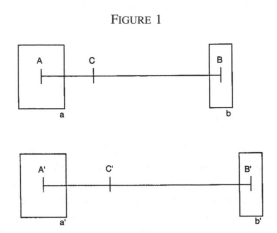

Derrière l'apparente banalité, on trouve un élément précis puisqu'il s'agit d'une reformulation du Postulat VI du Livre I de *De l'équilibre des planes d'Archimède* : " Si des grandeurs s'équilibrent à certaines distances, des grandeurs équivalentes aux premières s'équilibrent aussi aux mêmes distances "[13].

Sous une présentation tautologique se cache une prémisse importante : l'équilibre du levier ne dépend que du poids des corps et de la position du centre de gravité. L'éventuel changement de la forme des corps est tout à fait indifférent. Dans le Postulat de Galilée, il y a la référence explicite au centre de gravité, tandis que chez Archimède on trouve une référence concise : " à certaines distances s'équilibrent ". Si on interprète " grandeurs dont les centres de gravité se trouvent à la même distance du point d'appui ", comme le fait Dijksterhuis, on comprend que le postulat affirme que la forme des corps ne modifie pas l'équilibre[14]. Par conséquent, les conditions de l'équilibre sont la même distance du point d'appui et l'identité des poids des corps suspendus au levier ; le reste, y compris la forme, n'a pas d'importance. Ce sens profond des deux postulats " gémeaux " autorise Archimède (dans la démonstration de la loi du levier) et Galilée (dans la Proposition I) à manipuler la forme des corps posés sur une balance en les partageant en grandeurs plus petites, pourvu que soient maintenus le poids et le centre de gravité[15]. Galilée joue sur la signifi-

13. Archimède, " De l'équilibre des plans ", dans *Oeuvres d'Archimède*, traduction française par P. Ver Eecke, Paris, 1921, 303-304.

14. Voir E.J. Dijksterhuis, *Archimedes, op. cit.*

15. Archimède, " De l'équilibre des plans ", *op. cit.*, 307-308.

cation cachée de son postulat (et de celui d'Archimède) lorsqu'il l'utilise dans la Proposition I. Avant d'examiner cette proposition, il faut analyser le Lemme I qui la précède :

FIGURE 2

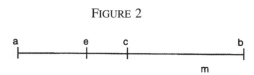

A partir de la proportion be : ea = ae : ec, on démontre que be = 2ea à l'aide de la théorie des proportions d'Euclide[16]. Galilée se sert de ce lemme dans la Proposition I, où il démontre que si un nombre quelconque de grandeurs, qui augmentent d'une quantité égale à la plus petite d'entre elles, sont disposées sur une balance à distances égales, le centre de gravité de toutes les grandeurs divise la balance de façon telle que la partie vers les grandeurs les plus petites est double de l'autre. Nous le voyons à la figure 3.

FIGURE 3

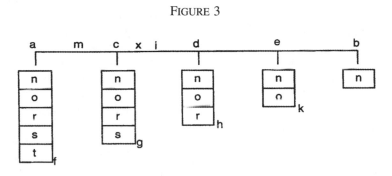

Sur la balance ab se trouvent les grandeurs f, g, h, k et n. Leur poids est tel que f>g>h>k>n, par un excès égal à n. Les points de suspension des grandeurs sont a, c, d, e et b et les distances ac, cd, ed et eb sont égales ; x est le point d'appui de la balance. En plus le point d divise la balance en deux ; les distances ac et cd sont divisées en parties égales par les points m et i respectivement. Si on divise les grandeurs f, g, h, k et n en parties égales à n, on observe que toutes les grandeurs indiquées par n ont leur point d'équilibre en d ; les points d'équilibre des grandeurs indiquées par o, par r et par s sont, respectivement, i, c et m. Enfin t est suspendu en a. Cette considération faite, Galilée étudie la balance ad (Fig. 4) sur laquelle il considère des grandeurs égales, mais disposées de façon différente par rapport à la balance ba.

16. G. Galilei, *Theoremata*, op. cit., 187. Sur l'attitude de Galilée par rapport à la théorie des proportions, voir E. Giusti, *Euclides reformatus. La teoria delle proporzioni nella scuola galileiana*, Turin, 1993, 35-82.

FIGURE 4

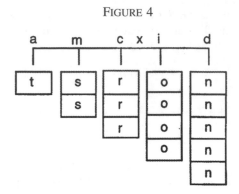

En effet, les grandeurs sont telles que $f = n + n + n + n + n$, $g = o + o + o + o$ etc. De plus elles sont posées aux distances am, mc, ci, id de façon que am = mc = ci = id. Par le Postulat, les balances ba et ad, sur lesquelles des grandeurs égales sont disposées, sont divisées par leurs centres de gravité selon la même proportion. Puisque le centre de gravité des deux balances est x, on déduit bx : xa = xa : xd et, par le Lemme I, bx = 2xa, soit ce qu'il faut démontrer. Dans la démonstration galiléenne, il y a une double façon de considérer les mêmes grandeurs sur des balances différentes. Si les parties considérées sont f, g, h, k et n, elles sont disposées sur la balance ab avec l'appui en x. Si, par contre, les parties de l'ensemble sont considérées n, o, r, s et t, elles se trouvent sur la balance ad, mais leur point d'équilibre est encore x[17]. Galilée agit comme le fait Archimède dans la démonstration de la loi du levier (Proposition VI, Livre I, *De l'équilibre des plans*) où il morcelle les grandeurs du début en petites parties égales et se réfère de façon implicite au Postulat VI, comme Galilée se réfère à son Postulat, mais explicitement dans son cas[18]. Cette correspondance révèle la maîtrise de Galilée du principe du levier et, en général, de *De l'équilibre des plans*.

UN THÉORÈME SUR LE CONOÏDE PARABOLIQUE

Dans la Proposition I il y a une approche originale aux problèmes des barycentres que Galilée utilise dans tous les théorèmes, bien que de façon différente. Prenons le premier théorème, qui est exemplaire à ce propos[19]. Dans la figure 5, Galilée circonscrit et inscrit au conoïde parabolique deux figures

17. Clavius pensait que dans la démonstration de Galilée il y avait une *petitio principii* : C. Clavius, " Lettre à Galileo Galilei ", 16 janvier 1588, dans *Opere di Galileo Galilei*, vol. 10, *op. cit.*, 24.

18. Galilée cite explicitement son Postulat dans une lettre à Clavius le 25 février 1588 : dans *Opere di Galileo Galilei*, vol. 10, *op. cit.*, 27-29.

19. G. Galilei, *Theoremata*, *op. cit.*, 189-190.

constituées de cylindres d'égale hauteur. Il veut démontrer que si on fixe sur l'axe le point n, de façon que an = 2ne, le centre de gravité de la figure inscrite sera plus proche que n de la base du conoïde et celui de la figure circonscrite sera plus loin que n de la base du conoïde.

Galilée commence avec la figure inscrite : les cylindres qui la composent sont proportionnels aux carrés des rayons, donc aux carrés des abscisses de la parabole. Ceci veut dire que le rapport entre le cylindre inscrit dont l'axe est de et le cylindre dont l'axe est dy est le même que le rapport entre id^2 et sy^2. Par la proportionnalité entre les ordonnées et les carrés des abscisses de la parabole[20], on a $id^2 : sy^2 = da : ay$. Par conséquent, ces cylindres sont entre eux dans le même rapport que les lignes da et ay ; la même proportion existe entre les autres cylindres et les autres lignes. Ainsi, on peut conclure que les cylindres sont entre eux comme les lignes da, ay, za, au qui sont telles que az = 2au, ay = 3au, ad = 4au. Ce sont des lignes qui se dépassent d'une même quantité égale à la plus petite d'entre elles (au). C'est pour cela que les cylindres eux-mêmes sont des grandeurs qui se dépassent d'une quantité égale à la plus petite et qui sont suspendues à distances égales sur la ligne xm. Ceci veut dire que, par la Proposition I, le barycentre de l'ensemble des cylindres divise la ligne/balance xm de façon que la partie vers les grandeurs les plus petites est double de l'autre : xα = 2mα ; d'où on déduit, par la Proposition I, que a est le centre de gravité de la figure inscrite.

FIGURE 5

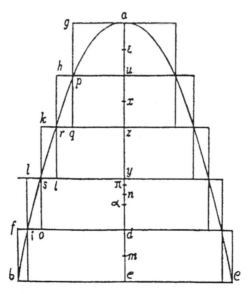

20. Archimède, " Quadrature de la parabole ", *Oeuvres d'Archimède, op. cit.*, 379.

Après on divise au à moitié dans le point ε ; puisque me = 1/2au on déduit que ε x = 2me. Mais x α = 2m α, donc ε e = 3e α ; de plus nous savons que ae est triple de en : donc, en est plus grande que e α, et c'est pourquoi α, qui est le centre de gravité de la figure inscrite, est plus proche que n de la base du conoïde. La procédure utilisée dans le cas de la figure circonscrite est pareille.

CONCLUSIONS

Cette brève analyse nous permet de remarquer que l'influence d'Archimède est présente chez le jeune Galilée grâce à l'usage conscient et systématique du principe du levier. De plus on a vu que Galilée choisit un argument " à la mode " : son choix est le sage coup d'un jeune savant qui dans les années suivantes aura démontré son habileté afin d'améliorer son statut[21].

---

21. Autour des efforts de Galilée pour devenir "Filosofo e Matematico del Granduca di Toscana", voir l'interprétation de M. Biagioli, "Galileo's System of Patronage", *History of science*, 28 (1990), 1-62 ; "Galileo the Embleme Maker", *Isis*, 81 (1990), 230-258 ; *Galileo Courtier. The practice of Science in the Culture of Absolutism*, Chicago, 1993.

GALILÉE ET LA LOI DE LA CHUTE LIBRE :
LA RÉFUTATION GALILÉENNE DE LA PROPORTIONNALITÉ
DE LA VITESSE À L'ESPACE FRANCHI

Jacques GAPAILLARD

INTRODUCTION

Il s'agit dans ce qui suit de proposer une nouvelle lecture de la réfutation, donnée par Galilée dans les *Discorsi intorno a due nuove scienze*, d'un principe relatif à la chute libre et qu'il avait cru correct dans un premier temps, à savoir celui affirmant la proportionnalité de la vitesse à l'espace franchi. De nombreux historiens se sont prononcés sur l'argument de Galilée, le plus souvent par des arrêts lapidaires le jugeant douteux quand ce n'est pas franchement faux. En revanche, certains ont tenté de lui donner un sens en faisant appel à la règle de Merton tandis que d'autres se sont livrés à de longues et minutieuses exégèses.

Cette diversité d'approches et d'opinions, contestables ou peu convaincantes à des degrés divers, témoigne à la fois de l'existence d'un réel problème et d'une compréhension pour le moins insuffisante de la pensée galiléenne sur le sujet. La faute en revient certainement à Galilée lui-même qui, par une rédaction trop elliptique, occulte partiellement le mécanisme de son argument. C'est ce mécanisme précis, simple et subtil à la fois, que la présente étude se propose de mettre en lumière, restituant ainsi à l'argument son efficacité démonstrative, tel qu'il devait fonctionner selon la conception de son auteur. Mais pour atteindre cet objectif il se révèle nécessaire de dépasser le cadre particulier du problème. Bien loin de compliquer inutilement la question cette démarche permettra, au contraire, de dégager les quelques idées générales qui constituent en l'occurrence l'essence du raisonnement galiléen.

LE REJET DE L'ARGUMENT GALILÉEN ET LES SOLUTIONS
EXPONENTIELLES DE MACH

Dans toute la suite nous utiliserons les notations suivantes. Un corps pesant est lâché en chute libre (dans le vide) d'un point A, à l'instant t = 0, avec une vitesse initiale nulle. A un instant t ≥ 0, il se trouve au point B situé à la distance s = s(t) de A, de sorte que s(0) = 0. A ce même instant t sa vitesse instantanée v(t) = V(s) peut être regardée à la fois comme une fonction v de t et comme une fonction V de s, ces fonctions vérifiant v(0) = V(0) = 0.

Dans une lettre adressée de Padoue, le 16 octobre 1604, au théologien vénitien Paolo Sarpi[1], Galilée énonce la loi de la chute libre, ou *loi de Galilée*, affirmant la proportionnalité de s(t) à t^2. Mais, de plus, il croit démontrer que cette loi résulte d'un principe plus simple selon lequel V(s) est proportionnel à s. Or, si la loi de Galilée est correcte — pourvu que la chute s'opère dans un domaine relativement restreint de l'espace et que l'on fasse abstraction de la résistance de l'air —, ce n'est pas le cas du principe ci-dessus que nous appellerons le *principe faux* (en abrégé PF)[2], et par conséquent tout aussi fausse est la démonstration imaginée par Galilée pour déduire la loi du principe. Galilée s'est aperçu de son erreur, peut-être déjà vers 1610, et a substitué au PF le principe correct : v(t) est proportionnel à t.

La loi de Galilée est énoncée dans la Deuxième Journée du *Dialogo sopra i due massimi sistemi del mondo*[3] mais la proportionnalité de la vitesse au temps y est seulement implicite[4]. En revanche, cette propriété apparaîtra clairement dans la Troisième Journée des *Discorsi* où non seulement Galilée avouera s'être autrefois trompé au sujet de cette vitesse de la chute libre mais encore proposera une réfutation du PF. Pour les besoins de cette étude, la réfutation de Galilée a été structurée ci-dessous en quatre parties dont les trois premières constituent l'essentiel de l'argument :

(a) *Quando le velocità hanno la medesima proporzione che gli spazii passati o da passarsi, tali spazii vengon passati in tempi eguali* ;

(b) *se dunque le velocità con le quali il cadente passò lo spazio di quattro braccia, furon doppie delle velocità con le quali passò le due prime braccia (sì come lo spazio é doppio dello spazio), adunque i tempi di tali passaggi sono eguali* :

(c) *ma passare il medesimo mobile le quattro braccia e le due nell'istesso tempo, non può aver luogo fuor che nel moto instantaneo* :

---

1. *Le Opere di Galileo Galilei*, t. X, Ed. nazionale, publiée par A. Favaro, Florence, Barbera, 115-116, 20 t., 21 vols, réimpression 1968. Cette édition des oeuvres de Galilée sera désignée par *E.N.*

2. Dans cet article nous ferons usage d'abréviations (ici PF, et plus loin MU, MUA, MUPM) substituées à des expressions d'écriture assez longue et aux occurrences multiples.

3. *E.N.*, VII, 248.

4. *E.N.*, VII, 255.

(d) *ma noi veggiamo che il grave cadente fa suo moto in tempo, ed in minore passa le due braccia che le quattro ; adunque é falso che la velocità sua cresca come lo spazio*[5].

Commentée dès le XVIIe siècle, cette " démonstration très claire ", comme la qualifie Galilée qui en est visiblement satisfait, n'a généralement pas rencontré l'assentiment de la critique. Pour s'en tenir à quelques historiens modernes[6], elle est jugée " manifestement erronée " par Ernst Mach[7], " pas tout à fait exacte " par René Dugas[8] reprenant l'opinion d'Émile Jouguet[9], " peu convaincante " par Pierre Duhem[10], " foncièrement erronée " par Adriano Carugo et Ludovico Geymonat[11] et " pas très solide " par Emilio Giusti[12], aucun de ces auteurs n'expliquant en quoi la démonstration de Galilée est défectueuse.

Au lieu de spécifier le défaut de la démonstration galiléenne, de nombreux commentateurs ont préféré suivre Mach qui propose une nouvelle réfutation particulièrement péremptoire puisqu'elle consiste à montrer que le PF impose une loi de la chute libre tout autre que la loi de Galilée, à savoir une loi exponentielle du type $s(t) = Ae^{kt}$. L'ennui est que la considération de ces solutions exponentielles qui ont séduit tant d'historiens[13] est foncièrement incorrecte. En effet, ces solutions résultent du traitement de l'équation différentielle $ds/dt = kt$ en négligeant la condition initiale $s(0) = 0$. Or, sous cette contrainte essentielle,

5. *E.N.*, VIII, 203-204. (a) Quand les vitesses ont la même proportion que les espaces traversés ou devant être traversés, ces espaces sont franchis en des temps egaux ; (b) si donc les vitesses avec lesquelles le corps en chute a traversé la distance de quatre coudées ont été doubles des vitesses avec lesquelles il a traversé les deux premières coudées (puisque cet espace-là est le double de celui-ci), alors les temps de ces traversées sont égaux ; (c) mais que le même mobile franchisse dans le même temps les quatre coudées et les deux coudées ne peut avoir lieu en dehors du mouvement instantané ; (d) mais nous voyons qu'un grave en chute accomplit son mouvement dans le temps, et traverse les deux coudées en moins [de temps] que les quatre; il est donc faux que la vitesse croisse comme l'espace.

6. Pour des jugements plus anciens, *cf.* S. Drake, " Uniform acceleration, space and time ", *The British Journal for the History of Science*, 5, 17 (1970), 21-43.

7. E. Mach, *Die Mechanik*, 1883. On pourra se reporter à la traduction de la 4e édition allemande par E. Bertrand (E. Mach, *La Mécanique*, Paris, 1904 ; fac-similé, Paris, J. Gabay (ed.), 1987, 243) où ce que dit Mach sur la démonstration de Galilée figure déjà dans l'édition originale de 1883.

8. R. Dugas, *Histoire de la mécanique*, Neuchâtel, Paris, 1950, 130.

9. É. Jouguet, *Lectures de Mécanique*, vol. 1, Paris, 1908, 96, note 108.

10. P. Duhem, *Etudes sur Léonard de Vinci, troisième série : Les précurseurs parisiens de Galilée*, Paris, 1913, 555-562.

11. G. Galilei, *Discorsi e dimostrazioni matematiche intorno a due nuove scienze*, in A. Carugo, L. Geymonat (éds), Turin, 1958, 772, note 204.

12. E. Giusti, " Ricerche galileiana ", *Boll. di Storia delle Scienze matematiche*, VI, 2 (1986), 89-108.

13. Notamment E. Jouguet, R. Dugas, A. Carugo, L. Geymonat (*cf. supra* notes 9, 8 et 11), A. Koyré, *Etudes galiléennes*, Paris, 1980, 88 ; S. Moscovici, *L'expérience du mouvement*, Paris, 1967, 31 ; M. Clavelin, *La Philosophie naturelle de Galilée*, Paris, 1968, 296 ; D. Dubarle, " Galilée et la mécanique ", *Galilée, aspects de sa vie et de son oeuvre*, Centre International de Synthèse, Paris, 1968, 252-276.

la théorie nous apprend directement que l'équation différentielle considérée admet pour unique solution la fonction nulle s(t) ≡ 0, ce qui signifie que le corps reste éternellement là où il a été lâché. Ainsi, les prétendues solutions exponentielles[14] ne sont aucunement des conséquences du PF, lequel s'oppose beaucoup plus radicalement à la loi de Galilée, comme d'ailleurs à toute autre loi de la chute libre, puisqu'il interdit cette chute[15].

L'INTERPRÉTATION MERTONIENNE

Parmi les tentatives d'analyse de la réfutation galiléenne, qui vont du bref énoncé de son défaut[16] à la dissection savante du texte[17], citons la conclusion de Maurice Clavelin elle aussi structurée ci-dessous en quatre parties :

" (α) (…) il n'est nullement exact que le mouvement sur quatre coudées puisse être assimilé *in toto* à un mouvement deux fois plus rapide que le mouvement sur deux coudées seulement ;

(β) ou plutôt, pour effectuer cette assimilation, il faut avoir remplacé le mouvement *uniformément accéléré* sur deux, puis sur quatre coudées, par deux mouvements *uniformes* simultanés dont le second traverse un espace double avec une vitesse double ;

(γ) Pour construire sa réfutation, en d'autres termes, Galilée a dû négliger le point essentiel qui est la croissance continue de la vitesse ;

(δ) l'argument est donc dépourvu de portée, et la pseudo-contradiction sur laquelle il débouche, laisse intacte l'hypothèse qu'il se proposait de ruiner "[18].

C'est surtout (β) qui mérite notre attention. D'abord parce qu'il fait comprendre que (α) trouve sa justification dans l'idée que les vitesses de deux mouvements ne peuvent être comparées que si ces mouvements sont uniformes. C'est en effet une croyance répandue et qui constitue probablement la pierre d'achoppement de la plupart des tentatives antérieures d'explication de

---

14. Les solutions exponentielles de Mach ont déjà été reconnues incorrectes, en particulier par I.B. Cohen, " Galileo's Rejection of the Possibility of Velocity Changing Uniformly with Respect to Distance ", *Isis*, 47, 1 (1956), 231-235.

15. Cette négation du mouvement est bien éloignée de la conclusion aberrante de Mach qui juge que " en elle-même, l'hypothèse [le PF] n'est pas contradictoire " (E. Mach, *La Mécanique*, 1987, *op. cit.*, 243).

16. Voir, par exemple, le jugement d'A. Koyré (*op. cit.*, 106, note 2) : " Galilée applique ici au mouvement dont la vitesse augmente proportionnellement à l'espace parcouru un calcul qui ne vaut que pour le mouvement uniformément accéléré (par rapport au temps) " ; ou encore celui moins surprenant de P. Costabel et M.-P. Lerner (M. Mersenne, *Les Nouvelles Pensées de Galilée*, vol. 2, Paris, 1973, 250, 2 vols) : " l'erreur de Galilée consiste à appliquer la règle des mouvements uniformes à un mouvement qui ne l'est pas ".

17. S. Drake, " Uniform acceleration, space and time ", *op. cit.* ; M.A. Finocchiaro, " Vires aquirit eundo : the passage where Galileo renounces space-acceleration and causal investigation ", *Physis*, XIV, 2 (1972), 125-145 ; S. Drake, " Velocity and eudoxian proportion theory ", *Physis*, XV, 1 (1973), 49-64.

18. M. Clavelin, *La Philosophie naturelle de Galilée*, *op. cit.*, 296. Le sens du reproche adressé à Galilée en (γ) n'est pas clair.

la réfutation galiléenne. Ensuite parce qu'en (β) Galilée est implicitement accusé d'avoir traité comme des mouvements uniformes (MU) des mouvements qui n'en sont pas[19], une faute que Galilée s'est déjà vu imputer à tort en d'autres occasions[20]. Enfin parce que (β) suppose clairement que Galilée situe sa démonstration dans le cadre d'un mouvement uniformément accéléré (MUA) et que la conclusion (δ) s'en trouve elle-même ruinée car il est justement possible de fonder une réfutation du PF sur la substitution d'un MU à un MUA[21].

Il suffit en effet d'utiliser la règle mertonienne[22] pour le MUA d'après laquelle la vitesse moyenne V du mobile entre l'instant initial (où sa vitesse est nulle) et l'instant t est la moitié de sa vitesse à l'instant t. Alors, si le corps en chute libre, parti de A, passe successivement en B et C en ayant franchi AB et AC pendant les temps T_{AB} et T_{AC} avec les vitesses moyennes V_{AB} et V_{AC}, les égalités suivantes résultent respectivement du théorème V des *Discorsi* sur le MU et du PF :

$$\frac{T_{AB}}{T_{AC}} = \frac{AB}{AC}\frac{V_{AC}}{V_{AB}} \quad \text{et} \quad \frac{V_{AC}}{V_{AB}} = \frac{v(t_2)}{v(t_1)} = \frac{AC}{AB}$$

ce qui impose $T_{AB} = T_{AC}$, égalité impossible si C est strictement au-delà de B.

Cependant, on peut opposer deux objections à toute tentative d'utiliser cette démonstration pour interpréter l'argument galiléen contre le PF. D'abord, Galilée utiliserait (sans d'ailleurs s'y référer explicitement) la règle mertonienne pour le MUA, règle qui est effectivement établie dans les *Discorsi* (théorème I sur le MUA[23]) mais *après* la réfutation en cause. Mais surtout, si le raisonnement ci-dessus constitue bien une réfutation du PF (et non du pseudo PF[24]), il présente le grave défaut de supposer chez Galilée le dessein de prouver que le

19. *Cf.* le jugement de P. Costabel et M.-P. Lerner (M. Mersenne, *Les Nouvelles Pensées de Galilée*, vol. 2, *op. cit.*).

20. Se reporter à J.-L. Gautero, P. Souffrin, " Note sur la démonstration " mécanique " du théorème de l'isochronisme des cordes du cercle dans les *Discorsi* de Galilée ", *Revue d'Histoire des Sciences*, XLV/2-3 (1992), 269-280, et P. Souffrin, " Du mouvement uniforme au mouvement uniformément accéléré ", *Bolletino di storia delle Scienze Matematiche*, VI (1986), 135-144.

21. Par ailleurs, (b) est à rapprocher de l'idée, parfois émise, d'une possible confusion, dans le raisonnement de Galilée, entre vitesse instantanée et vitesse moyenne (depuis l'instant initial). Mais outre qu'il est bien peu vraisemblable que Galilée ait pu commettre une faute aussi grossière, nous verrons qu'il n'avait nul besoin de recourir aux vitesses moyennes pour comparer les vitesses en cause. L'éventualité d'une telle erreur a été suggérée par É. Barbin et M. Choliére, " La trajectoire des projectiles de Tartaglia à Galilée ", *Mathématiques, Arts et Techniques au XVIIᵉ siècle*, Publications de l'Université du Maine, n° 4 (1987), 40-147 (104). Avant de s'arrêter sur l'interprétation beaucoup plus plausible qui fait l'objet de la présente étude, son auteur avait lui-même pensé que, lorsque Galilée croyait réfuter le PF, ce qu'il faisait revenait en réalité à produire la réfutation (nettement plus facile) d'un " pseudo PF ", analogue mais non directement équivalent au PF, et affirmant la proportionnalité de la vitesse moyenne à la distance parcourue depuis le lieu de départ.

22. Cette règle revient à dire que la vitesse moyenne d'un mobile entre deux instants t_1 et t_2 quelconques est égale à la moyenne arithmétique de ses vitesses instantanées à t_1 et à t_2. Elle ne vaut que pour les MUA (pourvu que la vitesse soit continue). Pour un mobile de vitesse nulle à t = 0, cette règle est strictement identique à la propriété dite de la double distance.

23. *E.N.*, VIII, 208.

24. *Cf.* note 21 *supra*.

MUA n'obéit pas au PF ; ce qui revient à prêter à Galilée l'intention de démontrer que la vitesse ne peut être à la fois proportionnelle à l'espace parcouru et au temps, puisque le MUA (de vitesse initiale nulle) vient juste d'être défini par Galilée comme le mouvement où la vitesse (instantanée) est proportionnelle au temps écoulé[25]. Or Galilée n'avait évidemment aucun besoin d'imaginer une démonstration spéciale et astucieuse pour établir cette propriété négative puisqu'il savait que, dans tout MUA comme ci-dessus, les espaces franchis sont proportionnels au carré du temps écoulé (théorème II sur le MUA[26]) et, par conséquent, au carré de la vitesse, ce qui est clairement incompatible avec le PF.

Alors, comme l'ont fait certains[27], on peut penser à la démonstration ci-dessus pour expliquer comment Galilée aurait établi (a) sous l'hypothèse du PF, et pour dénoncer aussitôt l'erreur qui aurait consisté en l'application de la règle mertonienne en l'absence de l'hypothèse d'un MUA. Mais il existe au moins deux raisons d'abandonner cette interprétation. La première est l'invraisemblance d'une telle erreur chez le Galilée des *Discorsi* qui élabore une cinématique mathématique précise et qui a pris soin d'établir la validité rigoureuse de la règle mertonienne pour le MUA (théorème I). La seconde est que, à un détail prés, Galilée savait très bien démontrer (a). C'est du moins ce que nous tenterons de prouver plus loin.

LE BUT DE LA RÉFUTATION ET LE SENS DE L'ÉNONCÉ (a)

Revenons au contexte de la réfutation dans les *Discorsi*. Dans la section consacrée au MUA, Salviati s'intéresse à la manière dont s'opère la chute libre, et explique qu'il lui semble en accord avec l'expérience de considérer que cette chute s'opère selon un mouvement " uniformément " ou " continuellement " accéléré, à la condition d'entendre par là, selon ce qui lui paraît le plus simple et le plus raisonnable, un mouvement où, à chaque instant, la vitesse acquise par le mobile est proportionnelle au temps écoulé depuis le début du mouvement. Mais Sagredo suggère qu'il aurait été plus clair, et équivalent selon lui, de définir le même mouvement en disant que la vitesse est proportionnelle à l'espace parcouru depuis le départ. On sait qu'en 1604 Galilée avait opté pour le second terme de cette alternative, sans doute parce que la proportionnalité de la vitesse à l'espace franchi lui semblait plus claire — comme il le fait dire à Sagredo — mais aussi, bien sûr, parce qu'il croyait en déduire la loi du carré des temps qu'il avait vérifiée expérimentalement. De toute façon, le choix de Galilée ne pouvait alors être motivé que par une commodité d'exposition car, à l'époque, de même que ses contemporains et comme le suggère l'erreur de

25. *E.N.*, VIII, 198.
26. *E.N.*, VIII, 209.
27. I.B. Cohen, " Galileo's Rejection of the Possibility of Velocity Changing Uniformly with Respect to Distance ", *op. cit.* ; A.R. Hall, " Galileo's Fallacy ", *Isis*, 49 (1958), 342-346.

Sagredo, Galilée croyait certainement à l'équivalence des deux propriétés[28].

Cependant, Galilée ne va pas se contenter de réfuter la proposition de Sagredo en prouvant que les deux définitions ne sont pas équivalentes, ce qui, nous l'avons vu, est presque une évidence dans le contexte des *Discorsi*. Galilée va faire beaucoup mieux, et son besoin de recourir à une argumentation subtile se trouve justifié quand on s'avise qu'il a l'ambition de démontrer que la chute libre ne s'opère pas selon le PF pour l'excellente raison qu'aucun mouvement — supposé uniformément accéléré ou non — ne peut obéir à ce principe. Autrement dit, le PF n'est pas un principe de mouvement. Cette façon d'envisager la démonstration de Galilée réclame évidemment d'en faire une nouvelle lecture, en commençant par donner un sens à la partie (a) de son texte, laquelle constitue l'une des deux clés de l'argument.

Pour cela il convient d'abord de voir dans cette phrase l'énoncé d'un théorème de cinématique de portée générale — que nous appellerons théorème (a) —, sans rapport avec la chute libre et dont la validité n'est pas limitée à une loi particulière de mouvement, un théorème que Galilée se propose d'appliquer dans la suite de son raisonnement. Cette lecture de (a) s'oppose donc déjà à l'interprétation habituelle qui veut y voir l'intervention du PF. De plus, et toujours en opposition avec la tradition, il faut comprendre que deux mobiles sont en cause dont les vitesses respectives sont comparées entre elles.

Un cas particulier est celui où un unique mobile serait envisagé séparément sur deux sections de son parcours. Un tel cas se présente dans le théorème II sur le MU dans les *Discorsi* où Galilée parle d'un seul mobile mais animé de vitesses différentes sur deux sections disjointes, ce qui revient évidemment à considérer deux mobiles[29]. En somme, le théorème (a) apparaît comme une généralisation de la partie du théorème II qui lui est analogue et, bien sûr, pas davantage que ce dernier énoncé, le théorème (a) n'est en lui-même contradictoire.

La difficulté est que, si l'exigence de vitesses dans la même proportion que les espaces parcourus est claire lorsque les deux mobiles se déplacent à vitesse constante, elle pose évidemment un problème lorsque leurs vitesses sont variables.

Dans ce dernier cas, on pourrait penser tourner la difficulté en conjecturant que Galilée utilise des vitesses moyennes, mais il faut bien reconnaître que les

---

28. Cette croyance ne peut s'expliquer que par une conception ambiguë de la notion de vitesse car, bien sûr, la vitesse ne peut être proportionnelle à la fois à l'espace et au temps sans que ces deux quantités le soient elles-mêmes, imposant au mouvement d'être uniforme.

29. *E.N.*, VIII, 193. Dans les conditions de ce théorème II (et la même remarque vaut pour le théorème III sur le MU), la confusion des deux mobiles en un seul interdit à Galilée de faire explicitement référence au MU. Ceci explique déjà la disparition de cette référence dans ces deux théorèmes, sans qu'il soit nécessaire d'invoquer la volonté que Galilée aurait eue, en dépit du contexte, d'énoncer à cet endroit des résultats valables pour des mouvements quelconques (*cf.* S. Drake, " Uniform acceleration, space and time ", *op. cit.*).

vitesses (*velocità*) dont parle Galilée ici, comme d'ailleurs dans tout ce dialogue en italien qui précède les théorèmes sur le MUA[30] — où *velocità* est parfois précisé en *grado di velocità* ou *momento di velocità* —, correspondent clairement à la notion moderne de vitesse instantanée, et non à des vitesses moyennes, concept dont Galilée, pas davantage que ses devanciers, n'a jamais fait aucun usage explicite. Et puis la comparaison des vitesses (instantanées) respectives des deux mobiles lorsque celles-ci sont variables — puisque c'est bien ce que Galilée n'hésite pas à faire — n'est pas du tout inconcevable, du moins si l'on se réfère à une certaine correspondance point par point entre les deux trajectoires, de façon que l'on sache de quelle manière sont appariées les positions des deux mobiles où l'on a convenu de comparer leurs vitesses. Ainsi, la condition imposée aux vitesses par l'énoncé (a) de Galilée acquiert un sens si la vitesse du premier mobile en tout point P de sa trajectoire est comparée à la vitesse du second mobile au point de la trajectoire de celui-ci que l'on fait correspondre à P[31].

Envisageons, par exemple, le cas particulier de deux mobiles M_1 et M_2 dont les trajectoires, de longueurs respectives L et 2L, sont parcourues de manière que leurs vitesses variables vérifient, pour tout s de l'intervalle [0, L], l'égalité $V_2(2s) = 2V_1(s)$. Dans un tel cas, ne peut-on pas considérer que les vitesses du second mobile sont doubles de celles du premier, c'est-à-dire, en l'occurrence, que " les vitesses des deux mobiles sont dans la même proportion que les espaces qu'ils ont déjà traversé et que ceux qu'ils doivent traverser ? "[32]. Et justement, nous allons voir comment, de façon générale, parmi toutes les correspondances bijectives (continues et monotones) entre des intervalles tels que [0, L] et [0, kL], la fonction linéaire s —> ks, qui est la plus simple d'entre elles, a pu s'imposer de façon naturelle à l'esprit de Galilée pour, à la fois, donner un sens à l'énoncé du théorème (a) et en fournir une démonstration.

30. *E.N.*, VIII, 198-208.

31. Cette idée essentielle, selon laquelle Galilée se référerait implicitement à une correspondance bijective, figure déjà dans l'interprétation de J.A. Tenneur en 1649 où elle a été remarquée par S. Drake, " Uniform acceleration, space and time ", *op. cit.*, 35-36) qui l'a retenue pour sa propre interprétation. Mais cette idée n'est pas suffisante par elle-même et son exploitation réclame une précision dont la nécessité semble avoir échappé à S. Drake, (*cf.* S. Drake, " Uniform acceleration, space and time ", *op. cit.*, et note 39 *infra*). Par ailleurs, la démonstration donnée par Galilée du théorème III sur le MUA (*E.N.*, VIII, 215-217) fournit l'exemple d'une telle correspondance, Galilée utilisant l'hypothèse que les mobiles possèdent la même vitesse sur le plan incliné et sur la verticale en des points situés à la même hauteur.

32. Le cas de deux mouvements précisément reliés comme dans l'exemple qui vient d'être décrit se présente concrètement lorsqu'une courbe (éventuellement rectiligne) est tracée à vitesse variable sur un transparent alors même que l'image en est projetée sur un écran avec un agrandissement linéaire de facteur 2. L'observateur assiste au déroulement simultané de deux mouvements, celui de la pointe du crayon sur le transparent et celui de l'image de cette pointe sur l'écran, et ces deux mouvements répondent exactement à la condition de proportionnalité décrite ci-dessus. Et tous les observateurs s'accorderont à regarder le mouvement sur l'écran comme deux fois plus rapide — tant localement que globalement — que le mouvement sur le transparent.

LES MOUVEMENTS SEMBLABLES

Les considérations qui précèdent vont nous conduire à dégager la notion générale de *mouvements semblables*. En dépit — ou à cause ? — de sa grande simplicité il semble que ce concept n'ait retenu l'attention d'aucun auteur de traité de cinématique, de sorte qu'il a fallu inventer cette expression pour désigner deux mouvements qui sont mutuellement dans la relation privilégiée que nous allons décrire[33]. Car il se trouve que cette notion de mouvements semblables joue un rôle central dans la démonstration de Galilée telle que nous la comprenons.

Considérons d'abord la figure 1 qui correspond au cas particulier où chacun des deux mouvements (sur A_1B_1 et A_2B_2) serait uniforme, les vitesses supposées non nulles vérifiant l'égalité :

$$\frac{V_1}{V_2} = \frac{A_1B_1}{A_2B_2}.$$

Dans ce cas, l'égalité des temps de parcours T_1 et T_2 résulte aussitôt du théorème II sur le MU dans les *Discorsi*. Nous dirons de deux mouvements uniformes se trouvant dans la relation décrite ci-dessus qu'ils sont *cinématiquement semblables* (ou, plus simplement, *semblables*). Ainsi nous venons de voir que deux MU semblables ont la même durée.

FIGURE 1

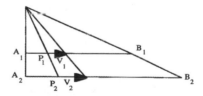

Dans la situation ci-dessus où les vitesses de chacun des deux mobiles sont constantes, il est évidemment indifférent que le point P_1 soit associé au point P_2 comme sur la figure 1, ou à tout autre point de la trajectoire du second mobile. Néanmoins, cette correspondance est suggérée par le cas plus général où les deux mouvements seraient chacun composés de deux ou d'un même

---

33. Il n'est nullement nécessaire que la similitude cinématique qui nous intéresse ici s'accompagne d'une similitude géométrique des trajectoires. Cependant, cette liberté même quant à la forme des trajectoires fait qu'il est loisible de s'en tenir au cas de trajectoires rectilignes que rien n'interdit de figurer parallèles ; la proportionnalité imposée par l'énoncé (a) s'obtient alors géométriquement par le moyen d'une simple homothétie (*cf.* figures 1, 2 et 3). La conclusion du théorème (a), dont nous verrons qu'elle exprime la propriété essentielle des mouvements semblables, n'est donc aucunement liée à la forme des trajectoires. Seules comptent leurs longueurs et la manière dont elles sont parcourues. L'exemple des mouvements de la pointe du crayon sur le transparent et de son image sur l'écran (note 32 *supra*), agrandie dans un rapport quelconque, illustre bien la notion de mouvements semblables que nous allons définir, mais la similitude géométrique qu'il comporte en fait un cas très particulier.

nombre fini de MU successifs, avec respect des proportionnalités vitesses/distances séparément pour chaque couple de mouvements partiels uniformes de même rang sur les deux trajectoires. L'égalité des durées totales T_1 et T_2 des deux parcours est évidemment une conséquence immédiate du cas précédent, puisque nous avons affaire à une succession de couples de MU semblables. La figure 2 illustre le cas de deux couples de MU semblables, à savoir les MU sur A_1C_1 et A_2C_2 d'une part, et sur C_1B_1 et C_2B_2 d'autre part. Dans ces conditions nous dirons être en présence de deux mouvements uniformes par morceaux (MUPM) semblables, et deux tels mouvements possèdent donc la même durée.

FIGURE 2

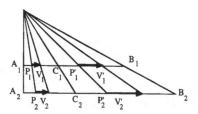

Il est certain que Galilée sera parvenu sans peine à ce résultat, après quoi il ne lui restait plus qu'à passer au cas général des mouvements à vitesses variables. Ce passage, dont la justification rigoureuse n'était pas à la portée de Galilée, il est probable que celui-ci l'aura réalisé par la technique des indivisibles de Cavalieri selon laquelle la propriété des MUPM semblables subsiste à la limite lorsque le nombre des " morceaux " augmente indéfiniment tandis que les longueurs des mouvements uniformes partiels décroissent jusqu'à devenir nulles. Dans ces conditions on voit que les deux mouvements limites sur A_1B_1 et A_2B_2 sont nécessairement tels que leurs vitesses $V_1(s)$ et $V_2(\sigma)$ aux points d'abscisses s et σ sur les deux trajectoires tels que $s/\sigma = A_1B_1/A_2B_2$ (figure 3), " ont la même proportion que les espaces traversés " (s/σ), " ou devant être traversés " (A_1B_1/A_2B_2). Réciproquement, on peut montrer que deux mouvements possédant cette propriété peuvent toujours être approchés par des couples de MUPM semblables, de sorte que leurs durées sont égales[34].

34. Si l'on pose $A_1B_1 = L_1$, $A_2B_2 = L_2 = k L_1$, une démonstration moderne de l'égalité des durées T_1 et T_2 de deux mouvements semblables sur A_1B_1 et A_2B_2 consiste à écrire :

$$T_2 = \int_0^{L_2} \frac{d\sigma}{V_2(\sigma)} = \int_0^{L_2/k} \frac{k\,ds}{k\ V_1(s)} = \int_0^{L_1} \frac{ds}{V_1(s)} = T_1$$

où les intégrales exprimant T_1 et T_2 sont supposées avoir un sens (avec des valeurs finies), et où l'égalité des deux premières intégrales résulte du changement de variable s = ks et de la relation $V_2(ks) = k V_1(s)$ qui caractérise la similitude des deux mouvements. On peut remarquer que, si les notations ci-dessus étaient relatives à la comparaison des temps de descente de la verticale A_1B_1 et du plan incliné A_2B_2, avec A_1, A_2 confondus, B_1, B_2 au même niveau et l'égalité des vitesses aux points situés à la même hauteur ($V_2(ks) = V_1(s)$), le même calcul que ci-dessus donnerait T_2 = kT_1, ce qui est le résultat obtenu par Galilée au théorème III sur le MUA (*E.N.*, VIII, 215).

Deux mouvements qui sont dans une telle relation seront encore dits *semblables*.

Cette démarche supposée de Galilée pour démontrer (a) — 1) comparaison de deux mouvements par la mise en correspondance convenable des points des deux parcours, 2) extensions : MU —> MUPM —> mouvements quelconques — se retrouve de façon similaire pour la démonstration du théorème III des *Discorsi* sur le MUA[35], selon l'interprétation convaincante de P. Souffrin (*op. cit.*). Galilée utiliserait cette fois une généralisation du théorème I sur le MU obtenue à partir du cas intermédiaire de MUPM[36], mais les extensions des théorèmes I et II du MU sont étroitement liées, aussi bien que ces théorèmes eux-mêmes[37].

FIGURE 3

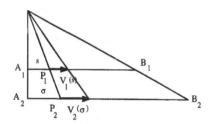

Il est important d'observer que la notion générale de mouvements semblables, aboutissement naturel du cas simple des mouvements semblables uniformes par morceaux, signifie que les deux mouvements considérés peuvent être mis en relation d'une façon très particulière qui assure l'égalité des deux temps de parcours. Contrairement à ce que certains écrits pourraient laisser croire[38], cette même conclusion n'est pas nécessairement vraie si l'on s'est contenté de l'existence d'une correspondance bijective entre les deux trajectoires, en exigeant seulement que les vitesses aux points homologues soient dans le rapport des longueurs des parcours[39].

Finalement, ce qui a été dit plus haut sur les mouvements semblables con-

35. *E.N.*, VIII, 215-217.

36. *E.N.*, VIII, folio 138v, 372, et folio 179r, 387-388.

37. *Cf.* J.-L. Gautero, P. Souffrin, " Note sur la démonstration " mécanique " du théorème de l'isochronisme des cordes du cercle dans les *Discorsi* de Galilée ", *op. cit.*

38. S. Drake, " Uniform acceleration, space and time ", *op. cit.*, 36.

39. Un contre-exemple est celui de deux mobiles A et B quittant l'origine O à l'instant t = 0, le premier franchissant [0, 8/81] pendant le temps 4/9 selon la loi s(t) = $t^2/2$, tandis que l'espace [0, 16/81], double du précédent, est franchi par le second selon la loi s(t) = $2t^3/3$ pendant le temps 2/3 > 4/9. Pourtant, x —> $(2/3)(2x)^{3/4}$ est une bijection de [0, 8/81] sur [0, 16/81] et la vitesse $2(2x)^{1/2}$ de B au point $(2/3)(2x)^{3/4}$ est double de celle $(2x)^{1/2}$ de A en x. Cela dit, une démonstration analogue à celle de la note 34 *supra* montre que l'égalité des temps de parcours est vraie sous l'hypothèse suivante plus générale que la similitude : existence d'une bijection j (de classe C^1) de [0, L_1] sur [0, L_2] vérifiant $V_2(j(s)) = j'(s) V_1(s)$ pour tout s de [0, L_1].

duit à penser que, dans l'esprit de Galilée, le sens du théorème (a) est très précisément que *deux mouvements semblables quelconques ont la même durée*[40].

LA RÉFUTATION DU PRINCIPE FAUX

L'argument de Galilée repose sur l'exploitation conjointe du théorème (a) et d'une certaine propriété spécifique de tout mouvement qui serait régi par le PF. Notons au passage que la caractérisation des mouvements obéissant au PF par cette propriété spéciale que nous nous apprêtons à énoncer n'a qu'une valeur purement logique dans la mesure où la conclusion du raisonnement sera précisément la non-existence de mouvements de cette nature. Cette propriété, qui constitue la seconde clé de la démonstration de Galilée et que celui-ci exploite dans un cas particulier, consiste en ceci que, pour un mouvement qui obéirait au PF, toutes les sections initiales seraient mutuellement semblables.

FIGURE 4

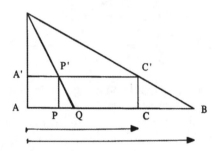

Pour un mobile se déplaçant de A vers B (figure 4) la propriété ci-dessus signifie, par exemple, que son mouvement sur AC est semblable à son mouvement sur AB. La compréhension de cette propriété réclame évidemment une certaine faculté d'abstraction puisqu'il faut dédoubler, par la pensée, le mouvement d'un même mobile regardé sur deux sections non disjointes de sa trajectoire, de manière à pouvoir, en quelque sorte, le comparer à lui-même[41]. De

---

40. Un cas de mouvements semblables, non exploité par Galilée, se présente dans les *Discorsi* au théorème VI sur le MUA (*E.N.*, VIII, 221) énonçant que les cordes (plans inclinés) issues du point supérieur A d'un cercle de diamètre vertical AF sont descendues dans des temps égaux. Aux trois démonstrations que Galilée donne de ce théorème on pourrait en effet ajouter celle consistant à remarquer que les mouvements de descente de ces diverses cordes sont mutuellement semblables ; car les vitesses aux points P d'une corde AB et Q de la verticale AF, tels que PQ soit parallèle à BF, sont proportionnelles à la fois à AB/AF et à AP/AQ.

41. Comme l'a signalé S. Drake, " Uniform acceleration, space and time ", *op. cit.*, 42), un exemple analogue de dédoublement du mouvement d'un même mobile se trouve déjà dans le *Liber calculationum* de R. Swineshead du Merton College, imprimé à Venise en 1520, où l'oxfordien utilise en effet, à propos du MUA, une correspondance entre les vitesses d'un même mobile en deux points de son parcours (M. Clagett, *The Science of Mechanics in the Middle Age*, University of Wisconsin Press, 1959, 291).

façon précise, dans le cas de la figure 4, le mouvement du mobile doit être envisagé séparément sur chacune des sections initiales AC et AB, et il se trouve que si le mobile se déplace conformément au PF, les deux mouvements ainsi considérés sont semblables. Pour le voir on observe que la similitude des mouvements du mobile sur AC et AB, si elle est réalisée, doit s'obtenir en comparant la vitesse V_P du mobile en tout point P du segment AC (A exclu) à la vitesse V_Q de ce même mobile au point Q du segment AB associé à P par la construction géométrique indiquée sur la figure 4. Or les relations :

$$\frac{V_Q}{V_P} = \frac{AQ}{AP} = \frac{AQ}{A'P'} = \frac{AB}{A'C'} = \frac{AB}{AC}$$

résultent facilement du PF, et l'égalité des rapports extrêmes exprime exactement la similitude annoncée[42]. Dès lors, il ne reste plus qu'à rapprocher ce résultat de celui du théorème (a) pour voir immédiatement surgir l'absurdité des mouvements du même mobile sur AC et sur AB qui devraient s'accomplir dans le même temps. C'est exactement ainsi que procède Galilée dans un cas particulier où C est le milieu de AB et qui suffit de toute façon pour prouver l'inanité du PF.

CONCLUSION

L'interprétation développée ci-dessus change radicalement la façon de percevoir la démonstration de Galilée. Là où l'analyse traditionnelle ne voyait en général que maladresse, confusion, erreur et, finalement, inefficacité — en somme un passage des *Discorsi* d'autant moins glorieux que Galilée en était manifestement très satisfait —, cette nouvelle approche révèle au contraire un argument d'une particulière ingéniosité et réalise ainsi une réhabilitation scientifique de Galilée sur un point particulier. Cependant, la présentation que Galilée donne de sa réfutation est certainement d'une concision abusive puisqu'elle passe sous silence les particularités précises qui assurent le succès de l'argument. Par ailleurs, celui-ci présente deux défauts liés au théorème (a) mais de natures différentes.

Le premier de ces défauts tient à l'évocation du théorème (a) comme s'il s'agissait d'une propriété connue du lecteur qui est donc fondé à croire que ce résultat a été établi dans les pages précédentes. Or, il n'en est rien en dehors du cas particulier facile des mouvements uniformes dont il est impossible de se contenter en l'occurrence. C'est évidemment ce défaut qui est à l'origine des jugements négatifs émis à l'encontre de l'argument galiléen. De façon générale et face à une telle situation[43], le commentateur a le choix entre deux attitudes.

42. La réciproque de ce résultat ne nous intéresse pas ici mais il est clair qu'à son tour la similitude des sections initiales implique le PF puisque P = C entraîne Q = B et par suite $V_C/AC = V_B/AB$, et ceci pour tout point C au-delà de A.

43. Pour d'autres exemples dans les *Discorsi*, voir les articles cités à la note 20 *supra*.

Ou bien il part du principe que les *Discorsi* constituent un exposé didactique logiquement ordonné — ce qu'ils sont en effet dans une très large mesure — où par conséquent chaque affirmation est dûment justifiée. Dans cette optique, et en raison du sujet de la Troisième Journée, il va de soi que tout théorème de cinématique invoqué par Galilée est censé avoir été établi antérieurement par lui dans ce même texte. Mais le théorème (a) dont se sert Galilée ne peut être rapproché que du théorème II sur le MU, lequel ne convient évidemment pas, difficulté à laquelle s'ajoute celle de donner un sens à ce théorème (a) s'il doit s'appliquer à des mouvements aux vitesses variables. Voilà donc Galilée reconnu coupable d'un argument totalement dépourvu de valeur, même si, par prudence ou par égards pour le célèbre savant, les historiens usent souvent de formules atténuées par lesquelles ils qualifient la démonstration en cause de peu convaincante, pas très correcte, etc.

Ou bien le commentateur hésite à imputer au Galilée des *Discorsi*, sur un sujet de cinématique où il a par ailleurs démontré pour le moins une certaine maîtrise, des fautes aussi grossières que la confusion entre vitesse instantanée et vitesse moyenne, ou que l'application d'un résultat sur le mouvement uniforme à un mouvement qui ne l'est manifestement pas, ou encore l'utilisation de la règle mertonienne à propos d'un mouvement quelconque. Cette attitude doit alors le conduire à accepter l'idée qu'en dépit des apparences et pour des raisons qui tiennent aux circonstances de son élaboration, le texte des *Discorsi* ne présente peut-être pas la cohérence interne qu'il est censé posséder. Dans ces conditions, l'anomalie qui consisterait en l'utilisation par Galilée d'un résultat absent des *Discorsi,* mais qu'il aurait établi par ailleurs, devient une nouvelle possibilité qui, comme nous pensons l'avoir montré dans le cas présent, permet de restituer à l'argument de Galilée une valeur scientifique qui, autrement, lui était refusée. Si Galilée est encore coupable, ce n'est plus d'avoir produit une démonstration grossièrement erronée, mais seulement d'avoir utilisé un résultat qu'il a omis d'exposer dans son ouvrage. En fait, on peut conjecturer que Galilée était conscient de cette omission et qu'il a délibérément renoncé à produire une démonstration dont il ne voulait pas alourdir son texte. Il aura pensé que ses lecteurs ne mettraient pas en doute une propriété s'énonçant d'une manière aussi naturelle, tandis que les plus savants sauraient suppléer à l'absence de sa démonstration. On peut encore noter que Sagredo trouve l'argument " trop évident, trop facile "[44], en justifiant cette appréciation par la déception que peut provoquer l'acquisition trop aisée de la

44. *E.N.*, VIII, 204. En fait, ce jugement se rapporte également à une autre réfutation que Galilée effectue à la suite de celle qui nous intéresse ici, réfutation du principe selon lequel l'" impeto " de percussion d'un même corps en chute libre serait proportionnel à la distance franchie. Pour cette seconde réfutation Galilée a estimé plus clair de reprendre (un peu trop) brièvement l'argument précédent, alors qu'il lui suffisait de s'appuyer sur le résultat de celui-ci puisqu'il considérait que l'" impeto " de percussion est proportionnel à la vitesse. On sait que ce dernier point est faux — il faut remplacer la vitesse par son carré — et que ce second principe que Galilée prétendait réfuter est vrai.

vérité. Mais une arrière-pensée de Galilée n'aurait-elle pas été d'appliquer aussi ce jugement à un raisonnement dont il savait très bien que sa simplicité n'était qu'apparente puisqu'il n'en avait pas explicité tous les détails ?

Le second défaut lié au théorème (a) est l'impossibilité pour Galilée, et quoi qu'il en ait pensé, d'en produire une preuve entièrement correcte. Nous avons vu en effet que la seule démonstration de ce théorème que Galilée pouvait envisager comporte un passage à la limite que lui-même et ses contemporains tenaient pour licite et dont la conclusion est exacte, mais qu'il aurait été incapable de justifier selon nos exigences modernes. Cependant, l'insuffisance des connaissances mathématiques de Galilée n'empêche pas que le principe de son argument soit parfaitement correct et même remarquablement astucieux.

Cette imperfection de l'argument galiléen, liée à l'état des mathématiques au XVIIᵉ siècle, appelle la question naturelle suivante : les concepts dont Galilée disposait lui permettaient-ils d'élaborer une réfutation mathématiquement correcte du principe faux ? Le fait que la seule réfutation connue passe par la résolution d'une équation différentielle a pu faire penser que, de toute façon, ses efforts étaient vains, la connaissance du calcul différentiel paraissant indispensable pour réfuter valablement le PF[45]. Pourtant, Galilée aurait très bien pu produire un argument entièrement correct et ne mettant en jeu que des considérations élémentaires. Nous terminerons cette étude en proposant une telle démonstration tout à fait possible, dans son esprit, sous la plume de Galilée, sans toutefois prétendre à l'élégance de celle qu'il a effectivement imaginée.

Supposons qu'un mobile M quitte un point A à l'instant $t = 0$ pour s'en éloigner selon un mouvement — qu'il est loisible de supposer rectiligne — obéissant au PF, donc de manière que sa vitesse V_B en tout point B soit proportionnelle à la distance AB parcourue. Comme la vitesse V_B croît à mesure que le mobile s'éloigne de A, le temps T_B requis par M pour atteindre B est supérieur au temps t_B pendant lequel il parcourrait ce même trajet AB avec une vitesse constante égale à V_B. Or, dire que V_B est proportionnelle à AB équivaut à dire que t_B est une constante $t^* > 0$ indépendante de B (d'après le théorème II sur le MU). Aucun point B au-delà de A, et si proche qu'il soit de A, ne peut donc être atteint avant le temps $t^* > 0$, de sorte que le mouvement, censé commencer à l'instant $t = 0$, ne débutera pas avant l'instant t^*. Ceci constitue déjà une contradiction, mais l'absurdité devient encore plus évidente si l'on observe que les conditions à l'instant t^* étant les mêmes qu'à l'instant 0, la même raison fait que le mouvement ne pourra pas commencer avant l'instant $2t^*$, etc. Le mouvement ne commence donc jamais : il est impossible.

---

45. C'est sensiblement l'opinion émise par M. Clavelin, *La Philosophie naturelle de Galilée*, *op. cit.*, 296.

HUYGENS' EFFORTS TO MAKE SCIENCE USEFUL FOR TECHNOLOGY

Fokko Jan DIJKSTERHUIS

On October 25 1672, Christiaan Huygens looked up his papers on dioptrics, his mathematical theory of lenses. One of the sheets represented a lens-system he had invented almost 4 years earlier, on February 1, 1669. A glorious " Eureka " accompanied it[1]. Huygens took his pen and crossed out the " Eureka ".

FIGURE 1

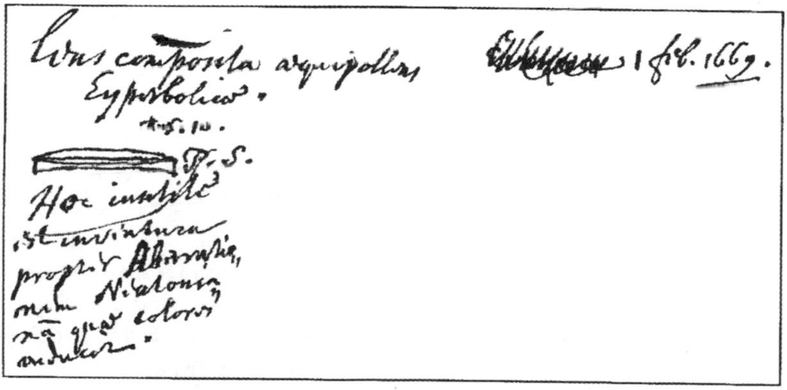

Oeuvres Complètes de Christiaan Huygens, vol. 13, 409.

This event signified the end — for the time being — to his plans to publish a book on dioptrics. A book that he had announced more than a decade earlier, in *Systema Saturnium* of 1659 and had been looked forward to since. With good reason, for Huygens had elaborated the most advanced dioptrical theory

1. *Oeuvres Complètes de Christiaan Huygens, publiées par la Société Hollandaise des Sciences*, vol. 13, La Haye, Martinus Nijhoff, 1888-1950, 408-410, 22 vols, abbreviated as *OC. OC*, vol. 13, 408-410.

of its time. *Hoc inutile est…* Huygens jotted down after he had crossed out the
" Eureka ".

In this paper, I will focus on Huygens' invention of 1669. The invention
should have been the climax of the *Dioptrica* Huygens was going to publish.
In 1672 Huygens realized that his invention was useless, and with it his entire
theory of dioptrics. This radical move is understandable if one realizes that —
as I will argue — in the invention of 1669 the scope and aims of Huygens'
dioptrics as a whole found an expression.

What was the invention ? It was a solution to the problem that ordinary,
spherical lenses do not focus exactly.

FIGURE 2

Spherical aberration of a bi-convex lens

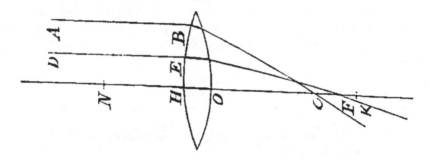

Refracted rays intersect the axis at different points C, F.
The closer a ray is to the axis, the closer the intersection to the focus K.
K is the limit point of intersections C, F. (*OC*, vol. 1, 224).

When light rays from a point source (like a star) pass through a spherical
lens, the refracted rays do not intersect in one point, but in a small region. This
results in slightly blurred images : the point source is depicted as a small spot.
This is called spherical aberration. Descartes had found a solution to this problem by proposing non-spherical lenses but Huygens never judged highly of this
proposal, because the required elliptical and hyperbolic lenses could not be
made in practice. He looked for another way to avoid spherical aberration : by
using spherical lenses. He thought it should be possible to nullify the aberration of one lens by that of another.

To do so, Huygens developed a mathematical theory of spherical aberration.
This was no problem for him, for he already had a theory of the focal distances
of spherical lenses in the early 1650s. Now, in 1665, Huygens went on to analyze the properties of spherical aberration. With the rigor characteristic of him,
Huygens derived a relationship between the shape of a lens and the aberration
of the rays refracted at the edge of the lens.

FIGURE 3

Theory of spherical aberration

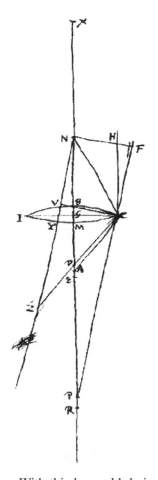

(Case of bi-convex lens).
For a ray HC, at a distance CG from the axis, express the
aberration DE from the focus E by the radii of curvature of
MN and BA of both faces of the lesn and the thickness BM
of the lens.
(*OC*, vol. 13, 289).

With this he could derive a configuration in which the spherical aberration
was cancelled out. The design consisted of a convex objective lens and a con-
cave ocular. The latter was chosen in such a way that it cancelled the aberration
of the former, so that the net amount of aberration was zero[2]. But this was not
what Huygens wanted because the configuration could not be used in astronomical observation.

The breakthrough came almost 3 years later, on that 1st of February 1669.
The two lenses in the drawing jointly act as one convex lens with focus M.

2. *OC*, vol. 13, 302-323.

Figure 4

The invention of 1 February 1669

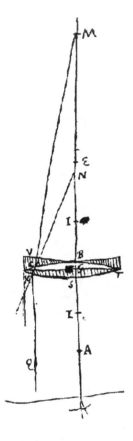

The bi-concave lens nullifies the spherical aberration of the plano-convex lens. The system emulates a hyperbolic lens with an exact focus in M. (*OC*, vol. 13, 411).

This lens-system has the properties of a hyperbolic lens : no spherical aberration is produced. The plano-convex lens KST refracts paraxial rays to N off its focus E. Lens VBC has the same focus E and produces the same aberration EN for rays coming from M. So it will refract any paraxial ray towards M, which becomes the perfect focus of the lens system. As the objective lens is the main source of aberration, only a suitable ocular needed to be applied to the lens system to make a perfectly focusing telescope. " Eureka ", Huygens rightly noted, *Lens composita hyperbolicæ æmula*.

But... This was only the design. In theory the lens-system emulated a hyperbolic lens but it still had to be put to practice. There is no evidence that Huygens actually tested his 1669 design, and the signs were not hopeful. It happened that he had been testing his earlier design and these tests had not yielded the expected results. The images produced by it were disturbed by colored fringes and, as Huygens wrote to his brother Constantijn, he suspected that these disturbing colors were inevitable[3]. In 1672, Huygens found out that this was indeed the case. Newton, in his paper on white light and colors, argued that dispersion of colored rays is inherent to refraction and consequently " ... that the perfection of Telescopes was (...) limited, not so much for want of glasses truly figured (...), as because that Light it self is a *Heterogeneous mixture of differently refrangible Rays* "[4]. Huygens realized that his project of cancelling out spherical aberration was futile, because chromatic aberration would remain an inescapable impediment to perfect images. He crossed out the " Eureka " of 1669 and added that his invention was useless (...) *propter Aberrationem Niutoniana quae colores inducit.*

Could not Huygens have foreseen colors to play havoc with his plans, we might ask. One would expect so, for in his practical activities in lens grinding and telescope making he had encountered those disturbing colors too often. And much of it had been aimed at minimizing the effects of these and other impediments in telescopes. But these activities had been of a practical, artisanal nature in which dioptrical theory had not taken an apparent part.

Take, for example, the compound ocular Huygens had made and which had excellent imaging properties. It was a product of Huygens' practical skills, the result of trial-and-error juggling with lenses. In Huygens words : his ocular was " ... if not the best combination of all lenses, but one which experience has shown us to be useful "[5]. Yet, Huygens, as contrasted to ordinary telescope makers, was not satisfied with just knowing that his ocular performed well. He also wanted to know why. So, he analyzed the configuration of the ocular and proved mathematically that it produced sharp, upright images. Huygens could not explain everything, though. Matters of sharpness, orientation and field of view — and later on spherical aberration — could be analyzed mathematically. But other matters escaped theoretical treatment. The " colored bands " around images in particular. And why ? Because, Huygens wrote in the early 1660s, " ... the consideration of colors cannot be reduced to the laws of geometry, ... "[6]. So, we now can conclude that Huygens was well aware of colors disturbing the quality of telescope images. What's more, he knew all about dealing with them practically. But he did not know how to deal with them theoretically.

Some ten years after the analysis of his ocular, Newton showed Huygens that colors could be reduced to geometrical laws. With his prism experiments he made " the science of colors become mathematical ". Why had Huygens not

3. *OC*, vol. 6, 220-221.
4. Newton, *Correspondence*, vol. 1, 95.
5. *OC*, vol. 13, 252-253.
6. *OC*, vol. 13, 264-265.

been able to do so ? Especially since he had such a vast knowledge of colors when it came to configuring lenses. A question like this can only be answered in a speculative way, and I do not intend to lose myself in that. What we do see is that Huygens has left no trace of trying to mathematize colors. Somehow, he saw no point in studying the properties of colored fringes systematically. What is more, in his theory of spherical aberration, colors are fully absent. No sign is found of Huygens' awareness that colors also impeded the quality of telescope images. So when it came to putting his invention to practice, he was not prepared to see his perfect images disturbed by them.

The way Huygens dealt with colors is typical for his theory of spherical aberration in general. No trace is found of his calibrating the theory with experience. When, for example, he simplified theorems to make calculations, he did so only on the basis of mathematical considerations. He did not check the behavior of spherical aberration in actual lenses to see whether these simplifications were justified or whether other simplifications might be possible. Huygens' theory of spherical aberration was — in short — of a purely mathematical nature, consisting of geometrical derivations only.

We can now put the 1669 invention into broader perspective. What did Huygens aim at with his study of spherical aberration ? He wanted to make a telescope. But now he not only wanted to do it in the artisanal, trial-and-error way, like he had done before. He wanted to do it in a theoretical way. How did he think this could be done ? By developing a mathematical theory of spherical aberration and deriving a configuration of a lens system with perfect focusing properties. In other words : he transformed (an aspect of) the practical problem of blurred images into the mathematical problem of spherical aberration, then solved this mathematical problem, and expected it to be a solution to the practical problem in one go.

Unfortunately it did not work. Other impediments annulled the expected perfection, impediments Huygens was familiar with through his practical work but did not integrate in his theory. Whether he lacked the means or did not see the problem (as we see it), remains a matter of speculation. Why bother, you will say. Everyone in the seventeenth century was perfectly happy with either making telescopes in a traditional way or developing theory for its own sake. That may be true, but Huygens was not happy with it. When he thought of a treatise on dioptrics, he thought of a work about telescopes. It would have to explain the working of the instrument on the basis of a theory of dioptrics. All of which Huygens had established. But it also needed a new, spectacular invention ; an improvement of the instrument founded on that theory. And this was lost with the invention of 1669. So he saw no point in publishing the dioptrics everyone was waiting for. At the same time he saw his book on clocks through the press. *Horologium Oscillatorium* had everything Huygens wanted : an instrument, its theoretical foundation and a spectacular improvement founded on that theory.

From a modern point of view, the invention of 1669 was an effort to do science-based-technology. The problem with such a point of view is that it suggests things that do not apply very well to what Huygens was doing. It suggests that science and technology can be considered separate categories ; that Huygens thought of his theories and his instruments as separate categories. The least my paper should do, is to cast considerable doubt upon such an assumption. Without the design for a perfect telescope, his dioptrical theory was not complete in Huygens' view. Without it, *Dioptrica* was not ready for publication. What Huygens was doing in his view, I would like therefor to characterize as " doing technology in a scientific way " in order to stress the inextricable tie between theory and instrument.

Huygens' effort was unsuccessful, but he tried like no one tried in the seventeenth century. In this sense Huygens' *Dioptrica* is an interesting instance of the seventeenth-century relationship between science and technology which deserves further attention. By considering an object — the telescope — that was in the line of both craftsmen and scholars and by looking at both theoretical and practical approaches to it, similarities and differences between both ways of conduct, their ways of knowing, their ways of doing can be revealed. In so doing, intellectual and conceptual gaps between science and technology are brought to attention. And it is my opinion that these are important for understanding the complexity of the relationship between science and technology. The problems involved in linking science and technology were too often underestimated by seventeenth-century heralds of utilitarianism. Huygens might have underestimated them too, by thinking that a mathematical solution would readily produce a practical solution. But he was not easily satisfied. When *Dioptrica* did not meet his standards, he withheld it altogether.

P. Varignon and his Contribution in Mechanics

Vadime I. Iakovlev and Vladimir Malanin

The world history of science shows that during the last 5000 years the acknowledged centres of science constantly changed location : Ancient Babylonian state, Egypt, Asia Minor in the time of Thales and Pythagoras, Athens of Plato and Aristoteles, Egyptian Alexandria during Ptolemy's epoch, Damascus, Bagdad, Cairo, Boukhara, Samarkand, Horesm during the early Middle Ages, England, France, Italy in medieval Europe. In the 17th century Paris was one of the largest centres of science with a university, an Academy of sciences, scientific traditions, schools, learned societies and scholarly editions. One of the members of the Paris Academy of Sciences, Pierre Varignon (1654-1722) made a significant contribution to the development of the mechanics at the end of the 17th century.

The exact date of Varignon's birth is unknown. He was born in Caen (France) into the family of an architect. From his childhood he prepared for a spiritual career. At school he became interested in geometry, read the *Elements* of Euclid, and the works of Descartes. After moving to Paris in 1686, Varignon finally chose a scientific career, and made the acquaintance of well-known scientists. In 1687 he published his first large work *Projet d'une nouvelle mecanique* (Project of the new mechanics), that made him popular. In 1688 he was elected an academician-boarder (for geometry) in the Academy of sciences and a professor-mathematician at Mazarin's college. After two years he issued a new large work *Nouvelles conjectures sur la pesanteur* (New assumptions of weight) in which he developed some ideas of Descartes and Huygens about the nature of the attractive forces between bodies. Despite heavy illness, from which Varignon suffered until 1705, all years of life of this noble and peaceful person were filled by continuous labour : preparation of new publications, editing the *Journal des savants,* teaching, giving advice and carrying on an extensive correspondence with the European scientists. Varignon died on 22 December 1722 in Paris. In his funeral speech, the secretary of Academy of sciences, Fontenelle, said that " Varignon, correspondent of the London Royal society and Berlin Academy of sciences, was the leading geometrician of France and [that] it was impossible to list the great geometricians of this epoch without mentioning him "[1].

One of main concepts of modern physics and mechanics — the concept of force — underwent a slow secular process of formation : from realization of the bare facts concerning the interaction of natural bodies up to the exact description of this interaction regarding magnitude, direction and point of application. The concept of a vector, only arising in mathematics during the 19th century, as the geometrical image of complex numbers, was effectively formed in the bosom of mechanics.

For the first time the image of force by an arrow occurs in Stevin's (1548-1620) main work on mechanics *Beghinselen der Weegkonst* (1586, 1605, 1634). Here we see the concept of a power triangle and a law of addition of two perpendicular forces[2]. This idea was later used by a French scientist G.R. Roberval (1602-1675) in his *Treatise on the mechanics of loads...* (1636)[3].

In 1687 the rule of the parallelogram appeared at once in three treatises — the *Principia* of Newton, the *New way of the proof of the main theorems of elements of the mechanics (Nouvelle manière de demonstrer les principaux theoremes des elements des mecaniques)* of Lamee and the *Project* of Varignon. Apparently, each of the authors came to the rule of the parallelogram in his own way[4], but this concurrence was not casual. It reflected a main result of the secular development of the concept of force as a measure of interaction between bodies, connected with the nowadays standard properties of forces : presence of size, direction, point of application, rules of geometrical addition and decomposition. The introduction of the properties of a vector in the interaction of bodies was an extremely important event in the history the mechanics, resulting in the " materialization " of an abstract concept of force as a kind of directed segment, leading to the construction on this basis in the 19th century of vectorial analysis and theoretical mechanics.

The concept of force in Varignon's *New mechanics*[5] is defined as the ability to move a body. Weight is defined as a force, aspiring to move a body to the center of the Earth. All other forces are estimated in relation to weight and are considered as geometrical segments. On the drawings, in the points of application of a force on a string, the tension is represented by a hand. The segment representing the force is set apart from the string. Further the author gave a system of axiomas, one of which (" a main principle ") asserted, that under

1. N. Nielsen, *Géomètres Français du XVIIIe siècle*, Paris, Copenhague, 1935, 417.
2. *Ibidem*
3. R. Dugas, *La mécanique au XVIIe siècle*, Neuchatel, 1954.
4. L. Lagrange, *Mecanique analytique*, Paris, 1788.
5. P. Varignon, *Nouvelle mecanique*, Paris, 1725.

action of a system of converging forces (in a modern terminology) the body will rest or move as if it moved under the action of one force resulting from all the forces. Then from arguments about the addition of movements and speeds and the rule of the parallelogram of forces (addition or replacement of two forces by one resultant), a concept of a moment of force around a point is deduced, resulting in a purely geometrical theorem (in Varignon's work it is a lemma XVI), named nowadays by the name of Varignon. It's main point is that " the moment of a resulting vector of a system of converging vectors around some point is equal to the geometrical sum of the moments of the contributing vectors "[6].

Estimating the achievements of Varignon after a century, Lagrange wrote : " The simplicity of a principle of addition of forces and the ease of its application to all problems of equilibrium had as a result that all mechanics have accepted it immediately after its publication ; it is possible to say, that it forms the basis almost for the whole work on statics that has occurred since then "[7]. This rather high estimation is quite fair, as the majority of practical and theoretical problems of mechanics of the 18th century was connected to the study of movements and equilibrium in elementary systems of forces (central, plan, parallel), for which Varignon's approach was universal. Archimedes' " principle of the lever " (equality of forces for the lever in equilibrium) is reduced to Varignon's theorem through addition (on both parts of the lever) of forces equal in magnitude but directed to different sides. Thus the system of two parallel forces is transformed into a system of two converging forces, having a resultant force. But already L. Poinsot — the younger contemporary of Lagrange — realised the scantiness of the " principle of the lever " and Varignon's theorem for the research of arbitrary systems of forces, in particular systems of crossing forces.

In his article " General relation of forces, used with reference to screws "[8], published in 1699, Varignon examined a problem about a grape juice press. He noticed that the assumptions, used at the analysis of screws (the loading of the screw is parallel to its axis, and the forces are perpendicular to a plane passing through the axis of the screw and the point of application of the force), did not apply for the actual presses he observed (the forces were applied a little bit different). For this case Varignon found a ratio between force and load. Thus he used a principle of possible movements (virtual speeds, work), formulated in the letter from J. Bernoulli and described later in 1717 in the second volume of *New mechanics*[9].

6. P. Varignon, *Nouvelle mecanique, op. cit.*

7. L. Lagrange, *Mecanique analytique, op. cit.*

8. *Histoire de l'Academie Royale des Sciences*, Année MDCXCIX, Amsterdam, 1734.

9. P. Varignon, *Nouvelle mecanique, op. cit.*

The plot of the large article (38 pages) " Decision of one problem of statics with the pointing of a method, acceptable to the decision of the set of similar problems " (1714) was offered by a well-known mathematician, which Varignon did not name[10]. The main point of the problem consists in the analysis of a situation of equilibrium of a body and the determination of four or more converging forces, the directions of which are given, which permit to realize equilibrium.

Equilibrium or rest of a body is defined as the impossibility of any movement resulting from two important conditions : equality of forces aspiring to cause opposite movements of a body, and " opposition " of these movements. Varignon based his ideas on " the theory of complex movements ", stated in his *Project* and becoming, as the commentator asserts[11], the key to the whole *Mechanics*. A complex movement is considered as the result of a simultaneous addition of several movements, occurring under the action of several forces, applied in one point. The addition of movements by the rule of the parallelogram was further used for the proof of the rule of the parallelogram for forces. Varignon remarked that " one can find the proof of the rule of the parallelogram not only in his *Project* of 1687, but also in many other earlier and later work, in which complex movement is discussed "[12].

At the basis of this work are enunciated three lemmas, the first of which is the formulation of the rule of the parallelogram. The second lemma asserts, that the equilibrium of a flat system of converging forces, located in one half-plane, is impossible. In the third lemma it is said that if the forces all lay in one plane, converge in one point, but do not belong to one semicircle, each force, continued through the common point, will pass between other forces. On the basis of these lemmas-axioms there are considered some two- and three-dimensional cases of arrangements of many forces. Naturally, the criterion of impossibility of equilibrium is the second lemma, and the conditions of impossibility are comparable to modern criteria of static uncertainty.

In all his papers devoted to statics, Varignon widely used geometrical methods. But as an academician-geometrician he could not bypass the problem of calculating the area of a surface of a figure of rotation by a purely mechanical method, using the concept of the center of gravity of the generating line. The large (56 p.) paper " Reflections about the use of mechanics in geometry "[13] is devoted to this problem.

The first idea of using the center of gravity for finding the area of a surface was stated by the Jesuit Guldin in 1635. This idea was further developed in the work of Leibniz, published in the *Acta Eruditorum* of Leipzig (1695), where

10. *Histoire de l'Academie Royale des Sciences*, Année MDCCXIV, Paris, 1727.
11. *Idem*, 118.
12. *Idem*, 336.
13. *Idem*, 99-156.

the author asserts without proof that the area of a surface of a body of rotation is equal to product of the generating line by the distance traversed by its center of gravity. Examining systems of arbitrarily located bodies on an immovable rectilinear lever, Varignon worked out the formulas for the trajectories of the centres of gravity rotating around some axis, giving a mechanico-geometrical proof of the statements of Guldin and Leibniz.

Science is not a system of knowledge, given once and forever, but it is a on-going process of creating such a system. From this point of view the present situation of scientific knowledge is only temporary. Any judgement on the contribution of a scientist should therefore be made not only from the position of modern science, but also from the position of his predecessors and contemporaries.

Continuing the best traditions of mechanics of the Ancient Greeks, Stevin, Del Monte, Galileo and Huygens, Varignon created the strict theory of immobility of bodies axiomatically constructed from Euclid's geometry and incorporated by the idea of a principle of addition of forces. This theory was inspired by the urgent engineering problems[14] of the end of the 17th century. The history of physics and mechanics has convincingly proved the utility of the modern concept of force. Up to Varignon this concept had not been precisely formulated, beholding the " material " properties. Varignon, as well as Newton, did not consider force to be a vector, but they have in fact made use of all the vector properties, as they were later developed by their followers.

The usage by Varignon of the concepts of force, the moment of resulting force, the principle " of virtual speeds ", the idea of reducing a system of forces to its most elementary form, the geometrical criteria of immobility (1714) and the methods of determination of unknown forces (rope-multangulars, force-multangulars), including forces of support (late named as reactions of liaisons), has received further development in the works of his famous compatriots of the 18-19th centuries, introducing in mechanics a Cartesian system of co-ordinates, the principle of virtual work, the concept of a force-couple and its properties, the reduction of any system of forces to a resultant vector and moment. After introduction of vectors and their moments mechanics became of a modern kind.

However the majority of Varignon's more than 80 papers are devoted not only to statics, but also to the general theory of forces and to the use in mechanics of the main ideas of geometry and the analysis of infinitesimals. In the title of his treatise[15] Varignon apparently identified mechanics and statics, but from its contents it does not follow, that he reduced mechanics to the study of immobility of solids. In the word " statics " the author put a sense, which differs from the modern. For him, as well as for his predecessors, it is the the-

14. Descartes and Newton gave more attention to problems of mechanical natural history.
15. P. Varignon, *Nouvelle mecanique, op. cit.*

ory of mechanisms, adapted for raising weights and the movement of bodies. This theory is devoted to the study both of the immobility and of the movement of solids under action of forces. Indeed, Varignon defines mechanics in the first volume[16] as a science about the movement, its causes and effects, and about everything that has any relation to a movement of solids. That was the main content of Varignon's scientific heritage.

This conclusion proves to be true by the analysis of the publications of Varignon in the collections *History of Royal Academy of sciences*, issued in the 18th century in Amsterdam and Paris. In March 1699 Varignon presented his memoir " Methods of definition of curves along which the falling body approach to horizon "[17] to the Academy, in which he develops his work of 1695, and continues the researches of Leibniz and the Bernoulli brothers on the determination of curves along which a body, falling according to the law of Galileo, will move.

For the case of a field of parallel forces (e.g. gravity), the author, using the analysis of infinitesimals, builds the elementary differential equation, which allows him (under certain assumptions of change of speed) to find a trajectory of a falling point. Thus the following arguments are used.

FIGURE 1

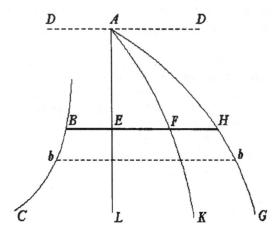

Let *DA* (fig. 1) represent the horizontal level of the initial position of a point *A*, *AL* the vertical, *AFK* and *AHG* the curves of changes of time and speed,

16. P. Varignon, *Nouvelle mecanique, op. cit.*

17. *Histoire de l'Academie Royale des Sciences*, Année MDCXCIX, Amsterdam, Chez Pierre Mortier, 1734.

$EF = z$, $EH = v$ and ABC the required trajectory. The co-ordinates of a current point B are designated by $AE = x$, $BE = y$. Then in a moment z the point A will be in the position B with co-ordinates x, y and speed v. Examining indefinitely close to BH the horizontal section bb, the author writes, that for the traversing of a distance Bb a time-interval $dz = \dfrac{Bb}{HE} = \dfrac{\sqrt{dx^2 + dy^2}}{v}$ is necessary.

The differential equation $a\sqrt{dx^2 + dy^2} = vdz$ $(a = 1)$ can then be established. The further contents of this paper are devoted to the solution of this equation under various assumptions for v and dz, including the solutions of Leibniz and Bernoulli. Furthermore the case of a central field of gravitation is examined in detail and under the same scheme. We note that the curve of speeds AHG is supposed arbitrary and not just Galileo's $(v = \sqrt{ax})$.

The paper " Geometrical and general way of creation of clepsidra or water clocks... "[18], submitted by Varignon on 29 April of the same year also used differential calculations for the determination of the generating line of a body of rotation, which represents a container from which water flows. If FEO (fig. 2) is the generating line of a body of rotation (around AO), filled up to a level BE by water, flowing from the aperture O with speed v determined by the curve OVX (where $v = BV$), during t determined by the curve $A\tau R$ (where $t = B\tau$), the problem is reduced to the determination of one of these curves (FEO, XVO, $R\tau A$) by means of the two others.

FIGURE 2

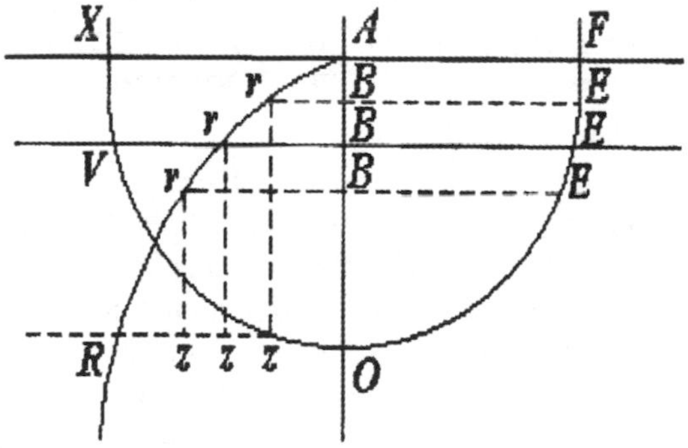

Let $OB = x$, $BE = y$, the surface of water at a level BE equal to z^2 and the area of the aperture O equal to c^2, then the speed of water flowing from O will be equal to $\dfrac{dx}{dt}$, and from a condition of homogeneity it follows that :

$$\frac{dx}{dt} / v = \frac{c^2}{z^2} \text{ or } dt = \frac{z^2 dx}{vc^2}$$

18. *Histoire de l'Academie Royale des Sciences*, MDCXCIX, *op. cit.*

and, further,

$$\frac{dx}{dt}/v = \frac{t^2}{z^2} \; ; \; \frac{1}{a} = \frac{c^2}{f^2}, \text{ where } AX = a, \; AF = b.$$

The area of a surface at the level AF is equal to f^2, and the speed of this surface to 1. Assuming, that $dx = dt$, we find that :

$$\frac{dx}{dt} = 1, \; v = BV = AX = a, \; c^2 = \frac{f^2}{a}, \; \frac{dx}{dt}/v = \frac{f^2}{a}/z^2.$$

From the similarity of surfaces AF and BE we find $\frac{f^2}{z^2} = \frac{bb}{yy}$, and hence :

$$\frac{dx}{dt}/v = \frac{bb}{a}/(yy) \text{ or } dt = \frac{ayydx}{bbv}.$$

This differential equation is further solved for certain curve of speeds and time. In particular, the case is considered where $(v = \sqrt{px})$ and an expression is given for the curve FEO, determining the form for the container of the water or clepsidra, ensuring a uniform flow of water.

The extensive cycle of Varignon's works[19] was devoted to the movement of a body[20] in a central field of forces[21]. In the memoir of Huygens on " Pendulum clocks "[22] issued in Paris in 1673, the author had formulated without proof 13 theorems concerning central forces, used by Newton in preparation of his famous *Principia*. Newton wrote : " I am glad that we can wait memoirs about centrifugal force yet which can be extremely useful for natural philosophy and astronomy and also for mechanics "[23]. Newton was to wait 30 years, when in 1703, already after Huygens' death, a memoir was published " About centrifugal force " with the proofs of 17 theorems and the idea of comparing centrifugal forces with the force of gravitation. By their ideas and methods Varignon's papers of 1693, 1700, 1701, 1703, 1705, 1706 continue the work of Huygens and Newton.

In Varignon's representations centrifugal force is the compulsory attribute of a curvilinear movement, that is any movement of a body. His large memoir " Comparison of central forces with absolute weight... " and its continuation " Different indefinitely general ways of determination of touching radiuses (beams)... ", published in 1706[24], are the results of his researches about central forces in which he regards both centrifugal and centripetal forces.

The first of the papers mentioned begins with the explanation of the physical circumstances of occurrence of central forces and recalls the contents of the

19. *Histoire de l'Academie Royale des Sciences*, Année MDCCXIV, Paris, 1727.

20. *Histoire de l'Academie Royale des Sciences*, Année MDCCVI, Amsterdam, 1746.

21. Ch. Huygens, *Pendulum clocks*, Paris, 1673.

22. *Ibidem.*

23. P. Varignon, " Courbe de projection décrite en l'air... ", *Mémoire de Mathématique et de Physique*, Paris, 1709, 303.

24. *Histoire de l'Academie Royale des Sciences*, Année MDCCVI, Amsterdam, 1746.

previous publications on this theme : the general rules for the relations between central forces (1700), their definition on infinity (1701) and the case of many forces (1703). The paper itself is devoted to establishing other ways of finding central forces and their calculation by known forces of weight of a body moving on a horizontal plane.

Let a body L move (fig. 3) on a curve NLM under the action of a central force, directed in (or from) point C, called the center of forces. The lines LC, IC are called beams (radiuses), LQ is the tangent, IP is parallel to LC, P is the point of intersection of CI and LQ, HL is the height from which the body of weight p must fall to have in a point L the speed v_L, equal to the speed of a body on a trajectory NLM under the action of central force f, $v_{LQ} = const$, $v_L \sim t_{HL} = t$, $HL \sim t^2$.

Considering that f works similarly on p, it is possible to write down a correlation $\dfrac{f}{p} = \dfrac{s}{HL}$, where s is the distance traversed by a body under the action of the central force.

If τ is a small time-interval, necessary for the passage Pl or PL, then $PL \sim \tau^2$, $PL \sim \tau$ and $\dfrac{Pl}{s} = \dfrac{PL^2}{LQ^2}$ or $s = Pl\dfrac{LQ^2}{PL^2}$. Substituting this expression in a correlation of forces, we obtain

$$f = p\frac{Pl \cdot LQ^2}{HL \cdot PL^2}.$$

But according to the law of Galileo :

$$HL = \frac{a}{2}t^2, \quad v_{LQ} = at, \quad LQ = v_{LO} \cdot t = at^2 \text{ and } LQ = 2HL.$$

Then $f = p \dfrac{Pl \cdot 4 \cdot HL}{PL^2}.$

FIGURE 3

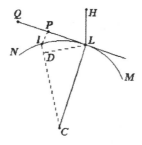

Further the author offers some more variants of arguments, leading up to the same result for the magnitude of the centrifugal force of a body, moving on any trajectory. Integrating the first differential expression for centrifugal force, Varignon obtains $f = \dfrac{2phds}{rdx}$.

He applies this formula to various curves (logarithmic spiral, spiral of Fermat, spiral of Archimedes, ellipse, circle, hyperbola, parabola, any conic sections), including the curve *MLN* with several foci.

It may be clear that Varignon's interest in the theory of central forces was a result of his acquaintance with the *Principia* of Newton. This is confirmed by the papers of the years 1700-1701[25], where the author repeats the results of his famous contemporary (section II of book 1 of the *Principia* is entitled : " About finding centripetal forces "), using the differential calculus of Leibniz, which from 1698 has become the main mathematical apparatus of Varignon in his approach of mechanical problems.

In his memoirs of 1700 Varignon uses for the first time two formulas as the differential form of the laws of Newton at first for a rectilinear, and then for an arbitrary movement of a body : $v = \dfrac{ds}{dt}$, $y = \dfrac{dsdds}{dxdt^2} = \dfrac{vdv}{ds}$. $\qquad$ (*)

Where s is the arc of a trajectory, v speed and y the centripetal force.

Examining a problem about the determination of a centripetal force, directed to the focus of an ellipse, on which a planet moves, Varignon wrote down the differential form of the equation of an ellipse in pole co-ordinates :

$$b \cdot dr = dz \cdot \sqrt{4ar - 4r^2 - b^2},$$

where C represents the focus of the ellipse, $CL = r$, $AL = s$, $Rl = dz = rd\theta$, $Ll = ds$, $RL = dr$, $AB = dr$, $CD = c$, $b^2 = a^2 - c^2$ (fig.4).

FIGURE 4

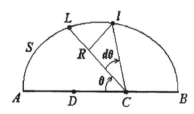

After transformations, the equation of the ellipse is reduced to the form
$$\frac{4a - 4r}{r} = \frac{(2b)^2 dsdds}{dt^2}.$$

Replacing dr by dx and $\dfrac{dsdds}{dxdt^2}$ by y (the second rule (*)), Varignon finds the expression for the centripetal force (acceleration) $y = \dfrac{2a}{b^2} \cdot \dfrac{1}{r^2}$.

In 1701 Varignon published an article " Other general rule of central forces ", in which can be found the tangential and normal projections of an accelerating force on a body moving on an hyperbola or parabola. Using

25. *Histoire de l'Academie Royale des Sciences*, Année MDCCXIV, Paris, 1727.

L'Hopital's general formula for the radius of curvature, the author obtains an expression for the radius of curvature for this case.

Newton's ideas on the use of the infinitesimal calculus in mechanics have received further development in Varignon's publications of 1707-1711, devoted to the theory of resistance of a medium, the dynamics of movements near the earth and ballistic problems. So in a paper of 1709[26] the movement of a projectile is studied under the assumption of a linear law of air-resistance (the resistant force of a medium is considered to be proportional to the speed of a point). Examining a complex movement of a projectile, i.e. occurring under the simultaneous action of gravity and the resistance of the air, the first of which is vertical, and the second is directed along a tangent of unknown trajectory, Varignon deduces a differential equation $\dfrac{pdx}{2\sqrt{px}} = \dfrac{ady}{a-y}$ (p is the parameter of a parabola, x and y are the abscissa and ordinate of a projectile, $a = const$), which after integrating yields the required ballistic curve in orthogonal axes :

$$\sqrt{px} = -ln(a-y).$$

The absence in the last equation of a constant of integration, is connected with the tradition of that time and does not belittle the importance of this work as a new approach to the problem of external ballistics, fixing the attention of scientists both before Varignon (Tartaglia, Galilei, Roberval, Torricelli) and after him (Euler, D. Bernoulli).

Analysing the results of the life-long creativity of Varignon, it is possible to note the obvious attraction of this mathematician to contemporary applied problems. Even his purely[27] mathematical works[28] were oriented towards the development of the mathematical apparatus of mechanics. The first stage of his activity (roughly from 1683 to 1692), connected with the development of classical geometry and the mechanics of his predecessors, was devoted to statics. With the edition of his *Project*[29] Varignon not only realized an important step in the development of statics, but he also laid the foundations for further perfection of its mathematical apparatus (vectorial properties of forces and movements, rule of the parallelogram, theorem of Varignon) in the scientific works of D. Bernoulli, Euler, Monge, L. Carnot, Bossut, Lagrange, Poinsot.

The correspondence between Varignon, Leibniz and Bernoulli, his acquaintance with the works of Newton and with the "Infinitesimal calculus for research of curved lines " of L'Hopital, and his polemics with Rolle have made Varignon an active provider of ideas for the new mathematical analysis in mechanical applications. The second stage of his activity (approximately from 1693 until 1714) is connected to the development of the theory of central

26. P. Varignon, " Courbe de projection décrite en l'air... ", *Mémoire de Mathématique et de Physique*, Paris, 1709.

27. *Histoire de l'Academie Royale des Sciences*, Année MDCXCIX, Amsterdam, 1734.

28. *Histoire de l'Academie Royale des Sciences*, Année MDCCVI, Amsterdam, 1746.

29. R. Dugas, *La mécanique au XVIIe siècle, op. cit.*

forces, differential-geometrical method of construction of differential equations of a movement of bodies (points) and their integration. As a rule, the rectangular axes of co-ordinates were defined as the tangent and the normal. Probably, this may have influenced Bernoulli and Euler in writing down their differential equations for a movement of a point in a similar way[30].

Finally, the third stage of Varignon's creativity (1714 to 1722) is taken up by the preparation of the " New mechanics ", the " Introductions in the analysis infinitesimal " and the " Elements of mathematics " — works of a final character, generalizing not only the scientific achievement of their author, but also his rich teaching experience.

In the history of mechanics the 18th century has become an epoch of transition from the mechanics of the separate phenomena of specific bodies to the mechanics of arbitrary movements of arbitrary bodies. It was the stage of change of methodology and the universalisation of the scientific doctrines. And if Newton can be considered as the first representative of this new epoch, it is necessary to consider Varignon one of the last mechanicists of the previous time, those who prepare the arrival of the new age.

30. *Histoire de l'Academie Royale des Sciences*, Année MDCCXIV, Paris, 1727, 58.

DANIEL BERNOULLI, L'UTILISATION DU MODÈLE NEWTONIEN DU TOURBILLON CYLINDRIQUE DANS L'EXPLICATION DES VENTS ALIZÉS, ET LES PREMIÈRES TENTATIVES DE MATHÉMATISATION DES COURANTS ATMOSPHÉRIQUES AU MILIEU DU XVIIIe SIÈCLE

Stéphane COLIN

Les vents avaient souvent suscité des sentiments contradictoires jusqu'au Siècle des Lumières. D'intérêt pratique pour la navigation (la découverte des Amériques a été facilitée par l'existence de ce courant perpétuel d'Est entre les Tropiques qu'on appelle " vents alizés "), les vents étaient également craints lors des grandes épidémies au cours desquelles on les accusait de propager le malheur (ce qui est toujours d'actualité, le nuage radioactif dégagé par l'explosion d'un réacteur de la centrale nucléaire ukrainienne de Tchernobyl en 1986 et qui a survolé l'Europe occidentale nous le rappelle bien). Or parmi tous les courants aériens recensés au cours des siècles et répertoriés par l'astronome Edmund Halley, auteur de la première carte générale de vents en 1686, un courant paraît jouir d'une symétrie particulière au voisinage de l'équateur.

Mais avant d'étudier les premières tentatives de mathématisation de ce courant équatorial au milieu du XVIIIe siècle, il est nécessaire de se replacer dans le contexte d'une époque où foisonnaient les traités purement qualitatifs sur le sujet, dont l'un des plus courts, celui de Hadley, aura certainement été le plus visionnaire.

Le 22 mai 1735, le physicien anglais George Hadley[1] présente à la *Royal Society* un court mémoire intitulé " De la cause du régime général des vents alizés "[2]. Il y développe une explication originale, simple et cohérente de l'orientation immuable d'Est en Ouest des vents équatoriaux. Quoique la théorie de Hadley ne soit pas mathématisée, elle n'en contient pas moins des raisonnements cinématiques pénétrants que nous tâcherons ici de mettre en relief.

---

1. G. Hadley (1685-1768), frère de J. Hadley à qui l'on doit l'invention du sextant à miroir.

2. G. Hadley, " Concerning the Cause of the General Trade Winds ", *Philosophical Transactions*, 39 (1735), 58-62.

Galilée[3] avait tenté de justifier cette dérive générale de l'océan et de l'atmosphère qui le surmonte, observée sous de faibles latitudes, par l'échec de l'enveloppe fluide de la Terre à conserver la totalité du mouvement de rotation imposé par le globe solide : dans sa rotation journalière, selon Galilée, la Terre ne peut entraîner instantanément et à la même vitesse les différentes couches de fluide, créant de ce fait un déplacement relatif d'air, c'est-à-dire du vent, dans le sens contraire de la rotation terrestre puisque l'air semble rester " en arrière ". Il semble cependant évident pour Hadley que l'équilibre relatif du système {globe solide + enveloppe fluide} dans son mouvement permanent de rotation impose à l'ensemble de tourner d'un bloc.

Hadley eut l'intuition qu'il ne fallait pas rejeter l'hypothèse de l'influence de la rotation terrestre, mais considérer son action sur une masse d'air déjà en mouvement : si la rotation terrestre ne peut créer de mouvement par elle-même dans l'atmosphère, elle peut par contre modifier les courants existant par ailleurs. Or, suivant un méridien terrestre, l'air surchauffé de l'équateur doit s'élever, immédiatement remplacé par de l'air plus " lourd " donc plus froid, ainsi amené à descendre des Pôles ; il s'agit là d'un véritable modèle de circulation méridienne de l'atmosphère[4], représenté sur le schéma suivant :

FIGURE 1

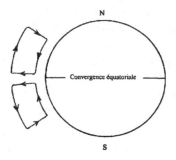

L'originalité et l'audace de Hadley furent de conjuguer ces deux causes[5] (rotation terrestre et chaleur solaire) en effectuant " avec les mains " une véritable composition cinématique de leurs effets : l'air contraint de tourner en bloc avec le globe solide à cause de l'adhérence des couches entre elles, doit accomplir en une même période de 24 heures un trajet plus important à l'équateur que sur n'importe quel autre parallèle ; autrement dit, dans son état per-

3. Galileo Galilei, *Dialogo sopra i due massimi sistemi del mondo*, Florence, 1632 (*cf.* 4e Journée).

4. On a donné le nom de Hadley en météorologie aux cellules de circulation méridienne dont l'existence est bien vérifiée entre les Tropiques.

5. Mariotte avait pressenti l'interdépendance de ces deux phénomènes, malgré des explications confuses et parfois hasardeuses, dans son *Traité du mouvement des eaux et des autres corps fluides*, Paris, 1686.

manent de rotation commune avec le globe terrestre, la vitesse [linéaire] d'une particule d'air sera d'autant plus élevée que le rayon de sa trajectoire sera plus grand (avec un maximum à l'équateur). Hadley imagine alors une masse d'air descendant vers l'équateur selon le méridien local pour prendre la place de l'air équatorial surchauffé : cette masse d'air se trouve ainsi transférée vers une zone de plus grande vitesse où elle parviendra en accusant un retard relatif, ce qui aura pour conséquence d'incurver sa trajectoire[6] et de donner naissance à un courant de Nord-Est dans l'hémisphère Nord et de Sud-Est dans l'hémisphère Sud[7]. Ces deux courants symétriques se confondent à leur jonction au niveau de l'équateur pour donner ce fameux courant d'Est appelé " alizés " :

FIGURE 2

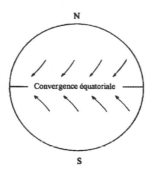

Résumons pour terminer les points physiques essentiels du raisonnement de Hadley en tentant de restituer le déroulement logique des hypothèses utilisées :
- l'adhérence mutuelle des couches d'air fait que l'atmosphère dans son entier demeure en équilibre relatif avec le globe terrestre lorsque celui-ci tourne autour de son axe ;
- la chaleur solaire, différenciée en fonction de la latitude, est source de gradients de densité, donc de pression, dans les différentes parties de l'air, ce

6. Voir Harold L. Burstyn, " The Deflecting Force of the Earth's Rotation from Galileo to Newton ", *Annals of Science*, 21 (1965), 47-80. Il était connu depuis le XVIIe siècle qu'un corps en chute libre est dévié légèrement de la verticale par la rotation terrestre, même si l'action déflectrice qui en est la cause est plus complexe puisqu'elle agit également dans le plan horizontal (c'est l'objet de la célèbre expérience du pendule de Foucault). La mathématisation de cette double déviation devra attendre les travaux de Gustave-Gaspard Coriolis avec son mémoire *Sur les équations du mouvement relatif des systèmes de corps*, daté de 1835 (réed. Paris, Gabay, 1990), où il donne les équations générales de passage entre deux référentiels en mouvement quelconque l'un par rapport à l'autre.

7. Voir le mémoire " De Causa Fluxus et Refluxus Maris " de Colin MacLaurin, dans le *Recueil des pièces qui ont remporté le prix de l'Académie Royale des Sciences en 1740 sur le Flux et Reflux de la Mer*, Paris, 1741. Dans sa Proposition VII intitulée " Motus aquae turbatur ex inaequali velocitate, qui corpora circa axem Terrae motu diurno deferuntur ", MacLaurin mentionne l'action déviatrice de la rotation terrestre sur les courants marins en partant de la constatation de la dérive des icebergs de l'Océan Atlantique qui, descendant du Pôle, sont déviés vers le continent américain.

qui donne naissance à des courants par la propriété déjà bien connue des fluides à s'écouler des zones de hautes pressions vers les zones de basses pressions ;

- la rotation de la Terre dévie alors ces courants vers l'Ouest s'ils descendent vers l'équateur, vers l'Est s'ils remontent vers les Pôles ;
- enfin la continuité du fluide atmosphérique assure une circulation méridienne de l'air sous forme de cellules.

Malheureusement, ce lumineux mémoire de Hadley ne recevra aucun écho au cours de son siècle ; le savant et chimiste John Dalton semble être le premier vers 1793 à mentionner cette théorie de Hadley injustement oubliée. Il est vrai que l'on est loin de ce que produit alors la " lame de fond " newtonienne qui court de succès en succès en mathématisant le phénomène des marées ou encore la figure de la Terre. Dans le fond comme dans la forme, le mémoire de Hadley a, semble-t-il, été relégué au rang de la multitude des traités qualitatifs sur les vents[8].

En 1745, dix années se sont écoulées depuis la présentation de la théorie de Hadley sur la circulation atmosphérique. Entre-temps, la philosophie de Newton a conquis l'Europe entière. Le prix sur les marées proposé par l'Académie Royale des Sciences de Paris pour 1740 en est le meilleur exemple puisque furent couronnées à cette occasion trois contributions[9] newtoniennes, celles de Daniel Bernoulli, Leonhard Euler et Colin MacLaurin, consacrant ainsi véritablement la théorie de la gravitation universelle au détriment des Tourbillons de Descartes.

Au vu des nombreux progrès enregistrés dans la mathématisation des phénomènes suivant les principes de Newton, et la publication de Grands Traités de mécanique[10] marquant l'essor d'une science nouvelle, l'hydrodynamique,

8. On trouvera ce genre de traité jusqu'à la fin du XVIIIe siècle. Citons par exemple De la Coundraye, *Théories des Vents et des Ondes*, Paris, 1786, Copenhague, 1796, dont la théorie qualitative des vents a remporté le Prix de l'Académie Royale des Sciences et Belles-Lettres de Dijon pour 1785.

9. Le quatrième mémoire, celui du Père Cavalleri, d'inspiration cartésienne, est tombé dans l'oubli. Voici ce qu'en a rapporté D. Bernoulli à l'époque, dans une lettre adressée à Jallabert le 6 juillet 1740 : " Je trouve, Monsieur mon cher Ami, que vous me devez plus de complimens que jamais sur l'heureux succès de ma piece non pour avoir eu l'honneur d'etre des quatre mais pour avoir echappé la honte de n'en etre pas. On me marque que les pieces de Messrs Euler et Mac Laurin sont tres belles : mais on m'a dit aussi en confidence que la quatrieme ne valoit rien : on a seu depuis que son autheur s'appelle Cavalieri : son merite est apparemment d'avoir adopté les principes de Descartes. " Puis dans une autre lettre adressée à Jallabert et datée du 3 novembre 1741 : " Je vous ai ecrit, mon cher Monsieur, il y a huit jours : voici à présent le recueil des traités sur le flux et reflux. La premiere est une miserable piece et il est bien triste que l'Acad[e] au lieu de bannir par son authorité l'ancienne phisique contraire à toutes les loix de mechanique, retarde ainsi les progrès de la vraie philosophie. Celles de Messrs Mac Laurin et Euler sont excellentes ; et Mr. Clairaut entre autres dit que jamais l'Académie n'a rien reçu d'approchant pour les prix ". (Lettres citées avec l'aimable autorisation de Bernoulli-edition, Bâle).

10. Mentionnons en particulier L. Euler, *Mechanica sive motus scientia analytice exposita*, St Pétersbourg, 1736 ; D. Bernoulli, *Hydrodynamica*, Strasbourg, 1738 ; A. Clairaut, *Théorie de la Figure de la Terre*, Paris, 1743 ; J. D'Alembert, *Traité de Dynamique*, Paris, 1743 ainsi que son *Traité de l'Equilibre et du Mouvement des Fluides pour servir de suite au Traité de Dynamique*, Paris, 1744.

la renaissante Académie de Berlin, par le biais d'Euler alors président du jury, propose pour l'année 1746[11] de mettre au concours la théorie des vents[12]. Il s'agit en effet de " déterminer l'ordre et la loi, que le Vent devroit suivre si la Terre étoit environnée de tous côtés par l'Océan, de sorte qu'on pût en tout tems trouver la direction et la vitesse du Vent pour chaque endroit "[13]. Or, très peu de données expérimentales sur les vents sont alors disponibles ; seules les constatations renouvelées de ce courant atmosphérique général d'Est en Ouest sous de faibles latitudes semblent pouvoir être utilisées pour valider un modèle encore à construire dans lequel les vents alizés équatoriaux correspondraient à un cas particulier physique et mathématique facilement identifiable. C'est ce qui conduit Euler à n'envisager pour résoudre ce problème que les causes susceptibles de suivre un ordre constant, à savoir " le mouvement de la Terre, la force de la Lune, et l'activité du Soleil "[14] (les phénomènes liés à la chaleur étant laissés de côté). Les recherches sont ainsi orientées à l'évidence vers l'élaboration d'une théorie des marées atmosphériques, dans le prolongement du Prix sur les marées de 1740, avec comme nouveauté l'étude dynamique, et non plus seulement statique, du phénomène observé au sein des deux fluides superposés, l'eau et l'air, de densités très différentes, recouvrant le globe terrestre solide.

L'histoire de ce Prix attribué par l'Académie de Berlin en 1746 a été relatée par Andreas Kleinert[15]. D'Alembert a remporté le prix à l'unanimité, laissant l'Accessit à un Daniel Bernoulli assez dépité qui n'avait, à sa décharge, pas eu semble-t-il beaucoup de temps pour préparer son Mémoire[16].

Nous verrons que les mémoires respectifs de d'Alembert et Daniel Bernoulli sont très différents aussi bien par les hypothèses physiques utilisées et

11. Pour l'histoire de ce Prix, voir A. Kleinert, " D'Alembert et le Prix de l'Académie de Berlin en 1746 ", *Jean D'Alembert, savant et philosophe : Portrait à plusieurs voix – éd. des archives contemporaines*, Paris, 1989 (Actes du Colloque sur D'Alembert, Paris, 15-18 juin 1983).

12. C'est en 1730 qu'une Académie, en l'occurrence celle de Bordeaux, posa pour la première fois un sujet sur les vents. Le lauréat en fut le Père N. Sarrabat dont le mémoire sans grande valeur a été publié la même année sous le titre *Dissertation sur les causes et les variations des vents*. Il est vrai que Sarrabat reste dans la tradition du siècle précédent et emprunte plus qu'il n'innove à la fois à Bacon et Descartes.

13. Le programme du Prix a été publié à l'époque dans la *Nouvelle Bibliothèque Germanique*, janvier, février, mars 1746, 208-211.

14. *Idem*, 209.

15. A. Kleinert, " D'Alembert et le Prix de l'Académie de Berlin en 1746 ", *op. cit.*

16. D. Bernoulli n'a accepté la publication de son Mémoire sur les vents par l'Académie de Berlin en 1747 qu'à la condition d'y ajouter l'avertissement suivant : " L'auteur de cette piece ayant appris, que l'Academie lui avoit accordé l'honneur de l'Accessit et celui d'être imprimée sous ses auspices, il se croit obligé d'avertir le public, qu'il n'a composé cette piece, que pour satisfaire aux pressantes sollicitations, qu'un de ses meilleurs amis [Euler] a bien voulu lui faire, peu de semaines avant le terme échû. Cette circonstance lui servira d'excuse d'avoir traité asses superficiellement et avec quelque precipitation une matiere qui merite toute l'application, dont on peut être capable et d'avoir osé présenter à une Compagnie aussi Illustre et aussi éclairée un ouvrage si peu fini. L'Auteur prend le succes inopiné de son essay pour une approbation des principes dont il s'est servi, laquelle pourra bien l'encourager à reprendre un jour cette importante matière, et à la traiter selon toute l'étendue de l'application, que ces principes admettent ".

les résultats obtenus que par le style lui-même. Cette opposition trouve toute son amplitude dans l'importance accordée à l'influence de la rotation journalière de la Terre dans la génération des alizés. Ces mémoires sont par ailleurs méconnus, aucune étude précise et exhaustive ni même de réédition n'ayant été entreprise depuis celles de Berlin et Paris en 1747.

Commençons par découvrir le travail de Daniel Bernoulli. Son modèle physique est celui du " tourbillon cylindrique ", développé avant lui notamment par Newton et Jean Bernoulli. Le mémoire envoyé par Daniel Bernoulli à l'Académie de Berlin s'intitule " Recherches physiques et mathématiques sur la théorie des Vents réglés "[17]. Il y montre comment la rotation de la Terre sur elle-même peut être la source du courant d'Est équatorial ; il examine ensuite l'action de la chaleur solaire et aboutit par un raisonnement et des calculs approximatifs à un mouvement oscillatoire de l'air au gré de la dilatation et de la compression de ses parties dans des plans parallèles au plan de l'écliptique ; pour terminer, la prise en compte de l'attraction de la Lune sur l'atmosphère permet à Bernoulli de réutiliser certains résultats de son *Traité sur les Marées* de 1740[18] et d'en déduire un second mouvement oscillatoire, le vent général résultant en définitive de la conjugaison de ces trois composantes.

Pour Bernoulli, seule compte véritablement la rotation terrestre dans le phénomène étudié[19]. Entrons dans le détail de la première partie de son mémoire. Il restreint tout d'abord son champ d'étude à la zone équatoriale en isolant son système entre deux plans infiniment voisins parallèles à l'équateur et situés de part et d'autre de celui-ci. Nous pouvons alors aisément imaginer le fluide atmosphérique entourant le globe solide se comporter comme s'il était coincé entre deux cylindres coaxiaux. Il s'agit là du modèle du tourbillon cylindrique que Newton[20] avait développé afin de prouver qu'une théorie mathématique des tourbillons cartésiens prétendant expliquer les mouvements des astres ne pouvait se révéler qu'en contradiction avec la loi des temps périodiques de révolution des planètes.

17. Mémoire publié sans nom d'auteur dans *Réflexions sur la Cause Générale des Vents. Pièce qui a remporté le Prix proposé par l'Académie Royale des Sciences et Belles Lettres de Prusse pour l'Année MDCCXLVI par M. D'Alembert... A laquelle on a joint les Pièces qui ont concouru*, Berlin, 1747, 137-176. Nous remercions vivement M. Mattmüller de nous en avoir fourni une copie.

18. C. MacLaurin, " De Causa Fluxus et Refluxus Maris ", *op. cit.*

19. Voir plus tard Daniel Bernoulli, " Sur la nature et la cause des courans ", *Prix de l'Académie Royale des Sciences de Paris, 1749-1751*, Paris, 1769. Son opinion n'a pas changé lorsqu'il écrit p. 10 : " Il paroît que c'est dans ce retardement de la matière qui environne les eaux de la terre que consiste le vent alisé d'orient en occident ; du moins cette façon de l'expliquer est entièrement conforme aux loix de méchanique, & aux expériences physiques faites sur des fluides, qu'on fait tourner en rond par le moyen d'un cylindre vertical, placé au milieu des fluides, & qu'on tourne autour de son axe [...] C'est-là la cause du courant constant entièrement indépendant du Soleil et de la Lune ".

20. I. Newton, *Philosophiae Naturalis Principia Mathematica*, 1686, 1713, 1726 (*cf.* livre II, section IX : " Du mouvement circulaire des fluides ", prop. LI).

Le problème se résume à trouver la distribution des vitesses au sein du fluide contraint d'évoluer entre les deux cylindres, dans son mouvement permanent de rotation. Daniel Bernoulli avait déjà remarqué dans son *Hydrodynamica*[21] que la loi des temps périodiques que Newton obtient dans ses *Principia* nécessite de supposer que les forces centrifuges des couches de fluide diminuent du centre vers la circonférence, ce que Newton juge concevable à condition de considérer que la loi de densité des couches augmente au contraire dans le même sens, les couches les plus denses étant rejetées à l'extérieur. Ceci implique une vision particulière de la constitution interne du globe, que ne suit pas Bernoulli considérant au contraire dans son *Traité sur les Marées* de 1740 que si la Terre ne peut pas être supposée homogène, les couches les plus denses doivent se trouver au centre de la Terre.

Avant d'entamer tout calcul, Daniel Bernoulli est amené à prendre en compte les propriétés caractéristiques du fluide atmosphérique, sa densité et son élasticité : " L'air êtant dans toute son etendue un fluide elastique demande necessairement une force contraire, qui l'empeche de s'etendre & qui le retienne dans ses bornes [...] Mais quel peut être ce fluide, qui retient l'atmosphere terrestre dans ses bornes, ce ne peut être que l'atmosphere solaire, dans la quelle nagent tous les planetes "[22].

Si cette hypothèse sur la nature physique de l'enveloppe externe à l'atmosphère peut faire penser à la vision cartésienne de l'environnement des planètes, elle va permettre à Bernoulli de formuler des conditions aux limites nécessaires à la résolution mathématique du problème, en imposant à la vitesse (orthoradiale) de l'atmosphère terrestre d'évoluer de façon continue entre le cylindre intérieur, de vitesse maximale égale à la vitesse de rotation terrestre, et le cylindre extérieur, de vitesse nulle. Il lui faut donc donner la loi de variation de la vitesse des couches d'air en fonction de leur altitude, sachant que la hauteur totale de l'atmosphère est incertaine à l'époque.

Pour cela, Bernoulli isole une couche d'air infiniment mince et lui applique ce qui correspondrait en termes modernes à la loi de conservation du moment cinétique. Il considère que le système étudié est soumis principalement à deux forces de frottement interne de la part du fluide extérieur à cette couche mince, la première au contact de la couche immédiatement inférieure et la seconde au contact de la couche immédiatement supérieure. Or, Bernoulli admet que ces forces de frottement qu'il appelle " forces d'adhésion " et que nous nommerions aujourd'hui forces de viscosité, doivent être proportionnelles simultanément à la vitesse relative des deux couches en contact ainsi qu'à leur surface de séparation, ce qui est tout à fait correct, et d'un coefficient dépendant de la

---

21. D. Bernoulli, *Hydrodynamica*, *op. cit.*, *cf.* Section XI.

22. *Réflexions sur la Cause Générale des Vents. Pièce qui a remporté le Prix proposé par l'Académie Royale des Sciences et Belles Lettres de Prusse pour l'Année MDCCXLVI par M. D'Alembert... A laquelle on a joint les Pièces qui ont concouru*, *op. cit.*, 143.

densité du fluide (mais en ne tenant pas compte de la compressibilité de l'air !). Il obtient alors une équation différentielle du second ordre, fonction de la vitesse, qu'il intègre facilement en utilisant les deux conditions aux limites plus haut.

Malheureusement, Bernoulli ne se donne pas la peine de mettre en forme sa loi de distribution des vitesses, ce qui l'empêche d'en donner une interprétation physique et d'en fournir une généralisation. En effet, cette loi peut être réécrite sous une forme beaucoup plus parlante, à savoir :

$$V(r) = A.r + B/r + C$$

- le premier terme, directement proportionnel au rayon de la couche d'air considérée, correspond à une rotation solide, c'est-à-dire en bloc avec le globe terrestre ; c'est aussi la conclusion à laquelle parviennent Newton et D'Alembert ;
- le second terme, inversement proportionnel au rayon de la couche, traduit en termes actuels un phénomène de rotation tourbillonnaire plus complexe ;
- le dernier terme, constant, est lié à l'hypothèse que Bernoulli fait à propos de la dépendance de la " force d'adhésion " des couches avec leur densité.

Nous pouvons dire ici que la solution de Bernoulli est mathématiquement correcte, et physiquement intéressante et originale, par la présence du terme correctif en 1/r par rapport aux précédentes théories du tourbillon cylindrique.

Il faut noter que le problème du tourbillon cylindrique est dans son aspect le plus général assez délicat, puisqu'en fonction des conditions aux limites et de la vitesse de rotation imposées peuvent apparaître des mouvements qualifiés de " tourbillonnaires ", et la stabilité de l'écoulement n'est pas toujours assurée, comme nous le savons depuis les travaux de M. Couette en 1890, qui a donné son nom à cet écoulement particulier.

La résolution moderne de ce problème, abordé ainsi près de deux siècles avant les travaux de Couette, effectuée dans les mêmes hypothèses (notamment l'incompressibilité du fluide), utilise l'équation dite de Navier-Stokes, dont la solution est bien semblable à celle de Bernoulli :

$$V(r)=a.r + b/r$$

Dans le cas général où le fluide est coincé entre un cylindre intérieur de rayon R_1, de vitesse de rotation angulaire Ω_1, et un cylindre extérieur de rayon R_2, de vitesse de rotation Ω_2, la continuité de la vitesse du fluide aux limites intérieure et extérieure avec les deux cylindres conduit aux expressions suivantes pour les constantes a et b :

$$a = (\Omega_2 \cdot R_2{}^2 - \Omega_1 \cdot R_1{}^2)/(R_2{}^2 - R_1{}^2) \quad ; \quad b = (\Omega_2 \cdot R_2{}^2 - \Omega_1 \cdot R_1{}^2)/(R_2{}^2 - R_1{}^2)$$

Le cas étudié par Daniel Bernoulli correspondrait à $\Omega_2 = 0$, alors que la solution de Newton et D'Alembert d'une rotation en bloc de l'ensemble se retrouve en écrivant que : $\Omega_1 = \Omega_2 = \Omega$.

Certes, dans le reste de son mémoire, Bernoulli suivra plus scrupuleusement les recommandations du Sujet en étudiant dans sa dernière partie l'influence de l'attraction de gravitation de la Lune et du Soleil sur les mouvements de l'atmosphère, à l'imitation du phénomène des marées océaniques dont la théorie statique qu'il a donnée dans son *Traité sur les Marées* de 1740 restera la référence en la matière jusqu'aux travaux de Laplace à la fin du siècle. Mais son opinion concernant la véritable explication des alizés est implicite, et il l'énoncera d'ailleurs clairement quelques années plus tard[23].

Face à la théorie de Bernoulli qui voit la génération des alizés comme une conséquence de la rotation journalière de la Terre, donnant ainsi une assise mathématique et plus particulièrement newtonienne aux assertions de Galilée, D'Alembert présente une explication radicalement différente dont il serait dommage de ne pas dire quelques mots. Donnons donc un aperçu du mémoire de D'Alembert qui a remporté ce Prix de l'Académie de Berlin décerné en 1746.

Il s'agit d'un texte[24] assez long, très touffu, sans table des matières par opposition à ses autres Traités, laissant le lecteur un peu désorienté au premier contact. Une introduction est donnée en guise de plan, mais semble plutôt rédigée pour dédouaner l'auteur d'un style très confus. De l'avis même d'Euler, les calculs et les explications de D'Alembert sont abstrus, parfois inutilement[25].

Le parti pris de D'Alembert quant à la cause essentielle de la formation des courants atmosphériques est explicite dans *l'Extrait des Registres de l'Académie Royale des Sciences de Paris* du 27 août 1746 qui présente l'édition française du mémoire de D'Alembert sous le titre suivant : " Réflexions sur la Cause générale des Vents, ou Recherches sur les mouvemens que l'Action du Soleil et celle de la Lune peuvent exciter dans l'atmosphère ". Ce sera plus tard, à l'article " flux et reflux "[26] de *l'Encyclopédie,* que D'Alembert choisira d'exposer sa conception de la formation des alizés, présentés comme une simple conséquence des oscillations atmosphériques dues à l'attraction du Soleil et de la Lune. En fait, dès l'introduction à son mémoire, D'Alembert rejette l'idée d'une influence possible de la rotation diurne de la terre ; il renvoie d'ailleurs à son *Traité des Fluides* de 1744[27] où il reprend le problème du tourbillon cylindrique et parvient en fin de compte au même résultat (rotation en

23. Voir D. Bernoulli, " Sur la nature et la cause des courans ", *op. cit.*

24. Il en existe deux éditions, datées de 1747 : la première, reproduisant la version latine soumise au Jury de l'Académie de Berlin, est publiée dans l'*op. cit.* note 17 ; la seconde, traduite en français par l'auteur et légèrement augmentée, est publiée sous le même titre à Paris.

25. Par exemple D'Alembert s'acharnera dans son mémoire sur les vents, à écrire les lignes trigonométriques sinus, cosinus et tangente à l'aide d'exponentielles complexes, ce qui alourdit considérablement les notations et les calculs sans rien ajouter au propos. Peut-être faut-il y voir simplement le souci de plaire au Président du Jury, Euler, à qui l'on doit justement l'introduction des nombres complexes en trigonométrie quelques années plus tôt.

26. L'article " flux et reflux " a été publié dans le volume VI en 1756.

27. Voir art. 376 et suivants : " Des Loix du mouvement dans le Tourbillon cylindrique ".

bloc de l'ensemble cylindre intérieur + fluide environnant + cylindre extérieur, par adhérence mutuelle des couches du fluide) que ses illustres prédécesseurs, Newton[28] et Jean Bernoulli[29], dont il veut corriger certaines erreurs.

Des trois causes proposées par Euler dans le *Sujet du Prix sur les vents*, D'Alembert ne retient que l'attraction de gravitation du Soleil et de la Lune. Le problème de l'influence de la chaleur de l'atmosphère sur les mouvements atmosphériques est, quant à lui, laissé pour " plus tard ", car le phénomène est jugé encore trop mal connu[30]. D'Alembert envisage à l'article 39 son modèle le plus simple : il suppose la terre immobile, formée d'un globe solide recouvert d'une couche d'air (il prendra en compte l'influence du second fluide — l'océan — un peu plus loin, à l'article 45) et considère que c'est le Soleil qui tourne uniformément selon une trajectoire circulaire autour de la Terre, d'Est en Ouest. Quel doit être dans ces conditions le mouvement d'une particule d'air équatorial soumise à l'attraction du Soleil en rotation circulaire uniforme dans le plan de l'équateur terrestre ?

Pour cela, d'Alembert suppose le déplacement de la particule d'air proportionnel au déplacement du Soleil. Il suffit donc de trouver l'expression du facteur de proportionnalité, ce que D'Alembert entreprend en utilisant l'expression de la force accélératrice due à l'attraction du Soleil, donnée par Newton dans ses *Principia*[31], dont D'Alembert n'a besoin que de la composante tangentielle à la surface d'équilibre du fluide, la seule à créer selon lui du mouvement d'après son fameux " Principe de l'Équilibre " expliqué en détail et à maintes reprises dans ses Traités (la composante radiale, perpendiculaire à la surface d'équilibre du fluide, se trouve en effet " détruite ").

L'équation différentielle obtenue donne ensuite, par intégration, l'expression du facteur de proportionnalité que nous écrirons de façon simplifiée :

$$q = K. \sin^2\alpha + K'$$

où K est une constante positive dépendant entre autres de la masse du Soleil et du module de gravitation, et α l'écart angulaire équatorial entre le Soleil et la particule d'air soumise à son attraction.

Ce qui intéresse en premier lieu D'Alembert est bien sûr le signe de q. Son raisonnement, plutôt tortueux à vrai dire, est le suivant : il transforme l'expression du facteur de proportionnalité q en une expression équivalente de la forme : $q = K.(\sin^2\alpha \pm m^2)$ où la constante d'intégration K' de signe inconnu est devenue $\pm Km^2$.

28. I. Newton, *Philosophiae Naturalis Principia Mathematica*, op. cit..

29. J. Bernoulli, " Nouvelles pensées sur le Système de Descartes, & sur la manière d'en déduire les Orbites & les Aphélies des Planetes ", *Prix de l'Académie Royale des Sciences de Paris, 1730*, Paris, 1752 (*cf.* art. XVI et suivants).

30. Voir le dernier article de son mémoire sur les vents, où il aborde de manière très superficielle la mathématisation de la chaleur sous forme d'une force dépendant de la déclinaison du Soleil.

31. Voir Livre I, prop. 66.

Plus loin (article 43), il réalise une application numérique en négligeant dans un premier temps la constante m^2 devant $\sin^2\alpha$, ce qui lui donne une valeur de q insignifiante. Cette valeur ne cadrant pas du tout avec les valeurs expérimentales à l'équateur mettant en évidence un vent notable (de 8 à 10 pieds par seconde selon Mariotte), il en conclut tout simplement que m^2 ne peut pas être négligeable devant $\sin^2\alpha$, mais qu'en outre cette constante doit être précédé du signe + pour augmenter encore le facteur q. Le déplacement relatif de la particule d'air par rapport au Soleil s'écrit en définitive sous la forme :

$$q = K.(\sin^2\alpha + m^2)$$

ce qui rend indiscutablement q > 0, justifiant ainsi le courant général d'Est en Ouest à l'équateur, car l'air est forcé de " suivre " le Soleil dans sa rotation journalière apparente autour de la Terre.

Il ne faudrait cependant pas penser que le mémoire de d'Alembert est à l'image de ce raisonnement très contestable, même si l'ensemble souffre d'un manque de lisibilité au contraire de ses compétiteurs habituels, ce qui est d'autant plus surprenant de la part d'un philosophe qui se targue de diffuser la connaissance auprès du plus grand nombre. L'appréciation de Daniel Bernoulli sur le mémoire de D'Alembert sera très négative : " Sa pièce sur les vents ne vaut rien, et quand on l'a lue, on ne sait pas plus sur les vents qu'avant "[32]. Et la rancoeur compréhensible de Bernoulli de n'avoir pu accorder au travail que quelques jours, alors que D'Alembert y a consacré cinq mois, n'explique pas tout.

L'intérêt que l'on prêtera volontiers au *Traité sur les vents* de D'Alembert réside plutôt dans la multiplicité des méthodes mathématiques qu'il présente, en particulier concernant la théorie des équations différentielles aux dérivées partielles[33].

Ce sera Laplace qui trouvera l'argument le plus simple mais aussi le plus sérieux à opposer au résultat précédent de D'Alembert : " lorsqu'il voulut traiter le cas ou l'astre est en mouvement, la difficulté du problème le força de recourir, pour le simplifier, à des hypothèses précaires dont les résultats ne peuvent pas même être considérés comme des approximations. Ses formules donnent un vent constant d'orient en occident, mais dont l'expression dépend de l'état initial de l'atmosphère [par la constante d'intégration indéterminée m^2] ; or les quantités dépendantes de cet état ont dû disparaître depuis long-temps, par toutes les causes qui rétabliraient l'équilibre de l'atmosphère, si l'action

---

32. Citation traduite par A. Kleinert. Lettre de Bernoulli à Euler du 26 janvier 1750, dans Paul-Heinrich Fuss, *Correspondance mathématique et physique de quelques célèbres géomètres du XVIIIe siècle*, St Pétersbourg, 1843.

33. Voir l'étude de S. Demidov, " Création et développement de la théorie des équations différentielles aux dérivées partielles dans les travaux de J. D'Alembert ", *Revue d'Histoire des Sciences*, tome XXXV, n° 1 (janvier 1982).

des astres venait à cesser ; on ne peut donc pas expliquer ainsi, les vents alisés "[34].

Le problème des vents alizés a donné lieu à des explications fort différentes, comme nous venons de le voir dans cet article. Il est vrai que, comme nous le savons aujourd'hui, les courants atmosphériques dans leur généralité obéissent à des lois extrêmement complexes et font appel à plusieurs domaines scientifiques à la fois (mécanique, thermodynamique, physico-chimie…). Il est cependant curieux de constater à quel point la prééminence de la philosophie de Newton aura momentanément desservi cette matière en voulant à tout prix imposer l'attraction de gravitation au nombre des causes principales du phénomène étudié. Le mérite de Daniel Bernoulli aura été d'oser l'application d'un modèle mathématique, le modèle du tourbillon cylindrique, demeuré sans véritable objet pratique immédiat chez ses prédécesseurs et dont les conditions aux limites imposent un parti pris de nature philosophique sur l'environnement des planètes.

34. P.-S. de Laplace, *Traité de Mécanique céleste*, tome V, Paris, 1825 ; voir le livre XIII : " Des oscillations des fluides qui recouvrent les planètes ".

RUDER BOŠKOVIĆ (1711-1787)

Miroslav MIRKOVIĆ

THE LIFE OF BOŠKOVIĆ

The Bošković family came from East Herzegovina. Ruder's father, Nikola, moved from Orahovi Dol, a village in Popovo Polje, where he was born, to Dubrovnik. There, he married Pava, the daughter of a prominent tradesman, Baro Bettera. The eighth of nine children, Ruder was born on 18 May 1711 in Dubrovnik, where he completed his elementary and secondary education. His further education at the Jesuit College (*Collegium Ragusinum*) proved a decisive factor in his future scientific career.

Having demonstrated a distinct propensity for ongoing studies when he was little more than fourteen he was sent to Rome, where he continued his studies at the city's largest and most prestigious Jesuit College, the *Collegium Romanum*. Here, Bošković successfully completed all the required courses of study, spending two years as a noviciate, followed by a two-year period of study of rhetoric and poetry, and three years of philosophy, mathematics and physics. While teaching, he embarked on a course in theology, displaying a particular talent for mathematics, physics, astronomy and philosophy.

After completing his studies and having joined the Jesuit Order, due to his success in his studies and his proficiency as a teacher he became a full professor of mathematics at the *Collegium Romanum* in 1740. On assuming his post, his mentor — Professor Orazio Borgondio — is said to have observed : " This young man starts from where I left off. "

Bošković's first scientific treatise, *About Sun Spots*, appeared in 1736, thus marking the commencement of his prolific creativeness. From then on, until 1785, he published at least one new work each year, virtually until the end of his life. As well as teaching and publishing treatises on astronomy, optics, mechanics, earth measuring, engineering, and on other scientific and technical subjects, Bošković established himself as a practitioner. He also participated in building roads and pipelines, and in river control and swamp drainage. Additionally, he showed a remarkable interest in architecture.

In 1744, Ruder Bošković completed his theological studies and was ordained, although he was given no particular ecclesiastical appointment. Instead, he continued teaching mathematics at the *Collegium Romanum*. Because of his professional — and above all his teaching — abilities, at which he was eminently successful, the Church authorities considered that such a position would reveal his full talents. Accordingly, he was able to devote himself wholly to scientific work.

Bošković spent the summer of 1747 in his hometown of Dubrovnik, moving in cultural and philosophical circles and meeting renowned citizens of the town, discussing with them a wide variety of subjects, including science, technique and culture. At this time, he defined his basic concepts about the structure of matter, which later evolved into his masterpiece, *Theory of Natural Philosophy*. This was the only occasion in his life that Bošković was ever to revisit Dubrovnik since he had been sent to Rome at the age of fourteen.

When, in 1757, a dispute arose between the Republic of Lucca and the Grand Duchy of Tuscany regarding adjacent waters, Lucca expressed its desire that Bošković should act as its intermediary and expert in Vienna to plead its case with the Austrian Emperor, whose responsibility it was to resolve the matter. Indeed, Bošković was able to arbitrate an agreement favourable to Lucca, for which he was not only ennobled but was also presented with an award of one thousand sequins.

Much more important, however, is that Bošković completed his book *Theory of Natural Philosophy*, which was published in Vienna in 1758. This book contains a systematically expounded view on the basic structure of matter, that is to say, a general theory of the whole of nature. This masterpiece not only gave rise to heated discussions in scientific circles but it was also the subject of unfavourable criticism at the *Collegium Romanum*.

Bošković travelled widely in diplomatic service for the Dubrovnik Republic, journeying through Italy, France, The Netherlands, Belgium and Germany in the company of the Marquis Romagnoli. In London, where he was accorded a warm welcome and was accepted and admired in scientific circles, he met most of the eminent English scientists of the time. During his stay in England he visited Greenwich, Oxford and Cambridge, and also had the opportunity of meeting Benjamin Franklin. He was very soon elected a foreign member of the Royal Society. Due to his membership of this institution, Bošković was able to seize the opportunity to travel to Constantinople to observe the imminent transit of Venus across the Sun, an event which occurred on 6 June 1761.

On his return from Constantinople to Poland, via Bulgaria and Moldavia (then ruled by the Turkish government) Bošković maintained a diary containing many interesting details concerning his voyage, the places and people they had seen, their ways of life and their customs. His planned visit to Russia had to be cancelled due to his sudden ill health. Soon after his return to Rome, Bošković was offered the Mathematics Chair at one of Europe's oldest universities, the University of Pavia. On assuming the Chair, he produced his own syllabus, taking into account every single detail and offering literature advocated for students. In 1764, he was offered a senior post in optics and astronomy at the University of Milan. Also, his advice was sought concerning the foundation and construction of the planned Brera Observatory near Milan. Fired with enthusiasm, Bošković quickly agreed to assist with the construction of the observatory and with the organisation of its activities, as well as providing all structural details. Additionally, he prepared a comprehensive list for the procurement of astronomical equipment, as well as an in-depth programme for future astronomic observations and measurements at the observatory. Besides contributing enormous effort and expertise, Bošković invested a considerable amount of his own finances in construction and equipment. It is with complete justification, then, that the observatory in Brera is considered to be the work of Ruder Bošković, although he was obliged to share the director's post with Lagrange, the renowned French mathematician and astronomer.

Ill-regarded by many of his peers because of his broad, modern views, Bošković faced intrigues against the reformative ideas presented in his syllabus and in the scheduled monitoring at Brera. His adversaries sought ways to suppress in any way possible his modern ideas and plans. They finally succeeded in their aims when, in 1772, Bošković was relieved of his co-directorship of Brera Observatory, following which he asked to be relieved of his duties (and of his professorship) at the university.

Bošković rendered a number of diplomatic services, especially to the Dubrovnik Republic. One of his more important interventions occurred in 1771, when the danger existed that the Russian navy would attack Dubrovnik. The Republic approached Bošković, requesting that he intercede on its behalf with the Polish King Stanislas, the protégé of Catharine I of Russia, to convince him that Dubrovnik was a neutral party that was interested only in trading with all sides.

After moving to and settling in Venice, Bošković thought that he would resolve his professional problems by returning to Dubrovnik. However, he was advised by certain of his friends that he should go to Paris, where he had been promised a suitable position. In 1774, after becoming a French subject, he was appointed Director of Naval Optics of the French Navy. This elevated post, created exclusively for Bošković, demonstrates the privilege and high esteem he enjoyed among his fellow scientists. This was an extremely well paid post, enabling Bošković to engage intensively in scientific research, particularly in optics and in the various aspects of that field.

Bošković was on especially good terms with Lalande and Messier, astronomers both, as well as being scientific associates of long standing, although he had a number of extremely heated disputes with Laplace at the French Academy. His salary was clearly the cause of no small degree of envy among many Parisian scientists, leading to new intrigues and fresh problems for Bošković — a foreigner whose French citizenship had only recently been obtained. Furthermore, he was a former Jesuit (" former ", because the Jesuit Order had been dissolved in 1773) a fact that was unlikely to make him any more acceptable to French Encyclopaedists. It is not difficult to imagine the unpleasantness faced by Bošković in his new surroundings.

Firmly convinced of his scientific abilities and desirous of spending his time and energies on his work rather than with irrational disputes, Bošković departed Paris in 1782 after the French government had granted his request for a two-year leave of absence. He set off for Bassano, Italy, where he began arranging his papers on optics and astronomy for a collected edition of his work.

Although intensively engaged in this time consuming project, he maintained regular and lengthy correspondence. In Milan he was introduced to the Swedish royal couple and was presented with a royal medal. His work on *Collected Works on Optics and Astronomy* progressed. However, Bošković had to request a further extension of his leave of absence. This granted, he continued to work intensively, sometimes as much as ten hours a day and which seriously affected his health. Nevertheless, Bošković succeeded in preparing five large volumes of his *Collected Works on Optics and Astronomy*, which was printed in 1785 in an edition of one thousand copies. This extensive collection was to be the end of his creative work, although he himself would have preferred to continue writing. Once more, he extended his leave of absence and stayed on in Italy intending to finish some of the work he had started. However, his illness progressed and his health deteriorated, until finally he contracted pneumonia and died in Milan on 13 February 1787.

Although Bošković was very often thought to be Italian, or even Polish, he never allowed anybody to refer to himself as such. Thus, when, in one of his polemics, d'Alembert called him " an Italian mathematician with a reputation for mathematics ", Bošković responded in the third person, stating " our author is a Dalmatian from Dubrovnik, and not an Italian " (Bošković's note to his *Astronomical* and *Geographical Voyage*, Paris, 1770). Although his work is written mainly in Latin and Italian, sometimes even in French, Bošković emphasised his attachment to the language of his homeland and Dubrovnik — which he calls " Slavenic ", " Illyrian ", or simply " our native language ". He wrote poems in Latin, inspired works filled with beauty. Some of his poems are written in Croatian, his national language, and are also well preserved. As a cosmopolitan, however, Bošković stressed the importance of a single universal world language to be used in science to allow for a better understanding among scientists of different nationalities. In a letter to Le Sage, he suggested

Latin as the universal language of science, in that Latin, not being the mother tongue of any nation, could not be preferred by any nation.

BOŠKOVIĆ'S SCIENTIFIC WORK

Bošković's first scientific treatise, *About Sun Spots*, revealed his interest in astronomy, an interest that was to continue for the remainder of his life. Even his final work is related to his astronomic concerns, not to mention a number of other works which were the result of his astronomic activities. In his *Collected Works on Optics* and *Astronomy*, Bošković discusses almost all the issues and questions pertaining to the fundamental astronomical research of his time — from planetary motion and the transit of Venus and Mars across the Sun, determination of cometary orbits, observation of sunspots in order to assess the velocity of the Sun's rotation about its axis, to the existence of the Moon's atmosphere, the structure of Saturn's rings, and many, many other matters.

Bošković was a pure practitioner, one who worked alone on a number of complex and extremely delicate astronomical observations and measurements. One of his major preoccupations involved the testing of astronomical instruments. He studied their errors and endeavoured to eliminate them, both from a practical and a theoretical standpoint. He devoted a significant amount of time to systematic checks of instrument accuracy, whereby his penetrating approach was fully recognised. Bošković brought the theory of the aberration of light to perfection. Analysing the chromatism of telescopes, he suggested ways of eliminating it, which today are generally accepted and applied throughout the world. His interest in astronomical observations also generated improvements in astronomic telescopes that made possible more accurate measurements. Finally, the prism with variable angles was first used by him.

In view of the above and in accordance with the title of his final piece of work, Bošković's interest in optics is related to his astronomical concerns. His treatise, *On Light*, published in Rome in 1748, discusses the nature of light, its propagation, and the speed of its movement through space. It deals in particular with the concept of the density of light, later defined by Lambert in the law that bears his name. However, this regularity was, in fact, described by Bošković much earlier.

Bošković was greatly preoccupied with dioptrics, his major concern in this field being to improve the accuracy of astronomical instruments. He focused on the optical micrometer, arousing great interest and generating discussions in the French Academy between himself and the French physicist, A. Rochon, who introduced this item of equipment. However, modern authors usually refer to Bošković as an independent inventor of the micrometer. Yet another of Bošković's inventions deserving of attention is the water-filled telescope, due to the fact that it had to be employed in a number of experiments and measurements of the aberration of starlight.

Boškovićʼs work, *Astronomical* and *Geographic Voyage* (Rome, 1755 ; Paris, 1770) written in conjunction with his associate Christopher Maire, underlines most vividly his keen interest in geodesy. This expansive survey in five volumes reports on the scientific voyage and measurements undertaken by the two men at the behest of Pope Benedict IX, in order to determine the length of a degree of the meridian and to make corrections to the map of the Papal States. To that end, new instruments and tools were entirely designed, or substantially improved, by Bošković.

From the very outset of his scientific career, Bošković also demonstrated a keen interest in the shape and size of the Earth, going on to publish several related treatises. In these papers he stressed his doubts that the Earth is not a right-rotating ellipsoid, but rather that its shape depends on the distribution of masses in its interior. In his works, Bošković considered the structure of the Earth through geophysical observations, elaborating on his views about the Earthʼs shape and its interior structure. Observing the influence of the forces of mountain masses on a plumb line used for measuring, he concluded that the mass of mountains does not increase in proportion to their size (volume). These researches and their implications for his theory on the formation of mountains led Bošković to the concept of isostasy. According to Bošković, mountains are created by the thermostatic expansion of the Earthʼs deeper, denser masses. When mountains are uplifted, the same mass will be retained, resulting in a lower density.

None of the results discussed above could have been accomplished without a deep and extensive knowledge of mathematics. Indeed, Bošković was regarded as an outstanding mathematician, and he wrote a textbook on geometry, trigonometry and algebra entitled *Elements of Pure Mathematics for Students* (Rome, 1752). The third volume of this textbook contains his most interesting and original theory of conic sections. According to J. Majcen, this theory, slightly modified, would be " ...the most perfect among all non-analytic theories of curves of the second order. " Boškovićʼs mathematics was devoted to clarifying a variety of practical dilemmas. As an engineer and constructor, he, together with Le Seur and Jacquier, were called upon by Pope Benedict XIV to mathematically resolve a civil engineering problem concerning cracks and displacements in the dome of St Peterʼs in Rome. Following a mathematical approach the dome was repaired in 1742. Bošković also studied damage to the Court Library building in Vienna ; the bearing capacity of the columns in St Genevieveʼs church in Paris ; designed the construction and repair of harbours, as well as working on the regulation of river courses. In addition to statics, he also wrote on the strength of materials.

Bošković additionally became involved on a number occasions in the study of archaeology and, in 1743, actively participated in archaeological excavations. On his way from Venice to Constantinople in the company of Pietro Correre, the new Venetian Ambassador, Boškovićʼs ship lay at anchor for three days opposite the island of Tenedos (Bozca Ada). According to tradition and to Vergil's description, this was close to the site of Homer's Troy. Bošković spent two days visiting this archaeological site, carefully observing and measuring ruins and other preserved objects, and in studying the manuscripts found in the very short period of time he spent there. During the remainder of his voyage he wrote a tract entitled *Report on the Ruins of Troy, opposite Tenedos*. This report was published in a sequel to his *Diary of a Journey*, published in Bassano in 1784. According to Bošković, these were not the ruins of Homer's Troy, but were most probably the actual ruins of a building begun by Alexander the Great and completed by the Romans. He hypothesised that the ruins of Troy, destroyed by the Greeks, were to be sought deeper in the interior. This hypothesis was later proved correct when, in the late 19th century, Heinrich Schliemann discovered the ruins of Troy on the site indicated by Bošković.

When the Portuguese King John V asked the Pope to recommend him ten of the most experienced mathematicians from the Jesuit Order to undertake geographical measurements in Brazil, Bošković was among the scientists selected. He had hoped to take this opportunity to measure the meridian arc in the vicinity of the equator. The journey was never realised, however, because the Pope, having heard of Bošković's intentions, decided that he should carry out measurements in the Papal State. This led to meridian arc measurements between Rome and Rimini, which Bošković and Christopher Maire performed between 1750 and 1753.

Another journey to the New World was planned in 1769. The English Royal Society suggested to Bošković that he travel to California at the Society's expense in order to observe the transit of Venus across the Sun. Various circumstances, mainly the expulsion of Jesuits from Spain (California then being under Spanish rule) compromised Bošković's journeys to America.

THE THEORY OF NATURAL PHILOSOPHY

The infinite versatility of nature and the processes occurring within it has ever represented a challenge to the human mind. The period of mysticism replaced the scientific era. The issues, however, remained the same : what is the structure of nature and which forces and laws dominate it ? In this respect, *The Theory of Natural Philosophy*, written by Ruder Bošković, represents one of the most outstanding pieces of work. By this is meant not only the importance and value of this work for the period in which it was written, but also its immense effect on any number of scientists who came after Bošković, right up to the present day.

According to Bošković the concept known as philosophy of nature refers to the science we know today as physics. It took him thirteen years to write his masterpiece, " my new world ", as he himself was wont to call it. It was a summary of his views on the structure of matter, together with a summary of his theoretic disputes published or publicly presented up until that time. Some of the postulates elaborated upon in *The Theory of Natural Philosophy* had indeed already been presented in his earlier published works : *On Living Forces* (1748) ; *On the Law of Continuity* (1754) ; *On the Law of Natural Forces* (1755) ; *On the Divisibility of Matter and Principles of Bodies* (1757), and *Annotations to Stay's Philosophy.*

This work was designed to resolve the question of relations in nature, reducing them to the one and only force existing and acting in nature. Bošković began his studies from the concept of atoms, conceived not as material particles (corpuscles), but as homogenous (of the same origin), non-extended and integral points, being the centre of acting forces. Depending on the distance between them, the forces acting between any two atoms change from repulsive to attractive. The complexity of different phenomena in space is composed of two atoms (points) approaching, or receding from, one another depending on their relative position in space. Using his theory of one single force, attractive in the first case and repulsive in the second, Bošković explained his belief in the relation of micro- and macrocosm — the world of atoms and planets.

The Theory of Natural Philosophy is divided into three books with respective supplements. In the first book, Bošković is mainly concerned with the fundamental understanding of matter constituting the world and the natural forces existing within it. According to him, all bodies consist of an infinite number of non-extended and indivisible points with a specific distance between each other. The forces acting between two bodies depend on this very distance, *i.e.*, on the constellation of points in nature. The second book is a discourse on the application of these postulates in different areas of physics. It also presents a concept of three or more points in which forces acting between them merge into one. In his third book, Bošković contemplates the physical and chemical qualities of matter, such as impermeability, mass, density, divisibility, and even sound and light, heat, magnetism and electricity. Finally, his postulates on space and time, very close to our modern understanding of relativism, are the most important issues discussed in the supplements.

That part of *The Theory of Natural Philosophy* in which Bošković discusses the action of attractive and repulsive forces in relation to the distance between different atoms — centres of these forces — is especially interesting. A simplified example of this fundamental view is presented as follows. The x-axis on the co-ordinate system represents the distance between the particles, and the y-axis the force. The attractive force is represented by the negative (below) and the repulsive by the positive (above) x-axis. Observing the space between O and B, the repulsive force increases when the particle approaches to origin. This explains why two atoms cannot coincide with one another. Should the particles find themselves at a greater distance, the repulsive force (at point B) becomes attractive, which then increases to reach its peak, after which it decreases once more to zero (point C). Assuming that the distance between the points increases still further, the attractive force is again transformed into a repulsive one, which increases to its maximum, and then recedes to zero (point D). With increasing distance between the observed points the oscillations from attractive to repulsive force, and vice versa, occur repeatedly (between points D and F) until, at great distances (beyond point F) the attractive force increases and then returns to a neutral position, where any attractive or repulsive determination is lost. This is in full accord with Newton's law of gravitation.

If the particle is at point B, called by Bošković the limit of cohesion, its position is stable. If it changes its position up to point 0 or point C, it will return to its original position (point B). In the first case it is affected by a repulsive force (between 0 and B) and in the second by an attractive force (between B and C). On the other hand, the particle at point C (for Bošković the limit of non-cohesion) is unstable. Moved towards point B and influenced by its attractive force, it recedes onwards. If moved towards point D, it continues moving in that direction, affected by the repulsive force in point C. This very simple rule is applicable to all other points on the curve. Thus, according to Bošković, mechanical, physical and chemical processes, as well as natural phenomena as a whole, may be distinguished by means of the specific movements of particles of matter and fluids. In other words, particles in solid matter are in stable, and in fluids unstable, positions.

Physical space is by no means made up of particles possessing, at specific distances, a certain determination that stimulates them to either attract or repulse one another, ending up in different interactions. In his *The Theory of Natural Philosophy,* Bošković offers several examples of mutual interaction of three and more particles constituting a stable system (of light, electricity and other physical and chemical phenomena).

The German philosopher, Ernst Cassirer, claimed that Bošković's *The Theory of Natural Philosophy* was the masterpiece of natural philosophy of his time, while Dimitrij Ivanović Mendeljev, in his classical work Elements of Chemistry, referred to Bošković as " ...the founder of modern atomism and who, together with Copernicus, is the most famous figure among the western Slavs. " The importance of Bošković's ideas for 20th century science was emphasised by Nobel Prize winner, Werner Heisenberg, at an international conference on Ruder Bošković in 1958. Among other things, Heisenberg said : " The remarkable concept that forces are repulsive at small distances, and have to be attractive at greater ones, has played a decisive role in modern atomic physics. [...] The study of the atomic nucleus over the past thirty years has taught us that the particles which make up the atomic nucleus, protons and neutrons, are held together precisely by such a force. "

Although some of its explanations are unable to be accepted today, there is no doubt that Bošković's theory constituted a great advance in the understanding of the structure of matter at that time. Indeed, the research undertaken by many renowned scholars is related to the theory and ideas of Bošković.

Ampère, Priestley, Faraday, Kelvin, Mendeljev and a host of others, were not only influenced by his ideas, but they supported his theory by using it directly in their considerations. Bošković's theory is not history ; it is still favoured today because numerous achievements of modern science can very often be connected to his theory of the structure of matter, especially his curve of forces. Some modern scientists, Phillip Rinard among them, demonstrated that certain developments in the theory of subatomic particles (quarks) could be explained in terms of Bošković's theory. With regard to the relativity of time and space, his ideas were entirely new at the moment they appeared. One of the best known chroniclers of science, Ogist Sesma, says : " Insofar as physical space is concerned, Bošković seems to be far ahead of any relativism which again is defined by Mach and finally reaches its peak in the most consistent theory of Einstein. "

FIGURES

1. Ivan Meštrović : The sculpture of Ruder Bošković

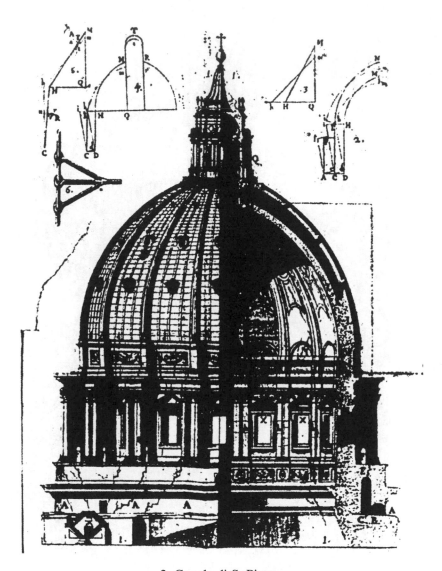

2. Cupola di S. Pietro

Geometrical drawings from Bošković's mathematical analysis of the cracks
in the dome of St. Peter's

RELAZIONE

DELLE ROVINE DI TROJA,

ESISTENTI IN FACCIA AL TENEDO,

Secondo le osservazioni del Seguito di S. E. il Sig.

CAV.ᵉ PIETRO CORRER,

Mentre nel Settembre del 1761, andava Bailo a Costan-
tinopoli, essendosi portato egli medesimo a rico-
noscerne una buona parte in persona,

DELL' ABATE

RUGGIERO GIUSEPPE BOSCOVICH.

3. Bošković's tract on the ruins of Troy

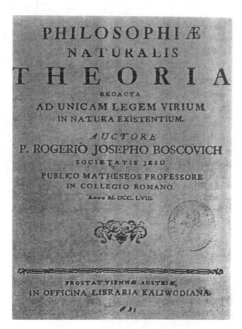

4. Title-page of Bošković's major work *The Theory of Natural Philosophy*,
first edition, Vienna, 1758.

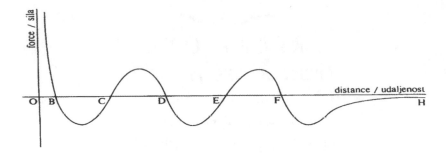

5. Bošković's curve of forces

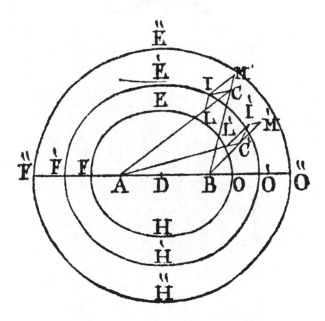

6. Possible elliptical paths of a particle moving about two other particles
at distances corresponding to limits of cohesion

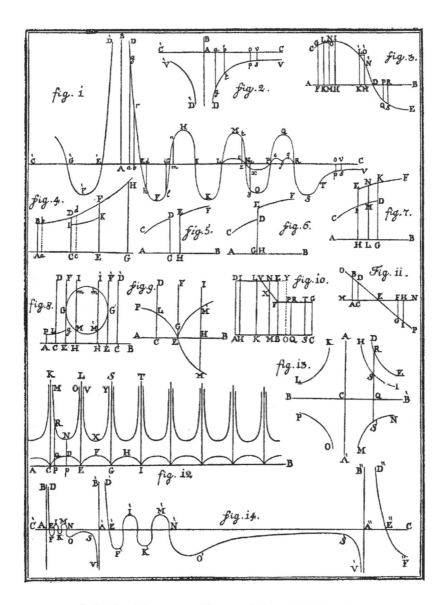

7. Bošković's curves, *Theory of Natural Philosophy*

John Hyacinth de Magellan as a Reference for Physics Education Today

Manuel Fernandes Thomaz

Teaching science turned out to be an activity where many problems have been raised in the last decades. After a period of great enthusiasm for science in the forties and fifties, a noticeable decrease of interest for studying scientific matters occurred by the sixties which lasts until now. At the same time, the influence of science and technology in everyday life was increasing to level never reached before. This paradoxical situation causes some perplexity. On the other hand, it brings about some problems to the functioning of the social and economical system that requires and relies upon the development and production of technological goods that are essential to modern life.

It is true that the man-power needs for producing goods is diminishing due to the spread of automation and robotization in production lines as well as other ways of substituting men for machines and software. In this view the lack of scientific vocations may not imply such serious difficulties as it might be thought.

In any case, science as a subject of study is a hard topic because it requires a great deal of phenomena understanding, experimentation, logical reasoning, deduction, increasing mathematical analysis, that tend to make it arid and uninteresting unless one fulfils all the steps of a long and complex learning process.

The situation creates special conditions for the teaching of science at the different school levels and calls for the necessity of investigating the more efficient methods of teaching that promote a better science learning.

Many aspects of the science teaching and learning process have been the object of intensive research all over the world in the past decades. These aspects include more applied research topics such as : (1) the psychological features involved in the learning processes of certain concepts belonging to different levels of understanding of each science ; (2) methods of teaching and learning the different sciences, each one showing its own specificities ; (3) the importance of children's intuitive ideas and alternative concepts in the learning

of each science ; (4) the processes of problem solving ; (5) the rôle of experimentation in science learning ; (6) the virtues and limitations of the use of
computers as aids for teaching and learning ; (7) the models of science teacher
education ; etc.

Also more fundamental topics have been the subject of study such as the
philosophical foundations of science in general and of each science in
particular ; the history of science which may be viewed as a description of the
learning pathways of humanity and therefore may have a great didactic
potential ; the social organization of the scientific working field ; the ethical
challenges set up by scientists and by science itself ; etc.

Crossing many of the above referred aspects is the question of building up
the attitudes and the character that can be learned and imprinted in students
with the teaching of science. Attitudes as rigour of reasoning, accuracy of measurement, persistence in checking and cross-checking determinations, verification of hypotheses and many others are typical of a scientific formation. The
ages of learning science in school correspond to sensitive periods for the
assimilation of those attitudes and those features of character.

All this research that has been and is being done to understand more deeply
the development of science and the mechanisms of transmitting and accepting
science, provides teachers with a wider knowledge on how to overcome the
difficulties faced by them when involved in restoring the interest for science
studies.

In the present communication I wish to consider just one small aspect of
this vast problem, the use of a particular case taken from the history of science
to propose it as an example for promoting the values inherent to science and
the interest for science in young students.

The case is that of John Hyacinth de Magellan, a Portuguese scientist (a
physicist, we would say today) of the 18th century.

Magellan was an Augustine monk who was born in the town of Aveiro in
1722 from an upper class family of noble ancestors, and studied in Coimbra
until approximately 1754, when he obtained from the Pope (Benedict XIV) a
brief of secularization (dispensation of his duties as a member of the Augustine
Order).

He left to France in a first trip of a few years, after which he settled in London where he lived until his death.

He was a cultivated man as can be judged by some of his activities, specially in those early years in France. He adapted the Greek Grammar of Port
Royal to be used in Portuguese Schools and edited an important 17th century
piece of Portuguese literature as well as other less important works. He was
fluent in modern and classical languages. He was acquainted with many important people (philosophers and politicians) either in France or in England or in
the Low Countries.

Let us give a very quick overview of Magellan's scientific work.

Science, its applications and instrumentation were the passion of his professional life. Though his scientific background was certainly very solid, as can be judged through his writings, it can be said that his main aptitudes related to the designing and improving of instruments. It must be pointed out that this activity was not of minor importance since the development and improvement of scientific instruments in the 18th century represented one of the most decisive contributions to the progress of physical sciences. To obtain results of physical and mathematical (that is geographical) quantities with an increasing level of accuracy was a definite demand in those times. It can be seen very clearly how the development of physical sciences in the 19th and 20th centuries depended on the obsessed search for experimental accuracy, which started in Magellan's time.

On the other hand, Magellan needed a way of living and this was provided by his activity as scientific instrument designer and agent. After all, is it not important to do the kind of science that is necessary and asked for by the users ? It certainly is, specially if you have to make of it a way of living as Magellan had to. So he accepted orders from different parts of the world for instruments which clients knew would be made according their desires and would be state-of-the-art pieces of work. At the same time he would be able to earn some money for living and assuring his financial independence.

Magellan's main achievements in science are therefore concerned with instruments and this helps us to understand one of the reasons why he chose to live in England instead of other parts of the world. In fact, a high respect and recognition for instrument makers similar to pure scientists existed at that time in England.

The first instrument described by Magellan as of his own invention is the new barothermometer that he announced at the Royal Society of London in the end of 1765. It showed a number of alterations, compared to current barometers, that would avoid various common causes of error in measurements. He states that the construction of that instrument is the work of Henry Pyefinch, " a very ingenious Optician and Philosophical instrument-Maker ... an able hand by which my thoughts might be put into practice ".

New barometers of a portable model designed to be used in the measurement of the height of mountains and the deepness of mines were also proposed by Magellan. In the same publication of the new barometers the idea of a perpetual meteorograph was advanced.

He was the official certifier of the compasses of the invention of Dr. Knight for the British Admiralty, before they were sent to use in the Navy.

He improved balances and clocks as well as octants and sextants where he introduced several modifications to make them more practical in use. He also described a new double sextant that he had invented. Magellan's *Déscription des Octants et Sextants Anglois ou quarts de cercle de réflection...*, London (1775), deserved the favourable opinions of Borda, Bory and Bezout as well as Fouchy, from the Paris Academy of Sciences. The final evaluation of these experts about the mentioned *Mémoire* states : *D'après le Rapport que nous venons de faire, nous pensons que l'ouvrage de Mr. Magellan peut être d'une grande utilité pour la Marine, & qu'il mérite, par l'importance de son object & par la manière dont il est traité, l'approbation & les éloges de l'Académie ; & qu'il peut être imprimé sous son privilège.*

One of Magellan's best known pieces of laboratory science was Atwood's machine, invented by George Atwood and built by Adams under Magellan's supervision to be sent to Alessandro Volta in Italy and to Portugal. Magellan's description of Atwood's machine appears in a letter to Volta *Description d'une machine nouvelle de dynamique inventée par Mr. Atwood*, etc. There is one of these beautiful machines in the Physical Cabinet (as was called the physical laboratory in the 18th century) of the University of Coimbra.

A set of chemical instruments were also designed by Magellan to accompany the publication of his " Description of a glass-apparatus for making in a few minutes, and at a very small expense, the best mineral waters of Pyrmont, Spa, Seltzer, Seydschutz, Aix-la-Chapelle, &c together with the description of two new eudiometers, ...in a letter to the Rev. Dr. J. Priestley... " London, 1777.

Most of the published work of Magellan is contained in a single volume entitled *Collection de Différens Traités...* and there we can confirm that his life was mainly devoted to instruments and their improvement.

After this very brief trip over the scientific work of John Hyacinth de Magellan let us look to the human side of his life that throws light to other aspects relevant to his career as a scientist and to the object of the present communication. These human aspects of the life of Magellan are found in his private correspondence, mainly to his friend António Nunes Ribeiro Sanches, the famous Portuguese Doctor who lived in Russia and later settled in Paris where the two met a number of times during Magellan's travels to the Continent.

Magellan praised in the highest degree the freedom of thought and of way of living as can be ascertained in many occasions described in his letters to Sanches. In a manuscript note to the biography of Ribeiro Sanches written by Andry, he mentions the reasons why he left his native country and decided to live in England : *résolu a ne plus vivre que sous un gouvernement où la liberté personnelle soit à l'abri du despotisme ministériel.* He also criticized the tyranny of the Marquis de Pombal who represented the enlightened despotism in Portugal between 1750 and 1777. He had so great enthusiasm for the fight of Americans against English colonialism that he thought of joining the rebels in their war. Later he says that " ...a separated America will be the sole asylum to the philosophical spirits, as soon as peace is achieved. "

Despite being an emigrant Magellan never forgot his motherland and always showed a great concern towards the situation over there, either political or cultural.

He presented himself " as cosmopolitan, neither English nor French *et je m'en fous de tout* ". Most of his activity as disseminator of scientific or technical novelties without any type of nationalistic prejudice is understandable at this light. His social and scientific environment could not understand this attitude and sometimes accused him of spying when he spread the news of some important scientific or technical products through foreign countries. This happened with James Watt but it can be shown that he was not involved in any secret activity and even offered himself to use his influences in France to obtain, for Watt, the patent for the steam machine.

One of the deepest traces of Magellan's personality was certainly independence of character. He liked what he was doing, scientific and intellectual discussion and instrument designing, and he would not change his options for other ways of life whatever attractive. The love for philosophical matters and the independence of spirit that he considered necessary to devote himself to those matters were sufficient to reject several financial advantageous situations. In a letter to Sanches (1776) he writes : " Yesterday another friend made me an invitation. I had dinner with him and he proposed a job that I think I could get, without having to renounce holy Catholicism, and would bring between 350 and 400 sterling pounds per month, but would take away my personal freedom and would put me under the direction of thirty thousand malicious and knavish men. I thanked him, because he is a sincere friend ; but I told him that a piece of steak in my room, corresponding with my friends and doing freely what I wished, was much worthier than all those pecuniary commodities. "

At the same time, as referred above, Magellan was very well acquainted with people of the highest position in most places. He stayed frequently at Lord Shelbourne's, who was Prime Minister in 1782, he was a personal acquaintance of Prince Galitzin, Russian Ambassador to The Hague and he stayed often in Brussels at the Duke of Arenberg's palace. He was also weekly invited to the Portuguese Ambassador in London.

However, he showed a great modesty and the company of socially important gentlemen was always determined by criteria of intellectual standard of those gentlemen.

The desire to communicate and correspond with philosophers of his time was another feature of Magellan's personality. Brissot wrote about him : " He knew all the machines that pullulate in England and, while announcing them through Europe and corresponding with all philosophers, he acquired an honourable independence. "

The same Brissot thinking of establishing a Centre for exchange of scientific information, wrote about Magellan : " He is one of the first to have found out how useful to sciences could be the rapid and general communication of discoveries... ".

A further characteristic of his scientific mind, common to many of his contemporaries, was the search for practical applications of scientific discoveries. This interesting quality of most 18th century men of science gives additional interest to the study of this epoch in comparison with present day concerns of science policy makers. The sense of the social benefices that science can bring to the people and the nations was sharply present in that time.

His death, occurred in 7th of February of 1790, is described in the Gentlemen's Magazine as follows : " He glided gently out of life, resigned and thankful ; and, in comparing his exit with others, we may say

Omnibus est eadem Lethi via ;
Non tamen unus est vitae cunctis
Exituque modus !

He had desired, that where the tree fell there it might lie, and that he might have no tombstone ; he was accordingly buried handsomely, but privately, on Saturday the 13th inst. at Islington, about 15 yards parallel with the East end of Islington church on the North side. "

After this excursion over Magellan's life and work, let us return to the main topic of the paper. As shown in the literature the need for a more human presentation of science to students of secondary schools can be overcome by making use of history of science. The proposal to students of values inherent to scientific activity becomes much more vivid and realistic if it is done through examples taken from history. These examples were real cases possessing all the richness of actual situations.

Let us use our example.

Magellan was a Portuguese scientist and this condition can be seen as a very important factor to make science more plausible and acceptable as a career to pupils of Portuguese schools. He was one of them, born in a place they know, who studied in a school they heard about, with a Portuguese name (João Jacinto de Magalhães) etc.

Furthermore, he was a scientist of not too high value, not one of those big stars of the science history firmament (or presented like that by certain historians), almost like legendary Greek heroes, that make one feel so distant, that their *rôle* as examples for common people can fail most of the times. Science students may find themselves nearer to those average men (or women) of science than to the Aristotles, the Newtons or the Einsteins.

However, Magellan emigrated from his country, as many Portuguese did in the past and in recent years. Anyone in Portugal understands well this type of situation. The search for a more suitable political and cultural environment was Magellan's motivation. The same situation also was present in Portugal in not too distant years.

Being an emigrant implies sacrifices and difficulties in many aspects (family, language, culture, habits, religion, etc.) and one has to be strong to succeed in a foreign country. Magellan was a hard working and competent person in his field of work and consequently he was respected and recognized in England, one of the most advanced societies at the time.

He was a practical man interested in instruments and measurements, a quality that needs to be carefully developed among our students.

He was also a communicator and a disseminator of scientific discoveries with an explicit purpose of obtaining and spreading the benefits of science through all nations and peoples.

He could have obtained better off positions but he rejected them because he was passionate for science. He chose to live with modesty, as most scientists live now. But he was a happy man.

All these aspects of a moral nature may help students to better consider the pros and cons of science as a way of living in the present world.

GOETHE. DIE SCHRIFTEN ZUR NATURWISSENSCHAFT. THE LEOPOLDINA-EDITION

Gisela NICKEL

The so-called Leopoldina-Edition got its name by the publishing house, the German Academy of Scientists Leopoldina, based in Halle on Saale. It is, in its concept, the first and up to now only complete historical-critical edition — with commentary — of Goethe's scientific writings. In this report, I'll briefly present the beginning stages of the edition, its sometimes rather changing development, its present stage and also current works.

The first beginnings date back to the early thirties in Kiel, where Karl Lothar Wolf, a physicochemist, together with Leiva Petersen, a future classical scholar and later publisher, held long discussions about the situation of modern sciences. They regretted that the one-sided mechanistic-positivistic way of thinking of the natural sciences was so dominant and they discussed alternatives. In the course of their talks they turned to Goethe, the poet and scientist, whom they both highly admired. In their opinion, Goethe's scientific publications had not received enough attention up till then. This broadly educated and oriented researcher with his integral-morphological way of acting could especially give the modern scientist a new impetus and show him different approaches to research. This would certainly require access to Goethe's relevant writings in an easily-readable and appealing form. Moreover, the — up to that time — most detailed edition of Goethe's scientific writings, section II of the Weimarer Sophien-Edition, was no longer available. So they developed the idea of a new edition.

It was not before the early forties when Wolf, now professor at the University of Halle, met the botanist and morphologist Wilhelm Troll, a congenial man who, in 1926, had published a selection of Goethe's scientific writings. Supported by Leiva Petersen, who in the meantime worked in the management of the Weimar publishing house Hermann Böhlaus Successor, they presented their plan of a new edition to Emil Abderhalden, President of the German Academy of Scientists Leopoldina. This aroused great interest and very soon their plan met with approval. In June 1941 the publishing house Hermann

Böhlaus Nachfolger at Weimar and the Academy signed the contracts. By request of the Leopoldina, the botanist Günther Schmid, who in 1940 had published a voluminous Goethe bibliography was asked to become the third editor. He was interested in the history of science and an expert on Goethe's work.

The first planning of the concept of the edition, dating from 1942/43, did not intend to be a historical-critical edition but rather an annotated reading edition. The aim was to merely revise and supplement the scientific texts of section II of the Weimarer Sophien-Edition, considered to be largely complete and philologically correct, and, above all, to put them in chronological order and provide a competent commentary. The new edition should consist of two series, subdivided in four special fields (geology/mineralogy/mining, optics/theory of colour, morphology and natural science in general). The first section would present the texts in chronological order and, in each case, add the respective material from Goethe's poetry, his letters and diaries. Marginalia should refer to the respective annotation in the commentary volumes which formed the second section.

According to these considerations but delayed by circumstances, the first two volumes of geology/mineralogy, edited by Günther Schmid, came out in 1947 and 1949. The texts were mainly based on the Weimar edition. Handwritings of the Goethe and Schiller Archives in Weimar were consulted as far as possible but — for war reasons — they had been evacuated for a time ; even after the end of the war they were not immediately available. In June 1945, Troll and Wolf had been forced to leave Halle and were then living in the French occupation zone, of what would become the future province Rhineland-Palatinate. Therefore, in the post-war period they had only little editorial influence. Schmid, who had stayed in Halle, died in 1949. The material he had compiled and prepared was lost. Thus the edition had got into a critical situation. Fortunately, the physiologist Rupprecht Matthaei could be persuaded to become a new colleague and editor, who brought in a finished manuscript about the theory of colour. It was initially intended for the *Welt-Goethe-Edition* (an edition — founded in the thirties — without annotations of Goethe's poetic and scientific works) which was no longer continued after the end of the war. Published in 1951, the third volume of the Leopoldina-Edition differed from the first two volumes because of its publishing history. On the other hand the three volumes had a lot in common, as e. g. the marginalia and the inserted text supplements.

After these first three volumes it became more and more obvious — alerted by criticism on the part of the German philologists — that they could not keep the initial planning since this involved serious problems and was based on wrong assumptions. Striving for a strictly chronological order and including letter- and diary-passages, the coherence of the texts was often lost, which was not really helpful in regard to the good readability which they were striving for. Previously unprinted material and reports (*Zeugnisse*), which were essential for the understanding of Goethe's method, assumed unexpectedly great dimensions. Moreover, the Sophien-Edition was by no means so complete and philologically correct as had been presumed. It became obvious that the handwritings had to be referred to and that the structure of the edition had to be changed.

At the beginning of the fifties, Wolf came into contact with Ernst Grumach, the editor of the historical-critical Berliner Akademie-Edition of Goethe's poetic work, which was in preparation, and with Willy Flach, the editor of Goethe's official writings. This led to the plan to rearrange the Leopoldina-Edition in a historical-critical manner. All three previous editions should then be understood as three sections of a more extensive edition of Goethe's writings. The respective editors met several times in Weimar and, in 1958, they finally laid down common editing principles which mainly affected the two Academy-Editions. Even in outward appearance the three editions were alike ; they all had the same format. As a concession to its initial intention, namely to be a popular reading edition, the Leopoldina-Edition presented the texts with a modernized orthography but the editors had to retain the phonetic structure and punctuation according to the originals.

The structure and organization of the Leopoldina-Edition was planned as follows. Each text volume of the first section should correspond to a commentary volume of the second section. The chronological principle was basically retained. In several text volumes it was decided, to retain Goethe's coherence, as in the theory of colour and in the pamphlets on natural science and morphology. In addition to the two series " texts " and " commentaries ", the editors intended to include Goethe's complete scientific correspondence in a third section, since Bratranek's edition of 1874 was incomplete and also out of print. A little later, a fourth section was wished for to annotate Goethe's complete scientific work and its context. From now on, the Leopoldina-Edition was not only intended for natural scientists but also for philologists and historians of science who became interested in Goethe's scientific work, the various conditions of its genesis and its numerous interconnections with different fields such as poetry or historical context.

There were a lot of changes with the editorial staff as well. Since 1952, the biologist and German philologist Dorothea Kuhn has been one of the advisers, first as reviser and responsible editor in-charge and since 1954 also as publisher. She had been recommended by Wilhelm Troll, who for reasons of time had increasingly retired from the editing business. Some years later, the mineralogist Wolf von Engelhardt joined the team. Since 1970, he has been one of the publishers, too.

In 1969 Karl Lothar Wolf died, in 1976 Rupprecht Matthaei and in 1978 Wilhelm Troll. From 1976 until 1997 the staff was increased by the physicist and historian of science Horst Zehe, since 1993 by the biologist and historian

of science Gisela Nickel and since 1998 by the dentist and historian of medicine Thomas Nickol.

With the further growth of the editorial work, the plan to set up a third and
fourth section was rejected again. In the commentary volumes, Goethe's scientific correspondence was already presented in great textual detail and provided
with notes. Thus an additional complete reprint would neither fit the frame nor
the initial intention of the edition. The same is true of a separate total commentary. The Leopoldina-Edition is supposed to work out a basis for such a commentary as well as for further research and explanations. Nevertheless, the first
volume of the second section will give an outline of Goethe's complete scientific work.

Due to the change to a historical-critical edition, the text- and commentary-
volumes themselves started to look quite different. Additional material was rel-
egated from the text volumes to the commentary, which then included the voluminous critical apparatuses. Text marginalia were left out, since it became
clear, when revising the commentaries, which passages require an annotation.
Thus in the volumes of Section I there are only critically revised and as far as
possible chronologically ordered texts. These include Goethe's texts either
arranged for print by himself or posthumously printed in his name, texts completed in his lifetime but not previously printed, and also incomplete fragments
dealing with otherwise untreated topics.

The commentary volumes of section II are subdivided as follows :

- *Preface*
- *Table of Contents*
- *Preliminary Report*.

This consists of a *preface*, *i.e.* an introduction to the volume and its topic.
It gives advice to the user and records *bibliographical* and other *abbreviations*
used.

- The succeeding *supplements* to the text consist of *material* (*Materialien*)
and *reports* (*Zeugnisse*). The *material* include notes, excerpts, compilations,
schedules, preliminary works and drafts to single texts which came down to us
in writing. They are — as far as possible — in chronological order and present
the underlying sources (*Quellen*) in orthography, punctuation and typographi-
cal order.

The *reports* include Goethe's comments on the topics, mentioned in the
texts, in letters, diaries, memorandums and autobiographical reports, supple-
mented by dates, bills and so on. Suitable comments in contemporaries are also
included, provided that they had an influence on Goethe's work. The orthography of the reports is modernised ; their punctuation is mainly retained according to the source.

- *Critical apparatuses* and the *commentaries* to the texts follow.

The *critical apparatus* consists of specifications to the *transmission* (*Über-lieferung*) and the *reading modes*. The paragraph *transmission* gives a description of the handwritings and prints which underlie the texts. The *reading modes* record the variations of the sources from the text.

Then the actual commentary by *descriptions* and *annotations* follows : the *descriptions* report on the origin of the various parts, analyse reports and transmission which accord a view of Goethe's work. The place of the text in Goethe's complete works is traced and verified in regard to references within the work ; preliminary and subsequent works are traced with the help of texts and material. Moreover, Goethe's viewpoint is related to the intellectual situation of his time ; his literary reception is described, influences and interrelations, effects on contemporaries are shown. The *annotations* explain in more detail names, notions or passages of Goethe's texts.

- *Illustrations* and *plates* show drawings either by Goethe himself or commissioned by him. Contemporary or modern illustrations that are useful to the commentaries are also included.

- Finally, the *index* records in the single commentary volumes, names of people, book titles and place names, sometimes names of minerals, plants and animals and descriptions of single organs.

In addition, it should be mentioned that the material is also provided with details concerning transmission, with reading modes, commentaries and annotations, the reports with annotations. The three illustrations added to this essay are taken from the commentary volume II/9A, giving one example each for the sections " material ", " reports " and " critical apparatuses and comments ".

Now to the present size of the edition and the volumes in planning or in preparation. In 1970, all text volumes were already published. At the moment *the Leopoldina-Edition* consists of 11 text volumes and 9 commentary volumes, about 9500 pages. Five further volumes as well as a total index, which will constitute Section III of the edition, are in preparation or planning. This numerical ratio alone shows clearly that the initial idea, namely to draw up one commentary volume per text volume, could hardly be realised. This is among other things, because numerous texts, especially from geology/mineralogy, were published more than once in different text volumes ; several text volumes contain excerpts from Goethe's different creative periods and different speciality fields.

The volumes II/1 (introduction- and outline volume) and III (total index) will finish the edition and thus open the complete scope of Goethe's scientific work as completely as possible.

Finally there is a survey in tabular form of the different sections of *the Leopoldina-Edition*. Apart from the title of the respective volume, the year of publication, the revisers as well as the corresponding volumes of sections I and II are given.

Section I : Texts

1. Schriften zur Geologie und Mineralogie 1770-1810
   1947 - Günther Schmid ; unaltered reprint 1989 / *7, 8A*
2. Schriften zur Geologie und Mineralogie 1812-1832
   1949 - Günther Schmid / *7, 8A, 8B*
3. Beiträge zur Optik und Anfänge der Farbenlehre 1790-1808
   1951 - Rupprecht Matthaei / *3*
4. Zur Farbenlehre. Widmung, Vorwort und Didaktischer Teil
   1955 - Rupprecht Matthaei ; unaltered reprint 1987 / *4*
5. Zur Farbenlehre. Polemischer Teil
   1958 - Rupprecht Matthaei ; unaltered reprint 1998 / *5A*
6. Zur Farbenlehre. Historischer Teil
   1957 - Dorothea Kuhn ; unaltered reprint 1998 / *6*
7. Zur Farbenlehre. Anzeige und Übersicht, Statt des supplementaren Teils und Erklärung der Tafeln
   1957 - Rupprecht Matthaei ; unaltered reprint 1999 / *4*
8. Naturwissenschaftliche Hefte
   1962 - Dorothea Kuhn / *1, 2, 5B, 8A, 8B*
9. Morphologische Hefte
   1954 - Dorothea Kuhn ; unaltered reprint 1994 / *9A, 9B, 10A*
10. Aufsätze, Fragmente, Studien zur Morphologie
    1964 - Dorothea Kuhn / *9A, 9B, 10A, 10B*
11. Aufsätze, Fragmente, Studien zur Naturwissenschaft im allgemeinen
    1970 - Dorothea Kuhn and Wolf von Engelhardt / *1, 2, 5B, 7, 8A, 8B*

Section II : Supplements and Comments

1. General introduction, introduction to the edition and Goethe's scientific works ; outline of the complete edition and of Goethe's complete scientific work. Supplements and comments on the general, theoretical and philosophical writings, mathematics, the maxims and poems in the scientific area (in planning / *8, 11*)
2. Zur Naturlehre (Physik, Chemie), Meteorologie, Astronomie, Tonlehre
   in progress - Gisela Nickel / *8, 9, 11*
3. Beiträge zur Optik und Anfänge der Farben-lehre
   1961 - Rupprecht Matthaei and Dorothea Kuhn / *3*
4. Zur Farbenlehre. Didaktischer Teil und Tafeln
   1973 - Rupprecht Matthaei and Dorothea Kuhn / *4, 7*
5A. Zur Farbenlehre. Polemischer Teil
    1992 - Horst Zehe / *5*
5B. Zur Farbenlehre nach 1810
    in progress - Horst Zehe and Thomas Nickol / *8, 11*
6. Zur Farbenlehre. Historischer Teil
   1959 - Dorothea Kuhn and Karl Lothar Wolf / *6*

7. Zur Geologie und Mineralogie. Von den Anfängen bis 1805
    1989 - Wolf von Engelhardt / *1, 2, 11*
8A. Zur Geologie und Mineralogie. 1806-1820
    1997 - Wolf von Engelhardt / *1, 2, 8, 11*
8B. Zur Geologie und Mineralogie. 1821-1832
    in print (1999) - Wolf von Engelhardt / *2, 8, 11*
9A. Zur Morphologie. Von den Anfängen bis 1795
    1977 - Dorothea Kuhn / *9, 10*
9B. Zur Morphologie. 1796-1815
    1986 - Dorothea Kuhn / *9, 10*
10A. Zur Morphologie. 1816-1824
    1995 - Dorothea Kuhn / *9, 10*
10B. Zur Morphologie. 1825-1832
    in progress (2000/2001) - Dorothea Kuhn / *10*

Section III : Total Index

Explanatory index of persons and subjects (in planning)

LITERATURE TO THE LEOPOLDINA-EDITION

K. Lothar Wolf, " Goethes Schriften zur Naturwissenschaft ", *Forschungen und Fortschritte*, 31 (1957), 261-263.

E. Grumach and K. Lothar Wolf, " Zu den Akademie-Ausgaben von Goet hes Werken ", *Jahrbuch der Goethe-Gesellschaft*, N.F. 20 (1958), 309-310.

[Karl] Lothar Wolf, " Plan, Struktur und Stand der Arbeiten an der 'Leopoldina-Ausgabe' ", *Weimarer Beiträge*, 6 (1960), 1161-1167.

D. Kuhn, " Goethes Schriften zur Naturwissenschaft. Über Inhalt und Gestaltung der Leopoldina-Ausgabe ", *Goethe*, 31 (1971), 123-146.

D. Kuhn, " Goethes Schriften zur Naturwissenschaft ", *Deutsche Akademie der Naturforscher Leopoldina. Acta Historica Leopoldina, Supplementum*, 1 (1977), 89-92.

D. Kuhn, " Erfahrung, Betrachtung, Folgerung durch Lebensereignisse verbunden. Zur Geschichte der Leopoldina-Ausgabe von Goethes Schriften zur Naturwissenschaft ", *Zur Edition naturwissenschaftlicher Texte der Goethezeit. Acta Historica Leopoldina*, 20 (1992), 11-20.

MATERIALIEN

91

Adler kleiner Kopf
Mächtige Krallen
——— Schnabel
Schlechte Schwanz Federn
Unendliche Schlange   5
Am Pelikan die Ausdehnung des unteren Kiefers oder vielmehr
der Haut.
Des Welschhahns Überhängsel der Nase
Paon bianco.
Affen Hauzahn
Capron de l'Africa
Die scheuslichen Affen mit zu großen ersten Vorderzähnen
Daß die Ferae 6 Zähne haben macht sie weniger bestialisch
Verlängerung des Schweifes Mangel des Schnabels und der
Klauen.   15
Was am Schnabel und Klauen wenig abgeht kann unendlich
viel werden am Schweif pp
Höhere Arten wie sie verlieren
Katzen-Scelett mit verknorpelten Ohren
lange Schnäbel   20
erhabene Schnäbel am Nasbein
Spitze Vorderzähne des Wolfes und Fuchses.

*Notizen bei der Besichtigung einer zoologischen Sammlung auf der zweiten
Reise nach Italien 1790.*
*Überlieferung. H: GSA Goethe Tagebücher, Notizbücher 60; Bl. 4—5 von
hinten. Notizbuch in blauem Pappdeckel, 9,5 mal 16,5 cm, Aufschrift: No-
tanda/Mart. 1790. G. Weißes Papier, gerippt. Drei Seiten g, sehr flüchtig ge-
schrieben. Zählung rezent. D: WA II 13, 251₁₋₂₂ (Erstdruck).*
*Lesarten. ₄ Schlechte] Schlichte liest W. — Die Wortendungen sind oft
nur angedeutet.*
*Anmerkung. Goethe benutzte das Notizbuch auf seiner Reise nach Venedig.
Er berichtet sonst nirgends von einer naturhistorischen Sammlung, vielleicht
gehörte sie zu den Schätzen von Schloß Ambras, die er in Aufzeichnungen vom
22. März im selben Notizbuch erwähnt. Die Aufzeichnungen bringen Beispiele
dafür, daß die bevorzugte Ausbildung eines Organes beim Tier mit dem Ver-
kümmern eines anderen einhergeht (Etat-Prinzip). Goethe interessiert sich
besonders für die dadurch bedingte Erscheinungsweise der Tiere.*

Illustration 1 : " Material "

9. JULI—2. SEPT. 1786

Juli. Dittmar Unterredung mit Goethe. Gespräche (Herwig) I 378.   1786
„Oft quälen mich Durchreisende mit langweiligen Besuchen, und da ich
mich jetzt mit der Osteologie beschäftige", fuhr Goethe fort, „so lege ich
ihnen zuweilen meine vorhandenen Knochen vor, das erregt den Besuchen-
5 den Langeweile — und sie empfehlen sich."

*(vor der Abreise nach Italien). Batsch über Goethe. Versuch einer Anleitung
zur Kenntnis und Geschichte der Pflanzen, Halle 1787—1788, 1. Bd. S. 203.*
Noch ist ein sonderbarer Umstand zu bemerken, den ein berühmter Mann,
und eifriger Naturforscher, an den Dattelkernen beobachtet, und mir gütigst
10 mitgeteilt hat. Hier ist gleichsam ein Mittelkörper vorhanden, welcher deut-
lich von den Kernstücken verschieden ist, zuerst diese aussaugt, hiervon
anschwillt, und zuletzt selbst vom Keime ausgesogen wird.
*Anmerkung. Vgl. Goethes Beschreibung vom Keimen der Dattel, LA I 10, 48f.
und die Erläuterung dazu S. 518.*

15 *23. Juli. Goethe an Seidel. WA IV 7, 253. 335.*
2 Kasten und 1 Paket gegen Schein auf das Archiv.
*Anmerkung. Bei diesen vor der Abreise nach Italien zur Aufbewahrung ge-
gebenen Sachen war u.a. laut Liste: Osteologie comparativa. — Gestrichen
hat Goethe: Botanik und Infusions Tiere. — Ein Manuskript über den Zwischen-
20 kieferknochen, etwa bezeichnet als „Manuskript von 1786", ist nicht erwähnt,
wie es nach Bräuning-Oktavio 1956, S. 61 den Anschein hat.*

13. August. Goethe an Seidel. WA IV 8, 2.
Ich habe die Auszüge, Deinen naturhistorischen Brief und ... er-
halten. ...
25 Bitte Hrn. Professor Sömmerring, in meinem Namen, daß er die
Unterkinnlade, die zu dem Ochsenschädel gehört, wieder zurück-
schicke. ...
In das Feld der Naturgeschichte würde ich Dir zu treten nicht
geraten haben, es ist zu weit und fordert daß man ihm viel Zeit
30 widmen könne. Wenn Du weiter vorwärts darin kommst, wirst
Du anders von Linné denken und seine unsterblichen Verdienste
kennen lernen. Selbst das was ein außerordentlicher Mensch tut,
kann als unzulänglich angesehen, und von gewissen Seiten un-
günstig beurteilt werden.
35 *Anmerkung. Brief: nicht überliefert. Goethe hatte seinen Diener und Ver-
trauten Philipp Seidel zu seinen naturwissenschaftlichen Studien heran-
gezogen und ihn auch zu selbständigen Beobachtungen angeregt. — Unterkinnlade: vgl. Z 12. Juli 1786. — Linné: vgl. Goethes Äußerung LA I 9, 16.*

2. September. Goethe an Seidel. WA IV 8, 19.
40 ... in der Tiefe des Kastens ist eine Abteilung, worunter das Mikro-
skop eingepackt ist, es muß sogleich ausgepackt, und wenn es

Illustration 2 : " Reports "

MUSKELN EINES ZIEGENKOPFS   LA I 10, 123—124

Überlieferung
H: GSA Goethe LVI 19; Bl. 139—142.
Zwei Foliobgg., weißes vergilbtes Papier, gerippt; Wz. JRW verschlungen
in Wappen über GCD. Vier Seiten rsp Gtz. Zählung *56—57: 139—142* re-
zent.
D: WA II 8, 357—358 (Erstdruck).

Lesarten
Das Ms. weist äußerst nachlässige Orthographie und Grammatik auf, die
entsprechenden Abweichungen vom Druck sind nicht als Lesarten auf-
genommen, vgl. S. 564.
123₁ *Ziegenkopfs*] *Ziegenkopfes* W   **123**₁₁ *2.*] erg. Gtz²   **123**₁₄ *Ecke*]
Hälfte W   **123**₂₈ *4.*] erg. Gtz²   **123**₃₀ *alsdenn*] *alsdann* W   **123**₃₃
Hinterhauptsbeine] *Hinterhauptbeine* W   **123**₃₃ *Schlafbein*] *Schlafbeine* W.

Erläuterung
Goethe forderte, daß die osteologischen Erhebungen für den Typus
durch Nerven- und Muskel-Beispiele ergänzt werden sollten (vgl.
M 111).
Die Beschreibung von *Muskeln eines Ziegenkopfs* scheint beim
Sezieren an den Schreiber Götze diktiert zu sein. Goethe hat das
nachlässig geschriebene Manuskript nicht korrigiert. Offenbar war
eine Reihe von Untersuchungen geplant (vgl. **123**₉ *das nächste Mal*).
Da die Muskeln im Zusammenhang mit den Bändern betrachtet
werden, könnte sich die Beschreibung aus Goethes anatomischen
Unterweisungen bei Loder Ende 1794/Anfang 1795 ergeben haben.
Vgl. Goethes Bericht über diese Vorlesungen Z 1794, S. 440 und
Wilhelm v. Humboldts Plan einer *Beschreibung des Bocks* Z (Ende
Januar) 1795.

Anmerkungen
123₄ *1. Gleich unter der Haut* ...: die bei den Säugetieren im Kopfbereich
besonders ausgebildete Hautmuskulatur, welche die Haut bewegt und die
mimischen Bewegungen um den Mund und das äußere Ohr ermöglicht.
123₁₁ *2. Unter diesem* ...: der Kieferbewegung dienender zweigeteilter
Muskel.
123₁₈ In der Lücke, wo Götze Platz für ein Wort freiließ, das er nicht ver-
standen hatte, sollte wohl „Processus zygomaticus" stehen.
123₂₂ff. Die übrigen beschriebenen Muskeln dienen zur Bewegung und
Fixation des Kopfes und sind wichtig zum Vergleich mit anderen Tieren und
vor allem mit dem Menschen, dessen aufrechte Haltung gerade in diesem
Bereich besondere und abweichende Formen verlangt. Vgl. auch Anmerkung
zu LA I 10, 1₂₁, S. 468.

Illustration 3 : " Critical apparatuses and commentaries "

PART TWO

THERMODYNAMICS AND MECHANICS

LES APPORTS DE MARC SEGUIN À LA NAISSANCE

DE LA THERMODYNAMIQUE

Michel COTTE (article rédigé en 1998)

Dans les quarante premières années du XIXe siècle, l'établissement du principe d'équivalence entre la chaleur et le travail mécanique, futur premier principe de la thermodynamique, bute sur de nombreuses difficultés conceptuelles. Malgré la démonstration de Rumford sur la production de chaleur par les frottements dans la célèbre expérience du forage des canons (1798), la grande majorité des physiciens et des chimistes reste acquise à la notion du calorique matériel et conservatif. Cette notion paraît solidement établie après les travaux calorimétriques de Black et de Lavoisier, et les grandes avancées du début du siècle se font sans la nécessité de recourir à l'équivalence : la théorie analytique de la propagation de la chaleur de Joseph Fourier (1822), le théorème de Carnot sur la nécessité de la source froide et le rendement des machines (1824).

D'après l'historiographie classique, il faut attendre les premières grandes estimations de *J*, la valeur de l'équivalent mécanique de la calorie, pour que le concept de transformation s'impose, plus largement le principe de conservation de l'énergie. Les premières références retenues sont les calculs de Mayer sur la dilatation des gaz (1842-1845) et surtout les mesures méticuleuses de Joule, le premier à donner une valeur précise de *J* (1843-1850)[1].

Toutefois, un courant minoritaire d'interprétation mécaniste de la chaleur, plus ou moins consciemment " équivalentiste ", demeure, en particulier dans le milieu des techniciens des machines thermiques. Joseph Montgolfier puis son petit-neveu, Marc Seguin, sont les représentants les plus affirmés de ce courant intellectuel, formant un terrain particulièrement favorable à la naissance du premier principe de la thermodynamique[2].

---

1. R. Locqueneux, *Préhistoire et histoire de la thermodynamique classique*, Paris, 1996, 332
2. P. Redondi, *L'accueil des idées de Sadi Carnot*, Paris, 1980, 239

DE L'INFLUENCE DE JOSEPH MONTGOLFIER À LA LETTRE
SUR L'ÉQUIVALENCE DE 1822

De 1799 à 1803, lors de ses études parisiennes, Marc Seguin fut en contact étroit avec Joseph Montgolfier, alors démonstrateur au Conservatoire des arts et métiers. Il a toujours expliqué que ses idées scientifiques lui venaient de son grand-oncle, en particulier l'équivalence entre la chaleur et le travail mécanique, et plus largement un grand principe général de conservation des forces vives. Les idées de Montgolfier et ses projets technologiques se sont développés en étroite symbiose durant plus de 25 ans, des années 1780 à sa mort en 1810 : l'invention du ballon à air chaud et les recherches sur le " pyrobélier ", la mise au point d'un " bélier hydraulique " (pompe), enfin d'ultimes réflexions sur les moteurs à air. Ce sont pour lui tout autant des preuves de l'équivalence qu'une confirmation de son intérêt technique pour mettre en oeuvre des forces motrices nouvelles[3].

La lettre de Marc Seguin à John Herschel est datée du 12 septembre 1822. Publiée en 1824 par Brewster, elle forme une première manifestation publique de ses conceptions sur la chaleur[4].

" Son principe [à J. Montgolfier] était que la force vive ne pouvait être ni créée ni annihilée, que par conséquent la quantité de mouvement sur la Terre avait une existence réelle et finie "[5].

Quatre exemples poursuivent l'article, relatant des cas de mouvements produits par des situations expérimentales très différentes. L'un porte sur la machine à vapeur où, pour Seguin, il y a disparition de calorique dans la production du travail mécanique ; c'est pour lui une évidence du fonctionnement des machines : [...] *we should find after the effect, only the quantity of motion, or the caloric, which has not been employed in producing the useful effect*[6].

Les mouvements moléculaires s'imposent comme théorie explicative.

" [Dans la machine à vapeur], nous supposons qu'un mouvement moléculaire [a] été changé en un mouvement rectiligne ou de translation [...] "[7].

Nous avons également découvert plusieurs manuscrits contemporains ou un peu postérieurs, de la même veine, éclairant les conceptions de Seguin, sa définition dynamique de la chaleur en particulier[8]. Il s'agit d'une manière mécaniste d'aborder la notion de chaleur, considérée comme l'ensemble des mouvements qui animent en permanence les " molécules " de la matière. C'est

3. C.C. Gillispie, *The Montgolfier Brothers...*, Princeton, 1983, 210

4. Seguin Aîné, " Observations on the effect of heat and motion ", *Edinburgh Philosophical Journal*, X, 20, April 1824, 280-283, lettre du 12 septembre 1822.

5. Fonds particulier, copie ms. en français, de la lettre de Seguin à Herschel (1822).

6. Seguin Aîné, *op. cit.*

7. Seguin Aîné, lettre citée, version française.

8. Fonds particulier, " Les forces définies ", septembre - octobre 1822, brouillon ms., 8

une propriété générale des corps, capable de se transmettre, de se perdre ou de se gagner, d'expliquer les dilatations, les changements d'états. Seguin est un partisan résolu des approches newtoniennes étendues à tous les domaines, jusqu'à l'infiniment petit. Cela implique pour lui un état dynamique externe et interne permanent des " molécules ", semblable aux mouvements planétaires, et basé sur l'attraction universelle. Ces " quantités de mouvements " microscopiques doivent pouvoir expliquer, outre la chaleur, les autres grandes propriétés physiques de la matière. Á partir des années 1840-1850, Seguin reprendra et développera longuement ces thèmes, mais sans grand écho.

LES CONCEPTIONS THERMIQUES DE L'INGÉNIEUR CIVIL
ET LA SYNTHÈSE DE 1839

Toutefois, cette période de travail intellectuel abstrait se présente déjà comme une parenthèse au milieu des tâches industrielles envahissantes de l'entreprise familiale *Seguin et Cie* : industrie drapière, ponts suspendus... De 1825 à 1835, plusieurs grandes initiatives industrielles l'engagent dans une compagnie de halage à la vapeur sur le Rhône, puis la construction du chemin de fer de Lyon à Saint-Étienne. Á cette occasion, Marc et ses frères se lancent dans d'importantes initiatives techniques touchant à la machine à vapeur : usage des hautes pressions pour remonter un fleuve difficile, mise au point de la chaudière tubulaire, construction de machines locomotives...[9].

De l'influence des chemins de fer et de l'art de les tracer et de les construire[10] est considéré, à juste titre, comme l'oeuvre écrite majeure de Marc Seguin. C'est un ouvrage assez volumineux qui retrace son expérience de constructeur du chemin de fer de Saint-Étienne à Lyon. Il le publie en 1839, à l'issue d'une longue et intense période de travail d'ingénieur et d'industriel. Il éprouve le besoin de faire un bilan de son expérience de pionnier des chemins de fer, également de renouer avec les idées scientifiques de sa jeunesse.

La rencontre entre les anciennes conceptions théoriques et l'expérience du praticien s'effectue précisément là, donnant deux chapitres de réflexion sur les moteurs. La question de l'avancée scientifique comme condition du progrès technique se pose, dans le livre de 1839, une fois passé le feu de l'action créatrice. C'est comme si pour aller plus loin on ne pouvait négliger plus longtemps de rechercher le lien entre les idées théoriques et les développements pratiques. Toutefois, l'expérience demeure pour Seguin la pierre angulaire de la compréhension des phénomènes scientifiques observés dans la machine. La résurgence des idées anciennes sur l'équivalence et les forces vives est venue des observations du technicien, des questions laissées en suspens par la pratique. Elles doivent pouvoir servir à renouveler le calcul des machines.

9. M. Cotte, *Le fonds d'archives Seguin...*, Privas, A. d. Ardèche, 1997, 192

10. Seguin Aîné, *De l'influence...*, Paris, 1839, 2° éd. Lyon 1887, 342

" J'ai apporté […] une attention toute particulière à étudier le mode d'action de la vapeur dans les diverses machines qu'emploie l'industrie, et à rechercher la quantité de force motrice qu'elles peuvent produire. L'examen de cette question m'a naturellement amené à exposer, sur la génération de la force, quelques idées que je tiens de M. Montgolfier. […] [Il] pensait que le calorique et le mouvement ne sont que la manifestation d'un seul et même phénomène, dont la cause première reste entièrement cachée à nos yeux. J'ai donc considéré le mouvement dans ses rapports avec la quantité de chaleur qui est employée à le produire, en faisant abstraction des corps qui servent d'intermédiaire à cette transformation "[11].

La présence conjointe de recherches technologiques et de revendications conceptuelles est volontiers soulignée par Seguin lui-même ; mais il s'agit toujours de textes postérieurs aux grandes innovations. Dans ce cadre, les principales difficultés à résoudre furent d'ordre technique, fort éloignées des principes scientifiques abstraits. Les idées de Seguin sur l'équivalence ne semblent jouer aucun rôle direct dans la conception de ses machines thermiques. Toutefois, l'usage de méthodes scientifiques par l'ingénieur civil constitue un facteur nouveau, mais pas encore déterminant, de l'innovation technique : les programmes d'expériences, le calcul systématique, le dessin géométrique...[12].

Dans un second temps, les difficultés techniques posent des questions de type scientifique, comme pour prévoir la puissance des moteurs et l'améliorer. Ces questions issues de la pratique technique stimulent puissamment la réflexion scientifique, en lui fournissant des arguments et un terrain de validation. L'objet technique joue alors le rôle d'un support démonstratif pour établir une vérité scientifique d'ordre plus général. Des hypothèses sont alors indispensables, comme pour Carnot en 1824. De son côté, Seguin pose, certainement le premier, l'équivalence chaleur-travail en principe fondamental du calcul des machines thermiques. En retour, le livre de 1839 lui permet d'apprécier les lignes de développement suivies, et de réfléchir au pourquoi des points faibles ; la science fonctionne alors comme un outil de compréhension. L'avancée scientifique permet une nouvelle représentation du projet, elle le rationalise et le justifie, avant que de contribuer à son approfondissement.

Enfin, cette réflexion technico-scientifique indique de nouveaux axes pour la recherche, comme une relecture du moteur à air (1839), ou l'enveloppe de vapeur chaude au cylindre (1855) ; elle suggère l'utilisation du fluide caloporteur en cycle fermé, une forte surchauffe de la vapeur, comme dans la tardive " machine pulmonaire ", longuement expérimentée mais qui ne déboucha cependant sur aucune innovation directe (1852-1858).

11. Seguin Aîné, " Introduction ", De l'influence..., op. cit., XVI-XVII.
12. M. Cotte, Innovation et transfert de technologies, le cas des entreprises de Marc Seguin, Lille, 1998, 1148.

L'ESTIMATION DE *J* PAR SEGUIN (1839 ET 1847)

Dans son essai de synthèse de 1839, Seguin tente d'évaluer le travail produit par la vapeur au cylindre, en se basant sur son idée ancienne d'équivalence. Il indique l'existence probable d'un rapport fixe entre la chaleur consommée et le travail produit, indépendant du fluide utilisé. Il souligne l'importance de la notion d'écart de température entre la source chaude (la chaudière) et la source froide (le condenseur ou l'air extérieur)[13].

" [...] une certaine quantité de calorique disparaît dans l'acte même de la production de force ou puissance mécanique, et réciproquement ; et que les deux phénomènes sont liés entre eux par des conditions qui leur assignent des relations invariables. [...] "

" Je crois aussi avoir remarqué qu'il existe une sorte de rapport entre la quantité de chaleur nécessaire pour faire passer de l'un à l'autre de ces deux états, et la quantité de force produite. Ceci reviendrait à dire que la vapeur n'est que l'intermédiaire du calorique pour produire la force, et qu'il doit exister entre le mouvement et le calorique un rapport direct, indépendant de l'intermédiaire de vapeur ou de tout autre agent que l'on pourrait y substituer "[14].

Il exprime une relation d'équivalence en posant que le travail mécanique produit est proportionnel à la différence de température au cours de la détente motrice : $W = k.\Delta\theta$.

Il s'agit d'un point de départ, à propos d'une transformation diterme de la vapeur, qui ouvre la possibilité de remonter à une estimation numérique de l'équivalence. Il faut pour cela repérer l'état initial et l'état final, puis fixer des hypothèses sur la nature de la transformation.

Un programme de recherche de l'équivalent s'esquisse, par l'étude d'un bilan thermique et mécanique de la machine à vapeur aux difficultés pratiques importantes[15]. Il se rabat sur une expérience de pensée pour atteindre rapidement son but de prévision des travaux au cylindre, entre plusieurs états successifs de températures arbitrairement séparés de 20° C (tableau 1). La détente, supposée adiabatique et réversible, suivrait la courbe de rosée (vapeur saturante), qui exprime la température d'ébullition de l'eau en fonction de la pression de la chaudière. Ce sont des valeurs alors assez bien connues. Ensuite, Seguin applique à la vapeur d'eau les lois connues de la dilatation des gaz, en particulier le coefficient de Gay-Lussac. Enfin, à l'aide d'une série géométrique un peu confuse, il exprime une pression moyenne durant chaque transformation. Il vient un travail : $W = P_{moyenne} \times \Delta V_{détente}$.

---

13. Cela pose la question de l'influence de Carnot, voir P. Redondi, *L'accueil des idées de Sadi Carnot, op. cit.*

14. Seguin Aîné, *De l'influence..., op. cit.*, 1839, 380-381.

15. En 1854, G.A. Hirn réalisera une mesure de *J* par cette méthode.

Il ressort des calculs une décroissance du travail mécanique qu'il remarque et qui l'empêche sans doute d'aller plus loin dans sa réflexion.

TABLEAU 1 : LE TABLEAU DE SEGUIN PUBLIÉ EN 1839[16]

PRESSIONS en kilogrammes.	TEMPÉRATURES réelles.	EFFET produit en kilogrammes élevés a 1 mètre.	DIFFÉRENCES.	TEMPÉRATURES correspondantes à l'effet produit.	DIFFÉRENCES.
0,48	80°	7270		20°	
			657		1,80
1	100	6613		18,20	
			443		1,23
2	120	6170		16,97	
			390		1,07
3,61	140	5780		15,90	
			340		0,66
6,15	160	5540		15,24	
9,93	180				

Ce tableau a été présenté par Seguin lui-même, en 1847, comme la preuve de sa connaissance de l'équivalent, dès 1839[17]. Dans cette perspective, il est cependant assez délicat à comprendre car il ne présente pas de valeur explicite de l'équivalent J, alors que l'intérêt des deux dernières colonnes reste obscur.

16. Seguin Aîné, *De l'influence...*, *op. cit.*, 1839, 389.
17. Seguin Aîné, "Note à l'appui de l'opinion émise par M. Joule...", *Comptes rendus de l'Académie des sciences*, XXV, 1847, 420-422.

Toutefois, et comme lui-même l'a calculé en 1847, il est possible d'en déduire des valeurs d'équivalence aux différentes zones de températures choisies ; plus précisément d'estimer le travail produit par la détente d'un gramme de vapeur chutant d'un degré C. Le piston de Seguin contient 1 m^3 de vapeur d'eau à 1 atmosphère, soit 588 g. Cela donne des valeurs décroissantes, de moyenne 532 g.m (tableau 2)[18].

Il se livre ensuite à des critiques assez intéressantes sur ses résultats. La première concerne la thermométrie, dont Pierre Costabel a souligné la pertinence[19]. Par ailleurs, d'après ses observations de technicien, l'admission d'un gaz au cylindre ne se fait pas à pression et à température constante, comme il est généralement admis. Il l'interprète par la seule dilatation du gaz qui, par l'équivalence, entraîne une consommation supplémentaire de chaleur. Un terme correcteur du travail utile en découle, que le coefficient de Gay-Lussac permet d'exprimer :

$$W_{corr} = W - 0,075 \ P_m. \ \Delta V = 0,925 \ W, \ ou^{20} \ h = W/W_{corr} = 1,08.$$

Cela ramène à une valeur moyenne corrigée de 492 g.m par g de vapeur et par degré C.

Allant au-delà, Seguin propose un nouveau coefficient : h = 1,19, sensiblement plus élevé, à la suite de considérations sur la vaporisation de l'eau que l'on peut assimiler à la prise en considération de la chaleur spécifique de la vapeur. Cela conduit Seguin à revendiquer explicitement, en 1847, une valeur moyenne de J égale à 450 g.m/cal, pour la transformation de la chaleur en travail.

TABLEAU 2 : DU TABLEAU DE 1839 À CELUI DE 1847

Températures (°C)	J_{vapeur} (1839) en g.m (travail de 1 g de vap. sur 1°C)	$J_{corr} = 0,925 \ J_{vap}$ en g.m (correction implicite de 1839)	J (1847) en g.m/cal	rapport de correction : h = J_{vap}/J_{47}
80-100°	618	572	529	1,17
100-120°	562	520	472	1,19
120-140°	525	486	440	1,19
140-160°	491	454	412	1,19
160-180°	462	427	395	1,19
Moyenne	532	492	450	

18. Ce n'est pas explicitement J, car il faudrait tenir compte de la chaleur spécifique de la vapeur.

19. P. Costabel, " La corrélation des forces physiques […] et la réclamation de Marc Seguin en 1847 ", *History and Technology*, 6-3, 1988, 227-238.

20. " h " est la notation de P. Costabel, *op. cit.*

CONCLUSION

Marc Seguin apparaît bien comme l'un des fondateurs du principe d'équivalence entre chaleur et travail, qu'il énonce en 1822 à la suite de Montgolfier, et qu'il érige en principe fondamental de calcul des puissances motrices en 1839. Son interprétation microscopique de la chaleur est de type mécaniste, assurant un lien entre la génération de Laplace et celle de Clausius.

En 1839, son intuition physique d'une valeur constante exprimant le rapport d'équivalence J est certaine. Il la recherche, mais sans cependant parvenir à l'exprimer en raison de ses hypothèses : la détente suivant la courbe de rosée ne peut être assimilée à une détente adiabatique. Avec la question de la chaleur spécifique de la vapeur, cela explique les valeurs trop fortes déduites de son tableau et leur décroissance.

La revendication de 1847 apparaît comme dépendante des résultats de Joule, dont elle forme cependant la réciproque pour la transformation de la chaleur en travail. La décroissance des valeurs de J avec la température demeure, liée au fait qu'une détente adiabatique réelle de vapeur saturante conduit à un état final diphasique différant suivant les températures[21].

---

21. M. Cotte, *Innovation et transfert de technologies, le cas des entreprises de Marc Seguin*, *op. cit.*, 1998, 944-947.

CLAUSIUS' FIRST AND SECOND LAWS OF THERMODYNAMICS WITH FOURIER'S INFLUENCE

Eri YAGI and Haruo HAYASHI

INTRODUCTION[1]

Having studied R. Clausius' published papers (1847-1873) and his manuscripts (at the Library of the Deutsches Museum), the following three important results, I, II, and III were found :

I. Clausius treated the first and second laws as a related set of equations, both of which were firstly presented by him in a differential form. This was found out by the analysis of all equations in his 16 memoirs on the mechanical theory of heat[2]. For the above aim, a database, called " On the formation of R. Clausius' entropy ", was published by Yagi (through the financial support from the Japanese Ministry of Education, Science & Culture) in 1989[3].

Clausius presented the first law of the thermodynamics in his first memoir on the mechanical theory of heat in 1850, in the differential form. After that, in his 4th memoir in 1854, Clausius proposed the (pre)second law for the reversible process in the differential form. Then he treated these two laws as a set of equations, namely in his 6th (in 1862, including the irreversible process) and in his 9th (in 1865) memoir. Therefore we would like to evaluate Clausius' presentation of both the first and second laws of thermodynamics. This evaluation makes it easier to understand the fact that Clausius gave his literary expressions for these two laws in the same memoir in 1865 :

---

1. The following abbreviations are used : *FAT*, J. Fourier, *The analytical theory of heat*, New York, 1955, also see ref. 9 ; *JSHS*, *Japanese studies in the history of science*, presently, *Historia Scientiarum* ; *CA*, R. Clausius, *Abhandlungen Ueber die mechanische Waermetheorie*, Braunschweig, 1864, 2 parts ; and *CMT*, R. Clausius, *The mechanical theory of heat*, London, 1867.

2. From *Abhandlungen ueber die Mechanischen Waermetheorie*, 1864, 1867.

3. See also E. Yagi, " Thermodynamics ", in I. Grattan-Guinness (ed.), part 9.5 of the *Companion Encyclopedia of the History and Philosophy of the Mathematical Sciences*, U.K., 1994.

The first law : *Die Energie der Welt ist constant* (The energy of the universe is constant).

The second law : *Die Entropie der Welt strebt einem Maximum zu* (The entropy of the universe tends to a maximum).

II. Clausius' mechanical theory of heat contains Carnot's result (which was based on the material theory of heat), as the first order differential (approximation). Clausius himself considers the heat expended as the second order differential in the infinitesimal Carnot cycle which was used by Clapeyron to show Carnot's theory in 1834[4].

III. Clausius's mathematical method, adopted from Fourier, made it possible to formulate the first law of thermodynamics in the differential expression. Fourier's work on the analytical theory of heat (1822) had the most important influence on Clausius' paper on the propagation of light (1849) and on his first memoir on the mechanical theory of heat (1850). In Clausius' memoir (1850), the difference between the heat-flow quantities, in and out, was calculated for an infinitesimal Carnot cycle, where the first differential was canceled out, and only the second differential remained. From this, Clausius' first law emerged. Fig. 1 explains the structure of Clausius' mathematical method. Fourier's influence on Clausius was also found in his manuscripts through Yagi's search at the Archives in the Library of the Deutsches Museum, Munich. In the next section we will discuss J. Fourier's influence on Clausius in detail.

CLAUSIUS'S THEORY OF LIGHT AND HEAT WITH FOURIER'S INFLUENCE

Clausius succeeded in analytically expressing the first law of thermo-dynamics[5] :

$$(1) \quad dQ = dU + AR\left(\frac{a + t}{v}\right), \quad (1850, \ a + t = T \ 1854)$$

where Q is the quantity of heat, U an arbitrary function of volume v and temperature t of a gas, R and a are constants, and A (Clausius' constant), the equiv-

    4. See figures 2-4 from E. Yagi, "Clausius' mathematical method ", HSPS, 15, 1, Berkeley, 1984, 177-195.

    5. R. Clausius, " Ueber die bewegende Kraft der Waerme und die Gesetze, whelche sich daraus fur die Waermelehre selbst ableiten lassen ", *Ann. d. Phys.*, 79 (1850), 368-397, 500-524, in CA, 1, 16-78 ; " On the moving force of heat and laws of heat which may be deduced therefrom ", *Phil. Mag.*, 2 (1851), 1-21, 102-121 in CMT, 14-69. Another English translation, by W.F. Magie, *Reflection on the motive power of fire by Sadi Carnot*, occurs in Eric Mendoza (ed.), New York, 1960, 117-152. R. Clausius, " Ueber ein veranderte Form des Zweiten Haupt-satzes der mechanischen Waermetheorie ", *Ann. d. Phys.*, 93 (1854), 481-506, in CA, 1, 127-154 ; " On a modified form of the second fundamental theorem in the mechanical theory of heat ", *Phil. Mag.*, 12 (1856), 81-98, in CMT, 111-135. Clausius, " Ueber verschiedene fur Anwendung bequeme Formen der Hauptgleichungen der mechaniche Waermetheorie ", *Ann. d. Phys.*, 125 (1865), 353-400, in CA, 2, 1-44 ; " Ninth memoir, on several convenient forms of the fundamental equations of the mechanical theory of heat ", CMT, 327-365.

alent of heat for unit work. Here dQ is a non-complete differential. The above expression (1) was reduced by Clausius from the following equation :

(2) $\dfrac{d}{dt}\dfrac{dQ}{dv} - \dfrac{d}{dv}\dfrac{dQ}{dt} = \dfrac{AR}{v}$.

Equation (2) was obtained by taking the following ratio in an infinitesimal Carnot cycle[6] :

Heat expended / Work produced = A.

The heat expended was calculated by the use of the difference between two heat quantities $dQ - d'Q$. Through his calculation, the first order differential was canceled out while the second order differential was correctly recognized by Clausius. Fig. 1 shows the structure. What is the origin of this method ? At what point did he begin this method ? What kinds of physical phenomena were involved in this method ? Concerning these questions, Yagi has investigated Clausius' earlier work on the propagation of sunlight in the atmosphere (1847[7] and 1849[8]). In Clausius's paper of 1849, he began to apply the above method, namely, using the second order differential with no first order. Here he calculated the difference between two light quantities, say $dL - d'L$. See Fig. 2 (right side).

We found a similar calculation in Joseph Fourier's work on the analytical theory of heat, *Théorie analytique de la chaleur* (1822)[9]. This part, however, was not directly referred to by Clausius himself. He only referred to Fourier's method for solving the equation. We shall explain these two calculations by Clausius and Fourier in detail. (It is also interesting and important to note that in the Library of the Deutsches Museum in Munich there exists a manuscript by Clausius called *Aus Waermetheorie von Fourier*, dated 1848)[10].

Clausius calculated the total energy of light (which was called Leuchtkraft by him at that time) given to the volume element dxdyds , namely the surface element $MNM'N'$, $dxdy$ and the line element ds of the path[11]. The brightness

6. E. Yagi, " Clausius's mathematical method and the mechanical theory of heat ", HSPS, 15, 1 (1984), 177-195.

7. R. Clausius, " Ueber die Lichtzerstreuung in die Atmosphaere und uber die Intensitaet des durch die Atmosphaere reflectirten Sonnenlichts ", Ann. d. Phys., 72 (1847), 294-314.

8. R. Clausius, " Ueber die Natur derjenigen Bestandtheile der Erdatomosphaere, durch welche die Lichtreflexion in derselben bewirkt wird ", Ann. d. Phys., 76 (1849), 161-188.

9. J. Fourier, " Théorie analytique de la chaleur " (Paris, 1822), Oeuvres de Fourier, Paris, 1887, 1, 1-563, 2 parts. The German translation, by B. Weinstein, appeared as Analytische Theorie der Waerme von M. Fourier, Berlin, 1884. The first English translation by A. Freeman appeared in 1878, republished by Dover as The analytical theory of heat, New York, 1955. Such mathematical symbols as partials were not changed in this English translation since the translator faithfully followed the French original. On the contrary, the Oeuvres and the German translation adopted modern expressions. About Fourier's work with historical backgrounds, see I. Grattan-Guinness, Convolution in French Mathematics, 1800-1840, Basel, 1990, 3 vols. Prof. Grattan-Guinness kindly suggested the method to be " Eulerian " (in 1995).

10. R. Clausius, Aus Waermetheorie von Fourier (1848), Manuscript Number (HS) 6452.

11. R. Clausius, " Lichtreflexion ", (rn. 4), 174.

around the earth was indicated by v, which was assumed to be a linear function of x and y (e.g. $v = a\text{-}x$ and $v = b\text{-}y$ where a and b are constants). The increase in the energy of light in the above volume element was written as $(dv/ds)dxdyds$ or $dvdxdy$ by Clausius. On the other hand, he regarded this increase to be the amount arrived at by subtracting the energy (Kraft) of light caused by reflection from the energy of light due to scattering. The first term was given as

(3) $hvdxdyds$,

where h is the coefficient of reflection. The second term was indicated as

(4) $k\left(\dfrac{d^2v}{dx^2}\right)dxdyds + k\left(\dfrac{d^2v}{dy^2}\right)dxdyds$

where k is the coefficient of scattering. Thus the following equation (5) was introduced by Clausius in his paper of 1849 :

(5) $\left(\dfrac{dv}{ds}\right)dxdyds = -hvdxdyds + k\left(\dfrac{d^2v}{dx^2} + \dfrac{d^2v}{dy^2}\right)dxdyds$

which became his first differential equation with the second order, namely[12],

(6) $\left(\dfrac{dv}{ds}\right) - k\left(\dfrac{d^2v}{dx^2} + \dfrac{d^2v}{dy^2}\right) + hv = 0$

Here Clausius put :

(7) $v = u\exp(-hs)$

then obtained :

(8) $\dfrac{du}{ds} - k\left(\dfrac{d^2u}{dx^2} + \dfrac{d^2u}{dy^2}\right) = 0$

The calculation of the second term in (8) contained the origin of his important method which was later applied to calculate the heat expended $dQ - d'Q$ in the case of an infinitesimal Carnot cycle (1850)[13]. Through this calculation Clausius succeeded in using only the second order differential having canceled out the first order. This method was necessary for Clausius, who considered the work expended as the second order differential in the infinitesimal Carnot cycle.

Firstly, Clausius assumed the energy-flow through the line MM' $(= dy)$ and the path of ds, $kdyds$. Then [according to Clausius $v = a\text{-}x$, $(dv/dx) = -1$ or $1 = -(dv/dx)$] this was written as :

(9) $-k\left(\dfrac{dv}{dx}\right)dyds$

Secondly, he obtained the energy-flow through the opposite line NN' and the path of ds :

(10) $-k\left(\dfrac{dv}{dx} + \left(\dfrac{d^2v}{dx^2}\right)dx\right)dyds$

12. R. Clausius, " Lichtreflexion ", (rn. 4), op. cit., 175.

13. R. Clausius, " Ueber die bewegende Kraft der Waerme und die Gesetze, welche sich daraus fur die Waermelehre selbst ableiten lassen ", Ann. d. Phys., 79 (1850), 368-397, 500-524, in CA, 1, 16-78, in CMT, 14-69.

Finally, taking the difference between these two light-flows, he obtained the following energy which remained within the volume element $dxdyds$[14].

(11) $k\left(\dfrac{d^2v}{dx^2}\right)dxdyds.$

This leaves only the second order differential with no first order. This is similar to the case of the difference taken between the two heat-flows $dQ - d'Q$ (1850).

By the use of Fig. 2 we shall explain two similar methods by Fourier and Clausius. As mentioned above, Clausius' method for calculating light-flow (1849) is summarized by the use of the right side, Fig. 2, where v is the brightness of light.

A similar method of calculation can be found in Arts. 127 and 142 of Fourier's work (1822)[15]. See the left side of Fig. 2, where Fourier calculated heat-flow in a unit time, where v is the temperature. Equation (12) is the heat-flow through the line mn along the x-axis and dz :

(12) $dH = -Kdydz\left(\dfrac{dv}{dx}\right)$

Equation (13) is the flow through the line $n'm'$ along the x-axis and dz :

(13) $d'H = -Kdydz\left(\dfrac{dv}{dx}\right) - Kdydzd\left(\dfrac{dv}{dx}\right)$

or :

$d'H = dH - Kdxdydz\left(\dfrac{d^2v}{dx^2}\right).$

Taking the difference of these two equations for dH and $d'H$, the following equation (14) is obtained by Fourier :

(14) $dH - d'H = Kdxdydz\left(\dfrac{d^2v}{dx^2}\right)$

which shows that the heat-flow (along the x-axis) remained in the volume element $dxdydz$. (As to Fourier and Clausius, we have mentioned and emphasized the similarity in their approach, but there are certain differences between them : The first one being the treatment of the time variable, e.g., Clausius used a unit of time instead of dt. The time became a kind of hidden variable during the development of thermodynamics. The second difference is Clausius' use of ds instead of dz, and a small k instead of a capital K).

Besides the above similarity in the two-dimensional presentation, Clausius paid great attention to Fourier's earlier Art. 104[16]. His strong interest in this article can be seen from his own drawing in his manuscript *Aus Waermetheorie*

14. R. Clausius, " Lichtreflexion ", (rn. 4), 175.

15. J. Fourier, *FAT*, 101-102, 112-114.

16. *Idem.*, 86-87.

von Fourier[17]. Here the second order differential was first introduced to a linear case of heat conduction. Fourier considered the movement of heat in an infinitesimal slice, enclosed between two sections with distances x and $x + dx$. According to Fourier, the quantity of heat, which flows across the first section during the time dt, was expressed according to his principle :

$$(15) \quad -KS\left(\frac{dv}{dx}\right)dt$$

where K is the conductivity, S the area of the section along the x-axis, v the temperature at distance x, and $-(dv/dx)$ the ratio. The quantity of heat, which escapes from the same area S across the second section, was expressed by him as follows :

$$(16) \quad -KS\left(\frac{dv}{dx}\right)dt - KS\left(\frac{d^2v}{dx^2}\right)dxdt.$$

Thus Fourier obtained the quantity of heat acquired in the infinitesimal slice by taking the difference between the two preceding quantities[18] :

$$(17) \quad KS\left(\frac{d^2v}{dx^2}\right)dxdt.$$

There exists a common mathematical method used by Clausius which had much to do with the above mentioned physical phenomena, namely stationary flows with only gradual linear changes, seen in such various fields of physics as light (1849), heat (1850), and electricity (1852)[19]. Here Clausius commonly used the second order differential with no first order.

Having studied Fourier's influence on Clausius, we found that the first term *-hvdxdyds* in the right hand side of equation (5) can also be considered to have been influenced by Fourier. Fourier himself expressed the quantity of heat in Art. 129 (which crosses the rectangle *dzdy*, and escapes into the air during the time *dt*) by *hvdydzdt*[20]. So the most important influence that Fourier had on Clausius was really the former's approach to the theory of heat, which contained useful mathematical (analytical) expressions of heat quantities (flows). Fourier had planned to establish the theory of heat as one of the most important branches of physics by the use of mathematics and mechanics. He presented Newton's principle of transmission of heat by the use of the differential equations[21].

On the basis of observations, Fourier proposed " three specific quantities ", viz. the thermal capacity of heat (for a solid substance), its internal conductiv-

---

17. R. Clausius, " Aus Waermetheorie ", (rn. 6), 15.

18. J. Fourier, *FAT*, 87.

19. R. Clausius, " Ueber die bei einem stationaeren elektrischen Strome in dem Leiter gethane Arbeit und erzeugte Waerme ", *Ann. d. Phys.*, 87 (1852), 415-426.

20. J. Fourier, *FAT*, 103.

21. J. Herivel, *Joseph Fourier, the man the physicist*, Oxford, 1975. Here Herivel discussed Fourier's general influence in comparison with Newton. Herivel did not refer to Clausius at all.

ity, and its external conductivity, to distinguish the study of heat from other branches of physics[22]. In connection with these, three important constants of physics were introduced by him : the capital C is the coefficient to show how much heat is required to raise a unit of weight from 0 temperature to 1, K the coefficient of internal conductivity, and h the coefficient of external conductivity. Fourier's following equation in Art. 105 contains the previous three specific quantities with these three constants[23] :

$$(18) \quad \frac{dv}{dt} = \left(\frac{K}{CD}\right)\left(\frac{d^2v}{dx^2}\right) - \left(\frac{hl}{CDS}\right)v$$

or

$$(19) \quad CD\left(\frac{dv}{dt}\right)Sdx = -hvldx + K\left(\frac{d^2v}{dx^2}\right)Sdx$$

where S (the internal surface) is the area of the section along the x-axis, ldx the external surface, v the temperature, and D the density of the substance.

The above equation (19) is very similar to Clausius's equation (5). The difference is that Clausius took a unit in place of C, D and the time dt respectively. These two are a sort of balancing equation of energy-flow (Kraft) of an open system, namely, " conservation of energy " of the system : in the form of heat-quantity by Fourier, and of light-quantity by Clausius[24].

This influence of Fourier on Clausius looks quite essential.

Acknowledgements

Yagi acknowledges the following people for their understanding and useful suggestions ; Dr. John Heilbron, the Editor of HSPS, Professor Emeritus, University of California (1979-85), Prof. Jed Buchwald (Dibner, U.S. 1994), Prof. Ivor Grattan-Guinness (U.K. 1995), and Prof. Helge Kragh (the Chairperson of her presentation at the International Congress of the History of Science, Liege, July, 1997). We are also grateful to the Library of the Deutsches Museum, Dr. Rudolf Heinrich and Dr. Wilhelm Fuetzl for their help and cooperation in allowing Yagi to study Clausius's manuscripts when she visited in 1976, 1996 and 1997. Finally, Yagi appreciates the Special Research Grant from Tokyo University in 1997, and the Grant-in-Aid for Science Research by the Ministry of Education, Science & Culture, Japan (No. C-2 - 9680072) between 1997 and 1998.

22. J. Fourier, FAT, 2.

23. Idem, 87-88.

24. H. Hayashi delivered a talk on Fourier's influence on W. Thomson in connection with the conservation of energy equation at the annual meeting of the History of Science Society, Japan, May, 1997 (to be published in the near future).

Figure 1 : Clausius' heat-flow (designed by E. Yagi)

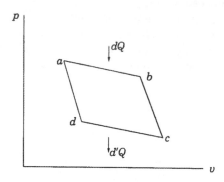

Clausius' heat-flow calculation by the use of the Carnot cycle diagram. The ordinate is pressure, the absissa volume. Clausius did not use Jacobi's expression for partials, $\partial Q/\partial v, \partial Q/\partial t$ although he knew it :

I. $dQ = \dfrac{dQ}{dv}dv$,

II. $d'Q = dQ - \left[\dfrac{d}{dt}\left(\dfrac{dQ}{dv}\right) - \dfrac{d}{dv}\left(\dfrac{dQ}{dt}\right)\right]dvdt$,

III. The difference between the above two quantities shows the heat expended in an infinitesimal Carnot cycle,

$$dQ - d'Q = -\left[\dfrac{d}{dt}\left(\dfrac{dQ}{dv}\right) - \dfrac{d}{dv}\left(\dfrac{dQ}{dt}\right)\right]dvdt .$$

where Q is the quantity of heat, t temperature, and v volume of a gas.

Figure 2 : Similar methods by Fourier and Clausius (by E. Yagi)

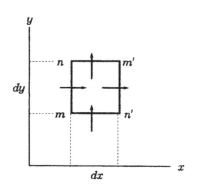 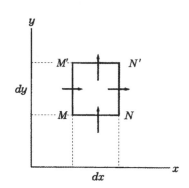

Fourier's calculation (1822)
Heat-flow (in the unit time).
v : Temperature

I. Through the line mn and dz

$$dH = K\frac{dv}{dx}dydz$$

II. through the line $n'm'$ and dz

$$d'H = -K\frac{dv}{dx}dydz - K\frac{d^2v}{dx^2}dxdydz$$

III. Difference between the above two

$$dH - d'H = K\frac{d^2v}{dx^2}dxdydz$$
(within the volume element $dxdydz$)

Clausius' calculation (1849).
Energy-flow of light.
v : Brightness

I. Through the line MM' and ds

$$dL = K\frac{dv}{dx}dyds$$

II. through the line $n'm'$ and ds

$$d'L = -K\frac{dv}{dx}dyds - K\frac{d^2v}{dx^2}dxdyds$$

III. Difference between the above two

$$dL - d'L = K\frac{d^2v}{dx^2}dxdyds$$
(within the volume element $dxdydz$)

Note : I, II, III equations are similar

INCONSISTENCIES IN SCIENTIFIC DISCOVERY. CLAUSIUS' REMARKABLE DERIVATION OF CARNOT'S THEOREM

Joke MEHEUS[1]

INTRODUCTION

Some of the most important discoveries in the sciences are the result of reasoning from inconsistencies. Obvious examples are the old quantum theory of black-body radiation[2], Bohr's theory[3], Clausius' theory of thermodynamics[4], and Einstein's account of Brownian motion[5]. In none of these cases, the fact that one was dealing with an inconsistent theory was seen as a hindrance for sensible reasoning. Even stronger, reasoning from the inconsistencies was seen as *necessary* to arrive at a *satisfactory* replacement of the inconsistent theory. The reason for this is not difficult to understand. In order to restore consistency, some parts of the theory had to be rejected or modified. However, in order for this selection to be rational, it had to be based on *arguments*.

Notwithstanding all this, examples like those mentioned in the previous paragraph are often relied upon to " demonstrate " that scientific discovery is irrational[6]. This conclusion is indeed inescapable if one tries to understand the examples from the point of view of classical logic, henceforth *CL*. As is well known, *CL* allows one to derive *any* sentence from a contradiction. So, if you have, e.g., reasons to believe that heat is conserved as well as reasons to

---

1. Postdoctoral fellow of the Flemish Fund for Scientific Research (Belgium).
2. See, e.g., J. Smith, " Inconsistency and scientific Reasoning ", *Studies in History and Philosophy of Science*, 19 (1988), 429-445.

3. See, e.g., B. Brown, " How to be a realist about inconsistency in science ", *Studies in History and Philosophy of Science*, 21 (1990), 281-294.

4. See, e.g., J. Meheus, " Adaptive logic in scientific discovery : the case of Clausius ", *Logique et Analyse*, 143-144 (1993), 359-391.

5. See, e.g., T. Nickles, " Can Scientific Constraints be violated Rationally ? ", in T. Nickles (ed.), *Scientific Discovery, Logic, and Rationality*, Dordrecht, Reidel, 1980, 285-315.

6. See, e.g., A.I. Miller, " Inconsistent reasoning toward consistent theories ", to be published.

believe that it is not conserved, it follows from this, according to CL, that the moon is made of green cheese. It is clear that, under such circumstances, all sensible reasoning stops.

In this paper, I shall analyze a specific example of a derivation from an inconsistent theory, namely Clausius' derivation of Carnot's theorem. This derivation was made from two incompatible approaches to thermodynamic phenomena. On the one hand, there was the theory of Sadi Carnot which stated that the production of work in a heat engine results from the mere transfer of heat from a hot to a cold reservoir. On the other hand, there was the view, especially advocated by James Prescott Joule, that the production of work in a heat engine results from the conversion of heat into work. If both approaches are combined, several contradictions follow, e.g., that the production of work results from the mere transfer of heat and that it results from the conversion of heat[7].

Against the background of this inconsistent set of findings, Clausius designed two different proofs for Carnot's theorem. The interesting thing is that both proofs are valid from the point of view of *CL*, and moreover are very similar to each other (both are based on *Reductio ad Absurdum*). Nevertheless, Clausius considered only one of them as a valid derivation of Carnot's theorem. I shall show that this particular stage in Clausius' reasoning process appears to be irrational if one identifies rationality with *classical* logic, but that, from the point of view of inconsistency-adaptive logics (a special kind of recently developed paraconsistent logics[8]), it comes out perfectly normal and rational.

Evidently, I do not claim that Clausius was aware of the kind of logic he was applying. I do claim, however, that Clausius had some very good logical intuitions with regard to reasoning from inconsistent theories, and that inconsistency-adaptive logics capture these intuitions.

I shall proceed as follows. In section 2, I present Carnot's proof of his theorem. Next, I discuss the two ways in which Clausius adapted Carnot's proof (sections 3 and 4) and address the question why he treated similar proofs in a different way (section 5). In section 6, I examine which logic can account for Clausius' reasoning. I end with some conclusions and open problems (section 7).

---

7. In Meheus, *op. cit.* (*cf.* note 4), I argue that resolving the contradictions involved was far from evident. It was only through a series of derivations that Clausius was able to decide which findings had to be rejected or modified.

8. It is typical for paraconsistent logics that they enable one to reason sensibly from an inconsistent theory (*ex falso quodlibet* is not valid in them).

CARNOT'S PROOF

One of the central results of Carnot's theory is the theorem that no engine is more efficient than a reversible engine, henceforth " Carnot's theorem ". By a reversible engine, Carnot means an engine that (i) in the normal direction, produces work and transfers heat from a hot to a cold reservoir, (ii) in the reversed direction, consumes work and transfers heat from a cold to a hot reservoir, and (iii) functions in such a way that both directions annul each other (if the same amount of heat is transferred, the amount of work produced in the normal direction equals the amount of work consumed in the reversed direction).

Carnot's proof of his theorem follows a very common pattern. In order to prove that no engine is more efficient than a reversible engine, he *supposes* that the contrary holds true, namely that there is an engine that is more efficient than a reversible engine. Next, he shows that this hypothesis leads to a contradiction. Finally, he rejects the hypothesis on the basis of this contradiction — or, which, comes to the same, affirms its negation.

This inference has the form of a typical *Reductio ad Absurdum* argument which can be represented schematically as follows :

$$
\begin{array}{lll}
\cdots \quad \cdots & \cdots & \\
i \quad\ \ \big| A & \text{Hypothesis} & \\
\cdots \quad\ \ \big| \cdots & \cdots & \\
i+j \ \big| B & \cdots & \\
\cdots \quad\ \ \big| \cdots & \cdots & \\
i+k \ \big| \textit{not-B} & \cdots & \\
\cdots \quad\ \ \textit{not-A} & \text{from } i,\ i{+}j,\ i{+}k \text{ by } \textit{Reductio ad Absurdum} &
\end{array}
$$

The vertical line indicates a *subproof* — that part of a proof where consequences are derived from a hypothesis.

The idea behind this inference pattern is not difficult to understand. Trying to prove a certain statement of the form *not-A*, one supposes that its negation *A* holds true. Next, one shows that, in view of the premises, the hypothesis *A* leads to a contradiction (a statement *B* that is true together with its negation *not-B*). From this, one concludes that *A* cannot possibly be true (if it were, an " absurdity " would follow), or, in other words, that *not-A* must be true.

In view of later sections, we have to look at Carnot's proof in some detail[9]. In order to make the proof as transparent as possible, I shall use the term " super efficient engine " to refer to a heat engine that, with a given amount of

---

9. Carnot's proof is presented in his *Réflexions sur la Puissance Motrice du Feu et sur les Machines propres à développer cette Puissance*, Paris, 1824, 20-21.

heat, produces *more* work than a reversible engine ; " reversible engine " is used as defined above (see the first paragraph of this section).

I first list the premises for further reference. Where necessary, I make some comments. The first premise is one of the central principles in Carnot's theory :

P1 :   the production of work by a heat engine results from the *mere* transfer of heat from a hot to a cold reservoir.

According to this principle, heat engines produce work by absorbing an amount of heat from a hot reservoir and delivering this *in its entirety* to a cold reservoir (no heat is consumed).

The next premise is based on the idea to combine a reversible engine and a super efficient engine as shown in figure 1, where S refers to super efficient engine, R to a reversible engine, and where Q and W stand, respectively, for an amount of heat and an amount of work. Given these conventions, the second premise can be formulated as follows :

FIGURE 1

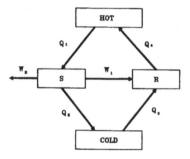

P2 :   it is possible to operate a reversible engine and a super efficient engine in such a way that (i) the super efficient engine absorbs Q_1 from the hot reservoir, delivers Q_2 at the cold reservoir and produces W_1+W_2, (ii) the reversible engine consumes W_1, absorbs Q_3 from the cold reservoir and delivers Q_4 at the hot reservoir, and (iii) $Q_2 = Q_3$.

Some explanation may be needed here. It is typical for a reversible engine that the amount of work produced in the normal direction equals the amount of work consumed in the reversed direction (see the definition). So, if it holds true that, with a given amount of heat, a super efficient produces *more* work than a reversible engine, it also holds true that, under the same conditions, the former produces more work than the latter needs to extract an equivalent amount of heat from a cold reservoir. Hence, a *portion* of the work produced by a super efficient engine suffices to operate a reversible engine in such a way that all the heat delivered at the cold reservoir is again extracted from it.

Note that, in accordance with P1, $Q_1 = Q_2$, and $Q_3 = Q_4$ (see figure 1). Note also that P2 does not require that reversible engines or super efficient engines exist. It merely states that, if they exist, they can be arranged in the way described.

The third premise concerns the existence of reversible engines[10] :

P3 : there are reversible engines

The last two premises deal with the notion of a perpetual motion machine, as applied to the domain of heat engines :

P4 : a heat engine is a perpetual motion machine if and only if it produces work without the expenditure of heat or any other change to itself or to its surroundings

P5 : it is not possible to construct a perpetual motion machine

Given all this, Carnot's proof can be represented as follows :

(1)-(5)	P1-P5	Premises
(6)	there are super efficient engines	Hypothesis
(7)	it is possible to operate a reversible engine and a super efficient engine in such a way that work is produced without the expenditure of heat or any other change to the engines or to their surroundings	from P1 and P2
(8)	it is possible to construct a heat engine that produces work without the expenditure of heat or any other change to itself or its surroundings	from P3, (6), (7)
(9)	it is possible to construct a perpetual motion machine	from P4, (8)
(10)	it is not possible to construct a perpetual motion machine	from P5
(11)	there are no super efficient engines	from (6), (9), (10)

This proof strictly follows Carnot's reasoning[11]. The only difference between the proof presented here and Carnot's is that some of the implicit steps are spelled out — e.g., the definition of a perpetual motion machine —

10. Carnot did not accept that it is in practice possible to construct a reversible engine. However, he stipulated its existence as a theoretical entity.

11. See S. Carnot, *op. cit.* (*cf.* note 9), 20-21.

and that the steps are ordered in such a way as to make the logical structure of the proof as clear as possible[12].

(1)-(5) constitute the premises of the proof ; the subproof starts at (6) and ends at (10). In this subproof, statements are derived from the premises together with the *hypothesis* that there are super efficient engines. Given the definition of a super efficient engine, (6) is equivalent to Carnot's hypothesis that some engine is more efficient than a reversible engine.

(7) follows from P1 and P2. If a super efficient engine and a reversible engine are combined as described in P2 (and as represented schematically in figure 1), there is a net gain of work (namely, W_2). Moreover, P1 guarantees that this combination does neither result in a consumption of heat nor in any other change to the engines or to the reservoirs[13]. (8) follows from (7) together with (6) and P3 : if reversible engines and super efficient engines *exist*, then it is possible to *construct* a system with the properties described in (7).

(9) follows from (8) together with P4 (the definition of a perpetual motion machine), and contradicts P5. Given this contradiction, the negation of (6), in other words (11), follows by means of *Reductio ad Absurdum*. Note that (11) is equivalent to Carnot's formulation of his theorem, namely that no engine is more efficient than a reversible engine.

CLAUSIUS' ORIGINAL PROOF

In a paper of 1863[14], Clausius makes some remarks on the way in which he arrived at a new proof for Carnot's theorem (one that is compatible with the idea that the production of work results from the consumption of heat). According to his own account, he originally designed a proof that was very close to Carnot's. From the point of view of *CL*, this original proof constitutes a valid derivation of Carnot's theorem. Nevertheless, Clausius considered it as invalid. We shall come back to the reasons for this later. First, we should have a look at the proof itself.

One of the main differences with Carnot's proof is that the premises of Clausius' proof include not only the relevant parts of Carnot's theory (P1-P5), but also a central principle from the alternative approach, namely

P6 : whenever work is produced by a heat engine, an equivalent amount of heat is consumed

12. Note that this is not a rational reconstruction in the sense of Lakatos. What I present here is a more explicit version of the actual proof, not a reconstruction of how Carnot should have reasoned.

13. It is easy to see that both reservoirs finally return to their original state : in view of P1 and P2, $Q_1 = Q_2 = Q_3 = Q_4$.

14. See R. Clausius, " *Sur un axiome de la théorie mécanique de la chaleur* " (reprinted and translated in F. Folie (ed.), *Théorie mécanique de la chaleur par R. Clausius*, Paris, 1868, 311-335, 313.

The proof itself can be represented as follows[15] :

(1)-(5)	P1-P5	Premises
(5')	P6	Premises
(6)	there are super efficient engines	Hypothesis
(7)	it is possible to operate a reversible engine and a super efficient engine in such a way that work is produced without the expenditure of heat or any other change to the engines or to their surroundings	
(7')	it is *not* possible to operate a reversible engine and a super efficient engine in such a way that work is produced without the expenditure of heat or any other change to the engines or to their surroundings	from P1, P2
(11)	there are no super efficient engines	from P6 from (6), (7), (7')

The only step that needs some explanation is (7'). According to P6, the production of work by a heat engine is always accompanied by the consumption of an equivalent amount of heat. Hence, whenever a super efficient engine and a reversible engine are arranged in such a way that there is a net gain of work, there is also an expenditure of heat. Put differently, it is not possible to operate a reversible engine and a super efficient engine in such a way that work is produced *without* the expenditure of heat.

(7') clearly contradicts (7). From the point of view of *CL*, (11) follows from (6), (7) and (7') by Reductio ad Absurdum. However, according to Clausius, Carnot's theorem cannot be derived in this way[16]. So, he developed a new argument. Surprisingly enough, also this argument is based on *Reductio ad Absurdum*.

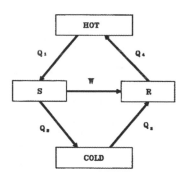

FIGURE 2

CLAUSIUS' FINAL PROOF

According to Clausius' own account, his final proof for Carnot's theorem is only slightly different from his original one. It is indeed remarkable that there are some clear structural similarities. Let us have a closer look at it.

15. This proof follows Clausius' reasoning as described in R. Clausius, (*cf.* note 14), 313.
16. See R. Clausius, *op. cit.* (*cf.* note 14), 313.

Like in his original proof, Clausius starts also here from the hypothesis that there are super efficient engines. The difference is, however, that he considers another arrangement of the two engines. Whereas in the original proof he considered the situation where only part of the work produced by the super efficient engine is used to operate the reversible engine (see figure 1), he now considers the situation where *all* the work produced by the former is consumed by the latter (see figure 2).

Thus, we have :

P7 :   it is possible to operate a reversible engine and a super efficient engine in such a way that (i) the super efficient engine absorbs Q_1 from the hot reservoir, delivers Q_2 at the cold reservoir and produces W, and (ii) the reversible engine consumes W, absorbs Q_3 from the cold reservoir and delivers Q_4 at the hot reservoir

Here is the proof[17] :

(1)-(5)	P1-P5	Premises
(5')	P6	Premise
(5*))	P7	Premise
(6)	there are super efficient engines	Hypothesis
(7*)	it is possible to operate a reversible engine and a super efficient engine in such a way that heat is transferred from a cold to a hot reservoir without the expenditure of work or any other change to the engines or to their surroundings	from P7
(8*)	it is possible to construct an engine that transfers heat from a cold to a hot reservoir without the expenditure of work or any other change to itself or to its surroundings	from (3), (6), (7*)
(9*)	it is not possible to construct an engine that transfers heat from a cold to a hot reservoir without the expenditure of work or any other change to the engines or to their surroundings	Premise
(11)	there are no super efficient engines	from (6), (8*), (9*)

17. This proof follows Clausius' reasoning as described in his " *Ueber die bewegende Kraft der Wärme und die Gesetze, welche sich daraus für die Wärmelehre selbst ableiten lassen* ". Reprinted in M. Planck (ed.), *Ueber die bewegende Kraft der Wärme und die Gesetze, welche sich daraus für die Wärmelehre selbst ableiten lassen*, Leipzig, Verlag von Wilhelm Engelmann, 1898, 1-52.

I briefly explain the steps in the subproof. Given the definition of a super efficient engine, (7*) follows from P7. The definition entails that a super efficient engine, while producing the *same* amount of work as a reversible engine, transfers a *smaller* amount of heat from the hot to the cold reservoir. So, when a reversible engine consumes *all* the work produced by a super efficient engine, it will transfer a *larger* amount of heat (from the cold to the hot reservoir) than the latter transferred (from the hot to the cold reservoir). The net result will be that an amount of heat is transferred from the cold to the hot reservoir (without the expenditure of work or any other change).

(8*) follows from (3), (6), and (7*) : if both reversible engines and super efficient engines exist, then it is possible to *construct* an engine with the properties described in (7*).

(8*) contradicts (9*) which represents a principle that Clausius considered as absolutely central[18]. (11) follows by *Reductio ad Absurdum* from this contradiction together with the hypothesis. This proof was considered by Clausius as a valid derivation of Carnot's theorem.

WHY DID CLAUSIUS TREAT SIMILAR PROOFS DIFFERENTLY ?

As I mentioned before, the proofs presented in sections 3 and 4 are very similar to each other. An important similarity is of course that both are based on *Reductio ad Absurdum*. Moreover, in both cases all steps follow from *accepted* premises (together with the hypothesis) Against the background of Carnot's theory and Joule's view, the statements arrived at in the second proof are " just as true " as those arrived at in the first proof. So, why then did Clausius not accept the original proof ? This is especially surprising as the original proof is very close to Carnot's proof ; both are, e.g., based on the impossibility of a perpetual motion machine.

In order to formulate an answer to this question, we have to point out an important difference between Clausius' two proofs and Carnot's : the premises of Clausius' proofs are *inconsistent* — P1 contradicts P6. From this contradiction, others can be derived — e.g., the contradiction between (7) and (7').

It is important to note that the contradiction between (7) and (7') follows *directly* from the premises (the hypothesis is not needed for it) : (7) follows from P1 and P2 and (7') follows from P6. Precisely this fact is crucial to understand why Clausius rejected the original proof. As the contradiction at issue follows directly from the premises, it provides no information at all about the acceptability of the hypothesis. Hence, it makes no sense to reject the hypothesis on the basis of this particular contradiction.

18. Most probably, Clausius " discovered " this principle while he was trying to find a new proof for Carnot's theorem.

The situation is clearly different for Clausius' final proof. In this case, the hypothesis seems (intuitively) necessary to derive the contradiction between (8*) and (9*)[19]. From the premises alone, so it seems, we cannot infer that it is possible to *construct* an engine that transfers heat from a cold to a hot reservoir without the expenditure of work or any other change. The latter seems to follow *only* when we accept the hypothesis, namely that super efficient engines *exist*. So, here it is indeed the hypothesis that, in view of the premises, leads to a contradiction. Because of this, it makes sense to reject the hypothesis.

WHICH LOGIC CAN ACCOUNT FOR CLAUSIUS' REASONING ?

It should be clear by now that *CL* is inadequate to understand the reasoning process that led to the derivation of Carnot's theorem. We have seen in the previous section that Clausius had good reasons for treating the two proofs in a different way. However, from the point of view of *CL*, both proofs are valid. Hence, rejecting one of them as invalid is unjustified.

That *CL* is inadequate to understand Clausius' derivation of Carnot's theorem should not surprise us. After all, Clausius is reasoning here from an inconsistent set of premises. And, as explained in the introduction, *CL* does not allow one to reason sensibly in the presence of inconsistencies. It is important to note, however, that also most paraconsistent logics are inadequate to make sense of Clausius' reasoning process. The reason for this is that most paraconsistent logics simply invalidate *Reductio ad Absurdum* (as well as several other rules from *CL*). As a consequence, both proofs of Clausius are *invalid*. Hence, accepting one of the proofs as valid is unjustified.

What we seem to need in order to make sense of Clausius' reasoning is a logic that, like a paraconsistent logic, invalidates *Reductio ad Absurdum* in the first proof, but that, like *CL*, validates *Reductio ad Absurdum* in the second proof. In line with what we have seen in the previous section, the reason for invalidating *Reductio ad Absurdum* in the first proof should be that in *this* proof the sentences involved in the application of *Reductio ad Absurdum* behave *inconsistently* with respect to the premises. Similarly, the reason for validating *Reductio ad Absurdum* in the second proof should be that here the sentences involved behave consistently with respect to the premises.

What we need, in other words, is a logic that " oscillates " between a paraconsistent logic and *CL* : whereas in inconsistent neighborhoods it should behave like a paraconsistent logic, in consistent neighborhoods it should behave like *CL*. This is precisely what inconsistency-adaptive logics do : they

---

19. Evidently, as the premises are inconsistent, *CL* allows one to derive also the contradiction between (8*) and (9*) directly from the premises. Intuitively, however, this does not seem justified.

" localize " the inconsistencies involved and " adapt " themselves to these[20]. In practice, this means that some inference rules of *CL* are turned into *conditional* rules : they can be applied *provided* that specific sentences behave consistently[21]. Thus, in an inconsistency-adaptive logic, *Reductio ad Absurdum* comes to the following :

(*) : given a derivation of *B* and *not-B* from the hypothesis *A*, one may conclude to *not-A* provided that *B* behaves consistently with respect to the premises[22].

Note that (*) validates *Reductio ad Absurdum* in Clausius' final proof, but not in his original proof. This is exactly what we need to understand his reasoning.

CONCLUSIONS AND OPEN PROBLEMS

Logic does not have a good reputation among historians of science. In a way, this is understandable. Logic is associated with logical reconstructions in the sense of Lakatos, and the latter are, *justly*, viewed as bad history. There are, however, three important observations to be made.

The first is that Lakatosian reconstructions have absolutely nothing to do with logic in the proper sense of the word. Logic deals with the question how to distinguish, in specific types of situations, between valid and invalid arguments, *not* with the question how to rewrite episodes from the history of science in such a way that they conform to Lakatos' idiosyncratic view on methodology.

The second observation is that the construction and evaluation of arguments is one of the central activities of scientists. Scientists do not simply postulate new theorems, principles or even empirical laws, but, to the contrary, try to *derive* them from the body of accepted knowledge[23]. Explaining the way in which specific arguments are received by the relevant scientific community is

20. It is impossible to explain the technicalities involved within the limits of this paper. For more details on inconsistency-adaptive logics, I refer the reader to D. Batens, " Functioning and teachings of adaptive logics ", in J. van Benthem, F.H. van Eemeren, R. Grootendorst & F. Veltman (eds), *Logic and Argumentation*, Amsterdam, North-Holland, 1996, 241-254 ; D. Batens, " Inconsistency-adaptive logics ", in E. Orlowska (ed.), *Logic at Work. Essays dedicated to the memory of Helena Rasiowa*, Heidelberg, Physica-Verlag, 1999, 445-472 ; J. Meheus, " Rich paraconsistent logics. The three-valued logic AN and the adaptive logic ANA that is based on it ", to be published.

21. Specific inconsistency-adaptive logics differ from each other with respect to which inference rules of *CL* are turned into conditional rules. The inconsistency-adaptive logics described in D. Batens, *op. cit.* (*cf.* note 20) and in J. Meheus, *op. cit.*, (*cf.* note 20) follow two very different strategies here.

22. In some inconsistency-adaptive logics it is also necessary to require that the consistent behavior of *B* is not connected to the consistent behavior of any other sentence see J. Meheus, *op. cit.* (*cf.* fn. 3).

23. See, e.g., T. Nickles, " Truth or Consequences ? Generative Versus Consequential Justification in Science ", *PSA* , vol. 2 (1988), 393-405.

therefore an important problem for historians. Needless to say, one's view on logic plays a central role in these explanations : non-cognitive factors are called for, if (and only if) the judgement made by some historical agent does not coincide with *our* judgement (e.g., because he or she accepted an argument that we consider invalid).

The final observation is that Classical Logic is inadequate to understand most (if not all) arguments constructed in periods of " creative science ". The reason is that, in such periods, the body of accepted knowledge exhibits certain " abnormalities " (e.g., is inconsistent) in view of which Classical Logic does not lead to a sensible distinction between valid and invalid arguments.

Because of all this, it is of prime importance that historians of science have a sound view on logic. If not, they will produce bad explanations of the way in which actual arguments are judged by historical agents (e.g., non-cognitive factors will be invoked where a " rational explanation " is more appropriate). This holds especially for situations were Classical Logic is inadequate.

The example discussed in the present paper forms a nice illustration : an argument that is valid (according to Classical Logic) is considered as invalid. At first sight, this appears to be a clear case of irrational behavior that can only be explained by referring to some non-cognitive factor. We have seen, however, that this explanation is inadequate : the argument at issue was considered as invalid on the basis of *good reasons*. In order to appreciate this, we have to realize that the argument is based on inconsistent premises and that Classical Logic is not suited for this type of situation. We have seen that, unlike Classical Logic, inconsistency-adaptive logics lead to a satisfactory explanation of this specific example.

The present paper suggests a variety of problems for further study. The most obvious one is to study other examples of reasoning from inconsistencies in terms of inconsistency-adaptive logics. But there is more. Inconsistencies are only one kind of " abnormality " that one may be dealing with in creative science. And, as Batens showed, the notion of an adaptive logic can be generalized to other types of abnormalities[24]. It would be interesting to study historical examples in which such abnormalities are involved in terms of logics that are adaptive with respect the abnormalities at issue.

24. See D. Batens, " A survey of adaptive logics ", to be published.

La physique philosophique d'Adolf Fick (1829-1901)

Bernard POURPRIX

Introduction

En 1847 Helmholtz publie son fameux mémoire *Ueber die Erhaltung der Kraft*. Parmi ses tout premiers partisans se trouve Adolf Fick, savant allemand de la seconde moitié du XIXᵉ siècle[1]. L'oeuvre de Fick est une illustration exemplaire de la spécificité allemande dans la période de restructuration de la physique consécutive à la découverte du principe de la conservation de l'énergie. Fick est d'abord connu pour ses recherches en physiologie et en physique, et notamment pour ses recherches sur la diffusion liquide (A). Il donne aussi des cours universitaires (B) et des conférences publiques (C). Dans ses cours et conférences, il s'efforce de clarifier le tout nouveau principe de conservation de la force, il s'emploie à faire connaître la pensée d'Helmholtz, il essaie de la rendre plus accessible, et aussi plus explicite.

Cependant l'interprète fait bien des infidélités à son maître, à tel point qu'à la fin des années 1860 les trajets intellectuels de Fick et d'Helmholtz s'éloignent sensiblement l'un de l'autre. Helmholtz est alors à un tournant, c'est la fin de sa période kantienne. Fick, quant à lui, aborde pour la première fois explicitement des questions philosophiques en 1870 (D). Dans cet article,

---

1. A. Fick obtint le titre de docteur en médecine à Marburg en 1851. Il fut professeur de physiologie à Zürich de 1852 à 1868, puis à Würzburg à partir de 1868. On peut trouver ses écrits rassemblés dans l'ouvrage en quatre volumes : *Gesammelte Schriften von A. Fick*, in R. Fick (ed.), Würzburg, *Stahel'sche Verlags-Anstalt*. Pour cette communication, nous avons puisé dans le Volume 1 : *Philosophische, physikalische und anatomische Schriften (1903-1904)*, et notamment dans les écrits suivants : (A) *Ueber Diffusion* (sur la diffusion) (1855) ; (B) *Die medicinische Physik* (la physique médicale) (1856, 1866, 1885) ; (C) *Die Naturkräfte in ihrer Wechselbeziehung* (les forces de la nature dans leur rapport mutuel) (1869) ; (D) *Die Welt als Vorstellung* (le monde comme représentation) (1870) ; (E) *Ueber die der Mechanik zu Grunde liegenden Anschauungen* (sur les idées se trouvant à la base de la mécanique) (1879) ; (F) *Ursache und Wirkung : ein erkenntniss-theoretischer Versuch* (cause et effet : une recherche en théorie de la connaissance) (1882) : (G) *Ueber den bedeutendsten Fortschritt der Naturwissenschaft seit Newton* (sur le progrès le plus important de la science depuis Newton) (1884) ; (H) *Die stetige Raumerfüllung durch Masse* (le remplissement continu de l'espace par la masse) (1891).

comme dans d'autres qui suivront (notamment E et F), il entreprend de réhabiliter une *épistémologie métaphysique* d'inspiration kantienne, mais une épistémologie métaphysique qui tient compte des avancements conceptuels de la nouvelle physique dynamique.

Le but de cette communication est de retrouver le sens profond de l'oeuvre de Fick, de ressaisir ce qui nous paraît être le meilleur dans cette oeuvre, à savoir la reconnaissance d'une étroite interdépendance entre la science et la théorie de la connaissance. La communication comprend deux parties : la première traite des conceptions dynamiques de Fick en tant que physicien ; la seconde partie traite de la mise en harmonie de ses conceptions dynamiques et de sa théorie de la connaissance.

FICK ET LE NOUVEAU MODÈLE DYNAMIQUE DE LA PHYSIQUE

Une nouvelle interprétation dynamique de la chute des corps et, plus généralement, des conversions entre les forces de la nature

L'explication de la chute des corps est une introduction au principe de conservation de la force. Quand un corps de masse m est situé à la hauteur h au-dessus du sol, " l'attraction totale ou somme des causes de mouvement en réserve dans le corps a pour valeur mgh " (B, 1856). A partir du moment où le corps est lâché, il est soumis à une succession de causes de mouvement qui agissent séparément et qui ont pour effet d'augmenter sa vitesse. L'idée fondamentale, dans cette représentation de la chute, c'est que " chaque cause de mouvement en tant que telle est détruite quand elle produit un mouvement effectif " (B, 1856). Puisque chaque cause disparaît en même temps que son effet apparaît, il est évident, selon Fick, que les effets produits sont égaux en quantité aux causes épuisées. En d'autres termes, " les mouvements engendrés par les causes épuisées, ajoutés aux causes encore présentes, doivent donner une somme constante " (B, 1856).

Cette interprétation causale du principe de conservation de la force est dans le droit fil de la dynamique leibnizienne (vs. newtonienne) et de son concept de conservation (de la force vive). Mais le contenu conceptuel du principe de conservation de la force n'apparaît pas pleinement tant qu'on n'a pas saisi que ce principe est, tout compte fait, une manière extrêmement simple de concevoir le rapport mutuel de tous les agents de la nature (pesanteur et mouvement mécanique, affinité chimique, chaleur, lumière, électricité, magnétisme). En effet, si tous les phénomènes ont leur fondement dans les mouvements des atomes, et si la chute des corps ou la gravitation est le paradigme des rapports causaux, alors toutes les transformations des forces naturelles les unes dans les autres consistent seulement en ce que la même *force fondamentale* de mouvement, *i.e. la force vive*, peut changer de forme, peut prendre des formes variées. Et là où un mouvement cesse, des " *causes de mouvement* " sont mises en réserve ; et inversement, là où un mouvement prend naissance, une provision de " *causes de mouvement* " est perdue.

Le travail comme cause immédiate du changement de mouvement

On peut maintenant se demander ce que Fick entend par " *causes de mouvement* ". Dès son entrée sur la scène scientifique, dans les années 1850, Fick prend conscience que le travail est le " chaînon manquant " dans l'explication du passage de la force newtonienne au mouvement. Fick affirme que la cause directe, immédiate du changement de mouvement d'un corps consiste dans le travail de la force qui agit sur ce corps. La modification d'un mouvement a pour raison la dépense d'un certain travail. Son leitmotiv, la formule qui chez lui revient à plusieurs reprises, peut se résumer ainsi : " les forces agissantes exécutent du travail et du travail exécuté est cause de mouvement " (C). Dans ses derniers écrits, il affirme même que le principe du changement de mouvement par le travail est le principe le plus important de la science. Celui de la conservation de la force, c'est-à-dire de l'énergie, en découle.

Fick préfère le mot *force* au mot *énergie*. S'il lui arrive parfois d'employer le mot *Spannkraft*, par lequel Helmholtz désigne ce que nous appelons aujourd'hui énergie potentielle, il lui donne le sens d'un " travail disponible ", d'un " travail emmagasiné ", et sur ce point Fick précède Helmholtz de quelques années. On sait qu'Helmholtz est resté longtemps prisonnier d'une certaine conception newtonienne de la force. Dans une intéressante analyse du mémoire d'Helmholtz, Fabio Bevilacqua fait découvrir, entre autres choses, le versant leibnizien de ce mémoire[2]. Cependant nous ne pouvons pas nous empêcher de penser que son argumentation parfois s'appliquerait mieux à Fick qu'à Helmholtz. Si tous deux opèrent la jonction entre les deux traditions newtonienne et leibnizienne de la dynamique, les attaches leibniziennes nous paraissent plus marquées chez Fick. Du reste, chez ce dernier, le passage du modèle statique au nouveau modèle dynamique de la physique est plus nettement affirmé.

Un nouveau point de départ pour la Mécanique

A mesure qu'il clarifie le principe de conservation de la force, Fick s'éloigne des vues fondamentales sur la mécanique élaborées par Galilée et Newton. Il rejoint ainsi deux courants d'opposition : l'un, qui prend sa source chez Lagrange, assigne au travail la primauté conceptuelle en mécanique ; l'autre condamne la représentation anthropomorphique de la force, la force conçue comme tendance au mouvement, représentation commune mais très obscure.

---

2. F. Bevilacqua, *Helmholtz's Ueber die Erhaltung der Kraft : The Emergence of a Theoretical Physicist, H. von Helmholtz and the Foundations of Nineteenth-Century Science*, in D. Cahan (ed.), California Studies in the History of Science, University of California Press, 1993, 291-333.

Ce qui rend vraiment originale la position de Fick, c'est son affirmation que le temps est d'un intérêt secondaire en mécanique, que le temps ne joue pas un rôle effectif dans le changement de mouvement d'un corps. Selon lui, " un changement ne peut être produit que par un autre changement, et non pas par le simple cours du temps " (E). Cette proposition fondamentale semble directement induite de son " principe du changement de mouvement par le travail " ; en tout cas, elle forme avec ce principe un tout parfaitement cohérent. Elle résume l'essentiel et le plus pur d'une conception dynamique (vs. statique) du monde, elle en est la quintessence. Elle doit être placée à la base de la nouvelle mécanique que Fick se propose d'édifier.

Une nouvelle représentation dynamique de deux " masses " en interaction

Mais l'ambition de Fick de reconstruire la mécanique sur une base essentiellement dynamique entre en conflit avec le paradigme newtonien de la gravitation universelle. Dans les années 1870, Fick prend conscience de la portée immense et générale de la théorie électrodynamique de Weber. Wilhelm Weber, en 1846, a ouvert une brèche importante dans l'édifice de la science newtonienne. Sa loi montre que la force entre deux masses ne dépend pas seulement de leur éloignement, mais aussi de *l'état de mouvement* relatif dans lequel elles se trouvent[3]. Quand deux masses sont en mouvement relatif, elles agissent l'une sur l'autre autrement qu'elles n'agiraient si elles étaient au repos à la même distance *r* : deux masses peuvent, soit s'attirer, soit se repousser, selon leur état de mouvement.

Ainsi la théorie de Weber, selon Fick, ruine à tout jamais l'ancienne notion de principes actifs, attractifs ou répulsifs par *nature*, qui expliquaient par leur *seule présence* — leur présence *statique* — toutes les forces observées dans le monde des phénomènes. La théorie de Weber ruine toute conception *statique* de la force, elle consolide le nouveau modèle *dynamique* de la physique. Fick, comme beaucoup d'Allemands, considère le pas franchi par Weber comme " le progrès le plus important de la science depuis Newton " (G).

M. Norton Wise a souligné l'importance du concept de *force comme relation* dans la physique allemande de l'action à distance dans la seconde moitié du XIXe siècle, et notamment chez Weber, Fechner, Helmholtz[4]. Un corpuscule n'agit pas simplement sur un autre ; les deux corpuscules interagissent dans une relation par paire. La force existe en tant que loi de relation ; cette relation

---

3. La loi électrodynamique de Weber a pour expression :
$$F = \frac{e_1 e_2}{r^2}\Big[1 - \Big(\frac{1}{c^2}\Big)v^2 + \Big(\frac{2r}{c^2}\Big)a\Big]$$
où *r* est la distance, *v* la vitesse relative, *a* l'accélération relative des " masses " électriques e_1 et e_2 ; c est une constante.

4. M. N. Wise, " German Concepts of Force, Energy, and the Electromagnetic Ether : 1845-1880 ", in G.N. Cantor and M.J.S. Hodge (eds), *Conceptions of Ether, Studies in the History of Ether Theories 1740-1900*, Cambridge University Press, 1981, chapitre 9, 269-307.

ressemble beaucoup plus à l'affinité chimique qu'au push-pull mécanique. A première vue les considérations de M.N. Wise s'appliquent aussi à Fick. Mais, chez Fick, la relation par paire, quoique nécessaire comme support de l'action mutuelle, ne constitue pas pour autant le coeur ou l'élément primordial de la représentation. Le plus important, dans sa représentation dynamique de l'action mutuelle de deux " masses ", ce n'est pas la relation ou ce qui relie, mais bien plutôt ce qui est mis en relation, c'est-à-dire deux changements.

Nous arrivons maintenant à la deuxième partie de cette communication : Fick et ses méditations philosophiques. Fick se pose deux questions, fondamentales pour l'élaboration de sa philosophie naturelle mécanique : quel est le changement qui est la cause du changement de mouvement de l'atome, question qui renvoie à celle, plus générale, de la causalité ? Et quel est le véritable principe fondamental de la Mécanique, le seul principe qui puisse prétendre au statut de loi naturelle ? Fick aborde de front ces questions dès la fin des années 1860. Il se démarque alors nettement d'Helmholtz qui, comme on le sait, rejettera toute épistémologie métaphysique et entreprendra de rechercher une loi naturelle dans le principe de moindre action.

LA MÉCANIQUE ET LA THÉORIE DE LA CONNAISSANCE MISES EN HARMONIE

Une conception nouvelle du rapport causal entre les corps, ou Schopenhauer revu à la lumière des conceptions dynamiques nouvelles de la science

Fick s'intéresse à la question de la causalité dès 1867, dans un écrit anonyme et passé inaperçu. Il le publie de nouveau en 1882, sans modification majeure, sous le titre *Ursache und Wirkung* (F). Fick pose *a priori* qu'un effet est un changement qui survient dans l'état d'une chose (*Ding*) seulement si cette chose est en présence d'une autre chose. Dans cette proposition est contenu un concept fondamental de l'entendement, qui sert de point de départ pour l'éclaircissement de la causalité. C'est le concept de l'*influence* (*Einwirkung*) d'une chose sur une autre, concept introduit par Schopenhauer, et qu'on peut étendre immédiatement au concept de l'*action mutuelle* (*Wechselwirkung*), car comme l'une des choses détermine les *changements* des *états* de l'autre chose, inversement la seconde détermine aussi les changements des états de la première.

Il convient de bien préciser le contenu du concept d'action mutuelle. Pour obtenir le changement de l'état (*Zustand*) d'une chose (*Ding*), trois conditions sont nécessaires : 1° une autre chose ; 2° une relation (*Nexus*) entre les deux choses, qui constitue la capacité d'action (*Wirkungsfähigkeit*), qu'on a l'habitude d'appeler " force " dans le domaine de la nature matérielle ; 3° un changement dans le rapport (*Beziehung*) entre les deux choses.

C'est maintenant que la cause peut être spécifiée. En ce point précis, Fick sait accorder admirablement Schopenhauer et sa propre interprétation dynamique de la science de son temps. La cause ne peut désigner qu'un changement.

La cause du changement d'état d'une chose, ce n'est donc pas 1°, ni 2°, mais 3°, c'est-à-dire le changement du rapport des deux choses. Dans l'exemple de la chute d'un corps, la cause du changement de mouvement, ce n'est pas la Terre (1°), ni la pesanteur (2°), c'est le rapprochement du corps du centre de la Terre (3°).

L'une des originalités les plus tangibles de Fick, par rapport aux autres kantiens, c'est son affirmation a priori que cause et effet sont des événements simultanés. La connexion causale (*Kausalnexus*) relie, non pas deux changements successifs, deux événements qui se succèdent dans le temps, mais les deux faces d'un seul et même événement (ce qui semble confirmé par les principes empiriques du changement de mouvement par le travail et de la conservation de la force).

Une physique de la représentation

A l'appui de cette thèse *a priori* sur le rapport causal des choses en général, Fick développe une théorie physique de la nature matérielle. Le monde matériel, le monde phénoménal accessible à notre connaissance n'est rien d'autre que notre représentation. C'est le sens profond de l'article qu'il publie en 1870 sous le titre *Die Welt als Vorstellung* (D). Nous concevons le monde dans les formes de notre esprit, dans ce qui forme la trame de notre intellect, à savoir les formes d'espace, temps et loi causale. Tous les attributs que le matérialisme naïf assigne aux choses ne sont qu'illusions (la force en est un exemple).

Dans cette *physique de la représentation*, la détermination des entités fondamentales de la science de la nature s'opère exclusivement à partir des catégories d'espace, temps et loi causale. Trois éléments constituent la représentation d'une chose (*Ding*) ou substance (*Substanz*) : 1° Le degré de réalité (*Wirklichkeit*) ou d'activité (*Wirksamkeit*) de la substance : cet élément correspond à ce que la Mécanique appelle la *masse*. 2° L'état de la substance, qui peut être pensé seulement comme *état de mouvement* : l'intensité de cet état correspond à ce que la Mécanique appelle la vitesse. 3° Le rapport (*Beziehung*) de deux substances : la *distance*, ou l'éloignement spatial, est la forme sous laquelle nous avons l'intuition de ce rapport, une vision immédiate, directe de ce rapport. Si les substances étaient au repos, leur rapport serait mesuré par une fonction de leur seul espacement. Mais il en est autrement pour deux substances en mouvement relatif, comme semble l'indiquer la théorie de Weber. C'est alors que Fick dépasse la notion intuitive de rapport spatial et accède à un concept de rapport impliquant aussi l'état des substances (ce qui lui permettra d'intégrer la théorie électrodynamique de Weber dans sa nouvelle mécanique).

Ainsi la représentation de Fick élude totalement l'obscure notion de force. La masse *A*, dont on cherche la variation de vitesse, n'éprouve pas une mystérieuse traction ou poussée provenant de la masse *B*. La masse A est considérée *dans son mouvement*, et cette représentation dynamique montre immédiatement que son rapport à B doit changer : " Le rapport représente tout ce qui se change tout seul avec le mouvement, ou dont le changement est déjà contenu dans la représentation du mouvement, sans qu'on ait à supposer un changement du mouvement lui-même " (E). Dans cette représentation dynamique la masse elle-même joue un rôle actif qui lui était refusé dans le modèle statique : " Quand A par son mouvement change son rapport à B, il en résulte un changement de l'état de A relié, selon une règle déterminée, au changement de rapport, parce que la masse B est réelle (*wirklich*) — agissante (*wirksam*) — pour la masse A " (F). C'est pourquoi Fick posera plus loin que le changement élémentaire dv_A de la vitesse de A est proportionnel à la masse m_B de B.

Dans ces considérations sur la masse on voit affleurer le socle *dynamiste* de la construction de Fick. Il en est de même pour sa représentation dynamique de l'espace. " Une chose ou l'ensemble de plusieurs choses en tant que phénomène, i.e. la matière, ne remplit pas l'espace " (F). " La représentation de l'espace est celle de l'" extérieur l'un à l'autre " (*Aussereinander*) " (D) (c'est du reste ce qui justifie l'idée d'atomes ponctuels, parties simples de la matière, extérieures l'une à l'autre). " Le contenu de l'espace, ce sont les forces avec lesquelles les masses ponctuelles agissent l'une sur l'autre. On pourrait même dire : ces forces et l'extension de l'espace sont une seule et même chose, en effet les forces sont bien données par les rapports spatiaux " (H).

Ainsi la physique théorique de Fick, imprégnée des traditions leibnizienne et kantienne, s'efforce-t-elle d'assurer un passage continu entre le niveau mécanique et le niveau métaphysique, entre les représentations dynamiques et dynamistes. Le souci de Fick, sa préoccupation majeure dans la construction de l'objet scientifique, c'est de rechercher l'accord parfait entre les différents genres de représentations de l'esprit humain.

La formalisation mathématique du " véritable " principe fondamental de la Mécanique ou principe explicatif de tous les phénomènes

Il reste à Fick à franchir une étape décisive dans l'élaboration de sa philosophie naturelle mécanique : articuler les voies " théorique " et " empirique ". On ne s'étonnera pas, à la lumière du trajet précédent, que le principe fondamental de la nouvelle mécanique consiste en une hypothèse sur la dépendance mathématique du changement d'état (de mouvement) avec le changement de rapport. De façon précise, ce principe énonce que, " quand une chose modifie, d'une quantité infiniment petite, son rapport à une autre chose par son mouvement, alors son état varie, dans le même élément de temps, d'une quantité qui est directement proportionnelle au changement du rapport et à la masse de l'autre chose, et inversement proportionnelle à son état déjà existant " (F), ce qui peut être écrit sous la forme suivante :

$$dv_p = \frac{m_q}{v_p} \cdot \frac{df(r_{pq})}{d_p r_{pq}} \cdot \frac{d_p r_{pq}}{dt} \cdot dt$$

r_{pq} est la distance et $f(r_{pq})$ la " fonction rapport " entre les masses m_p et m_q.

Dans la différentielle $d_p(r_{pq})$, il ne faut prendre en considération que le changement de position de m_p. La " fonction rapport " $f(r_{pq})$ est la même pour des masses appartenant à la même espèce.

Cette manière de souligner fortement l'importance primordiale du mouvement dans l'énoncé du principe explicatif fondamental de la science de la nature apparaît comme la conséquence directe du fait que Fick a pour souci constant de mettre en concordance ses conceptions dynamiques de physicien et sa conception philosophique du rapport causal : " Que nous devions prendre en considération, pour le calcul du changement de vitesse d'une chose, seulement les changements de rapport qui sont déterminés par son mouvement, cela résulte de l'idée a priori que la cause doit être là où est l'effet " (F).

Il n'est pas vain de tenter de découvrir les voies par lesquelles Fick a pu accéder à son principe fondamental, dans la mesure où l'auteur lui-même fournit des indications précises sur cette question. Ainsi, par exemple, l'idée selon laquelle l'état d'une chose est d'autant plus difficile à changer que l'intensité de cet état est plus grande, est tout simplement empruntée à la loi psychophysique de Fechner. Par ailleurs, le physicien à l'intuition exercée pourra remarquer sans peine que le principe de Fick recèle en germe une loi fondamentale de la Mécanique comme celle de la conservation de l'énergie.

Fick pense avoir découvert ici le véritable principe fondamental de la Mécanique. Il démontre que ce principe peut servir d'assise à tous les principes, lois ou théorèmes déjà connus, notamment la seconde loi du mouvement de Newton :

$$\frac{d^2 x_p}{dt^2} = \sum_q \left[m_q \frac{df(r_{pq})}{dx_p} \right]$$

et la loi de la conservation de la " force ", c'est-à-dire de l'énergie :

$$\frac{1}{2} \sum_p [m_p d(v_p^2)] = \sum_p \sum_q \left[m_p m_q \frac{df(r_{pq})}{dr_{pq}} dr_{pq} \right]$$

La " force accélératrice " de Newton $\quad m_p \sum_q m_q \frac{df(r_{pq})}{dx_p}$

et la " fonction potentiel " de Gauss

$$\sum_q m_q f(r_{pq})$$

au point x_p, y_p, z_p bénéficient désormais d'une " définition réelle " (sic) en ce sens qu'elles sont définies en termes de masse et de " fonction rapport " $f(r_{pq})$, lesquelles correspondent à deux entités fondamentales de la représentation[5].

Le principe explicatif de tous les phénomènes est le couronnement du travail de dématérialisation de la physique atomique et de refondation métaphysique de la " philosophie naturelle mécanique " que Fick a entrepris à la fin des

---

5. Fick démontre aussi que son principe fondamental de la mécanique conduit à la loi électrodynamique de Weber, à condition de remplacer la " fonction rapport " $f(r)$ par $f(r,\, \alpha,\, \beta,\, v_p,\, v_q)$ et de supposer :

$f(r,\, \alpha,\, \beta,\, v_p,\, v_q) = \frac{1}{r} \phi(\alpha,\, \beta,\, v_p,\, v_q)$. Cette démonstration se trouve dans l'article (E).

années 1860. Avec la représentation unique qui le sous-tend, la seule qui rende l'expérience possible, ce principe est considéré par Fick comme l'expression de la parfaite harmonie de la nature et de l'esprit.

LA MÉCANIQUE DE JOSEPH BOUSSINESQ (1842-1929)

Ricardo ROMÉRO

Dans les années 1870, Saint-Venant révèle au monde scientifique français l'importance de l'oeuvre de Boussinesq. Surtout connu en tant que physicien de l'élasticité et de l'hydrodynamique, Boussinesq a aussi produit une oeuvre théorique importante qui le fera considérer comme l'un des derniers physiciens classiques. En 1872, il propose une nouvelle formulation dynamique de la physique fondée sur le principe de conservation de l'énergie, ce qui constitue en France une nouveauté[1]. Je me propose de montrer comment Boussinesq, associant étroitement des conceptions scientifiques et épistémologiques, parvient à vaincre les difficultés qui rendaient discutables les théories de ses prédécesseurs, et notamment celle d'Helmholtz et celle de Thomson et Tait. Par ailleurs je montrerai comment Boussinesq, grâce notamment à la notion d'énergie, fait la jonction entre deux traditions de la physique française, celle de la physique laplacienne et celle de la physique mathématique de Fourier.

ORIGINALITÉ DE LA MÉCANIQUE DE BOUSSINESQ

La conception de l'énergie exposée par Helmholtz en 1847[2] est enchaînée à celle des forces centrales newtoniennes[3]. Mais dès 1846, dans sa théorie électrodynamique, Weber a montré que les forces entre particules électriques en mouvement dépendent de la vitesse et de l'accélération[4]. Par ailleurs le pro-

1. J.V. Boussinesq, " Recherches sur les principes de la Mécanique, sur la constitution moléculaire des corps et sur une nouvelle théorie des gaz parfaits ", Mémoire présenté à l'Académie des sciences et lettres de Montpellier, le 8 Juillet 1872, *Journal de Mathématiques pures et appliquées de M. Liouville*, 18 (1873), 305-360.

2. H. von Helmholtz, *Ueber die Erhaltung der Kraft, Eine physikalische Abhandlung*, Berlin, G. Reimer, 1847. Aussi : H. von Helmholtz, *Mémoire sur la conservation de la force*, trad. L. Pérard, Paris, 1869, et H. von Helmholtz, *The conservation of force : A physical memoir* (1847), in Russell Kahl (ed.), Middletown (Connecticut), 1971.

3. F. Bevilaqua, " Helmholtz's " Ueber die Erhaltung der Kraft " ", *Hermann von Helmholtz and the foundations of nineteenth-century Science*, Berkeley, 1993, 293-351.

4. Th. Archibald, " Energy and the mathematization of electrodynamics in Germany, 1845-1875 ", *Archives internationales d'histoire des sciences*, 39 (1989), 276-308.

blème du potentiel, appliqué en particulier à l'électromagnétisme, engendre une controverse entre Helmholtz et Clausius. De plus, ce dernier ne restreint pas la conservation de la force vive aux forces centrales. Par la suite Helmholtz affirmera que, si les forces peuvent dépendre de la vitesse, ce sont les bases mêmes de la mécanique newtonienne qui sont ébranlées.

Ce que je montrerai tout à l'heure, c'est comment Boussinesq, s'appuyant sur un principe découvert par Galilée, surmonte ces difficultés.

Une autre tentative destinée à rattacher le principe de conservation de l'énergie à la mécanique newtonienne est faite par Thomson et Tait dans leur *Traité de Philosophie naturelle*[5]. Ils se proposent de reconstruire ce qu'ils appellent la " dynamique abstraite ", à partir de la mécanique newtonienne et du principe de conservation de l'énergie. Cette reconstruction s'appuie plus ou moins directement sur la notion de force. En effet, le travail et l'énergie poten- tielle sont définis à partir de la notion de force, et donc l'énergie elle-même repose en partie sur cette notion déjà fortement critiquée, en particulier par Saint-Venant, lequel inspire Boussinesq.

La reconstruction de la mécanique par Boussinesq va consister à placer réel- lement l'énergie à la base de sa théorie et à faire de la force une simple notion dérivée.

Dès 1847, les articles de Joule, Thomson, Mayer et Seguin ont introduit en France l'idée de conservation de l'énergie, sans grand succès[6].

L'oeuvre de Boussinesq apparaît encore plus originale lorsque l'on sait qu'en 1872 la physique française s'est orientée vers l'utilisation, non pas du principe de conservation de l'énergie mais plutôt vers celle du principe d'équi- valence de la chaleur et du travail. Dans ce cadre sont formulées plusieurs théories mécaniques de la chaleur qui embrassent presque toute la physique.

Grandes lignes de la reconstruction de la mécanique de Boussinesq

La mécanique de Boussinesq repose sur la base d'un atomisme physique. Mais l'atome réel n'est pas connaissable ; seuls les êtres géométriques purs peuvent être conçus par l'esprit humain. Le point matériel qu'il utilise dans sa théorie est une idéalisation de l'atome réel ; il est doué de masse, de mouve- ment et donc de force vive. Selon une tradition qu'il attribue à Leibniz, c'est la force vive qui se conserve. Boussinesq la scinde en deux parties : la force vive actuelle ou énergie cinétique, et la force vive dissimulée ou énergie poten-

5. W. Thomson, P.G. Tait, *Treatise on natural philosophy*, vol. 1, part. 2, Oxford, 1867, Lon- don, 1883 ; vol. 1, part. 1, London, Cambridge University press, 1896.

6. J.P. Joule, " Expériences sur l'identité entre le calorique et la force mécanique. Détermina- tion de l'équivalent mécanique de la chaleur dégagée pendant la friction du mercure ", *C.R.*, 25 (1847), 309 ; Seguin Aîné, " Note à l'appui de l'opinion émise par M. Joule, sur l'identité du mou- vement et du calorique ", *C.R.*, 25 (1847), 306-308 ; J.R. Mayer, " Sur la transformation de la force vive en chaleur, et réciproquement " (Extrait d'une Lettre de M. Mayer), *C.R.*, 27 (1848), 385-387.

tielle. Ainsi Boussinesq échappe à toute ambiguïté sur la définition du potentiel.

Son affirmation de la conservation de l'énergie peut sembler un principe *ad
hoc,* mais il est soutenu par un second principe qui le rend incontestable. C'est
celui de l'indépendance des mouvements que Boussinesq attribue à Galilée.
Selon ce principe, induit de l'expérience, l'accélération de chaque point ne
dépend que de la position des autres points et non de leurs vitesses, ce qu'il
exprime de la façon suivante : " la rapidité avec laquelle change d'instant en
instant son état dynamique (*d'un système*) dépend, d'une manière déterminée
de son état statique seul (…). Autrement dit, les accélérations des divers points
égalent certaines fonctions des coordonnées actuelles, x, y, z, de tous ces
points "[7].

Dans ces conditions, il est connu de la mécanique classique que la force
vive se conserve. Ainsi Boussinesq peut se passer de la considération d'hypo-
thétiques forces et il échappe aux difficultés qui gênaient si fortement Helmholtz et Thomson et Tait. Son système de principes est parfaitement
cohérent ; il permet d'élaborer une mécanique irréprochable, tout au moins sur
le plan logique.

CARACTÉRISTIQUES DE LA MÉCANIQUE DE BOUSSINESQ, DIVISION.

Boussinesq divise sa mécanique en deux parties, qu'il appelle mécanique
générale et mécanique physique. La mécanique générale lui permet, entre
autres, de retrouver les principes de base de la mécanique classique et de la
thermodynamique. Sa mécanique physique, quant à elle, est une physique des
phénomènes particuliers (hydrodynamique, élasticité, chaleur, optique), qui
s'appuie néanmoins sur les principes de la mécanique générale.

Déduction des lois du mouvement.

Examinons d'abord la mécanique générale de Boussinesq. Celle-ci repose
sur l'équation suivante : $\sum (1/2) m V = - \Psi(r_{1,2}, r_{1,3}, \ldots r_{p,q}, \ldots) + c$.

Ce que Boussinesq explique par : " …l'expérience conduit à admettre qu'un
système indépendant de tout autre tient de sa nature le pouvoir de développer
par unité de temps une certaine activité, qui ne varie qu'avec les rapports
mutuels des points matériels dont il est formé, c'est-à-dire qui est une fonction
déterminée $-\Psi$ de leurs distances actuelles $r_{1,2}$, $r_{1,3}$, …, $r_{p,q}$, à une constante
arbitraire près "[8].

---

7. J.V. Boussinesq, *Leçons synthétiques de Mécanique générale*, Paris, 1889.
8. J.V. Boussinesq, " Recherches sur les principes de la Mécanique,… ", *op. cit.*, 314.

De là, il déduit les équations générales du mouvement :

$$m_p(d^2xp/dt^2)= \sum (d\Psi/dr_{p,q})\cos\alpha_{p,q}$$

Boussinesq appelle force motrice le premier membre de cette équation. Chaque $d\Psi/dr_{p,q}$ est appelé action entre points. C'est une grandeur qui, telle la dérivée leibnizienne, se définit en un point précis et à un instant précis. Par raison de simplicité cette force est supposée, a priori, s'exercer suivant la droite qui joint les points entre lesquels elle agit. La fonction ψ peut être décomposée en deux parties : l'une constitue l'énergie potentielle due aux actions s'exerçant à faible distance, elle sera utilisée pour la description des phénomènes thermiques ; l'autre constitue l'énergie potentielle des actions à longue portée. En particulier, ces dernières contiennent les forces de gravitation dont il démontre, à partir d'observations communes, qu'elles sont de la forme B/r^2. Suivant la valeur du coefficient B la matière peut être conçue comme douée de poids ou non. Cela laisse donc la possibilité d'envisager l'existence d'un éther impondérable.

Après avoir ainsi unifié les deux types de force de la mécanique laplacienne, c'est-à-dire les forces à longue et à courte portée, Boussinesq retrouve les lois générales du mouvement, puis celles de la statique, qui se déduit de la dynamique.

Je vais montrer maintenant comment Boussinesq réalise la jonction entre deux traditions françaises, celle de la mécanique physique de Poisson et celle de la physique mathématique de Fourier.

La mécanique générale de Boussinesq

Boussinesq, comme Poisson, veut créer une mécanique prenant en compte les propriétés réelles des corps. Tous deux contestent la pertinence de la mécanique rationnelle usuelle pour décrire les phénomènes physiques réels. La mécanique physique de Poisson avait pour ambition d'être une reconstruction de la mécanique à partir d'actions moléculaires. C'est aussi l'ambition de la mécanique générale de Boussinesq. Mais là où Poisson utilise la force au service de sa conception statique des phénomènes, Boussinesq, lui, l'un des tout premiers en France, utilise l'énergie pour exprimer ses conceptions dynamiques.

En ce qui concerne la force, il rompt avec la tradition de la mécanique laplacienne, tradition représentée par Poisson, Cauchy et Moigno[9]. Pour les tenants de la tradition laplacienne, la force est cause du mouvement, elle est une idée fondamentale, voire une réalité. Par exemple, pour Moigno, la force appartient au monde des idées géométriques. Elle permet de construire tout d'abord la statique puis la dynamique. Pour Boussinesq comme pour Saint-Venant, la

---

9. Abbé Moigno, *Leçons de mécanique analytique. Statique*, Paris, 1868.

force motrice n'est qu'une notion secondaire, produit de la masse par l'accélération. Elle n'est que la représentation de l'évolution dynamique du système. Dans ces conditions, c'est la dynamique qui sera à la base de la mécanique. La statique est la conséquence de la dynamique lorsque la vitesse et l'accélération s'annulent. L'état mécanique du système est déduit de son énergie.

La mécanique physique de Boussinesq

La mécanique physique de Boussinesq utilise les principes dégagés par la mécanique générale. Toutefois, le nombre immense des atomes existant dans la moindre particule de matière oblige le physicien à ne considérer que les valeurs moyennes. Ces valeurs moyennes, positions moyennes, vitesses moyennes, etc., ne sont pas directement calculables à partir des mouvements des atomes. La mécanique physique devient possible au moyen de principes simples directement empruntés à l'expérience, qui tiennent lieu de connaissance détaillée des phénomènes. Ces principes sont, en quelque sorte, pour le géomètre, la définition du corps ou de la classe des phénomènes qu'il étudie. Ces principes particuliers donnent prise à l'analyse infinitésimale. L'analyse n'est pas pour Boussinesq une simple technique de calcul. Elle est la représentation d'une sorte de réalité intellectuelle, à savoir, l'ordre géométrique. Elle permet de dévoiler les phénomènes : " l'existence du phénomène tient autant à notre manière de voir, à la forme de notre intelligence ou du moins à l'analogie qu'il présente avec des réalités d'un ordre supérieur perçues par nous (l'ordre géométrique) qu'à son essence même "[10].

A cet égard, la mécanique physique de Boussinesq présente une certaine ressemblance avec la physique mathématique de Fourier. En effet, l'un des traits saillants des travaux de Boussinesq et de Fourier est l'alliance étroite entre l'observation et le calcul. Chez Fourier l'analyse mathématique est dans le plan du phénomène, elle définit, délimite et, mieux, constitue le phénomène. C'est le sens qu'il faut donner aux propos suivants de Fourier : " l'analyse mathématique a donc des rapports nécessaires avec les phénomènes sensibles ; son objet n'est point créé par l'intelligence de l'homme ; il est un élément préexistant de l'ordre universel et n'a rien de contingent ou de fortuit ; il est empreint dans toute la nature "[11].

En raison des limites des observations du physicien, plusieurs relations analytiques peuvent en général s'appliquer à un même phénomène. Parmi toutes ces expressions également approchées du phénomène, le géomètre choisira celle qui est la plus simple et la plus naturelle. C'est ce que Boussinesq appelle la loi naturelle.

10. J.V. Boussinesq, " Considérations sur le but, la méthode et les principaux résultats de la mécanique physique ", *Mémoires de la Société des sciences, de l'agriculture et des arts de Lille*, 8 , 4° série (1880), 277-311.
11. J. Fourier, *Théorie analytique de la chaleur*, Article 20, Paris, 1822.

La loi naturelle appartient tout à la fois aux deux ordres de réalité, physique et géométrique, au milieu desquels nous vivons : " Une loi n'est naturelle qu'à la condition de se trouver tout à la fois, dans la mesure du possible, conforme à la nature de notre esprit et à celle des choses. "

" A supposer même que l'ordre géométrique n'ait pas d'existence hors de nous (…) ces lois de la mécanique physique resteraient encore comme les reflets les plus précis de la nature en nous, ou comme la forme que prennent les choses à nos yeux, en tant qu'elles peuvent être figurées et mesurées dans leur évolution réelle "[12].

Ainsi définie, la mécanique physique de Boussinesq s'étend à la plupart des branches de la physique et notamment à l'hydrodynamique, l'élasticité, l'optique, la chaleur. L'oeuvre de Boussinesq se présente donc comme la poursuite et l'amplification de celle de Fourier.

La mécanique physique de Boussinesq

Boussinesq veut rendre compte de l'ensemble de la physique à partir des deux principes de base de sa mécanique générale et des faits particuliers qui fondent chaque branche de la Science. Sa théorie dynamique des phénomènes thermiques en est une illustration exemplaire.

La conservation de la force vive sert de base à cette synthèse. Plus particulièrement la conservation de la force vive permet de définir la masse, sans considération sur la quantité de matière, et la force, sans référence à la notion de cause. En affirmant que la chaleur est une vibration, Boussinesq introduit l'énergie calorifique, qui rentre alors dans le cadre d'une dynamique de la matière. Cette agitation calorifique met en jeu des actions n'agissant qu'à courte distance. Ces forces effectuent un travail qui se transmet à travers le corps. Ce déplacement d'énergie, si on le considère à travers une surface, constitue le flux de chaleur. Boussinesq en déduit alors l'équation fondamentale de la thermodynamique : $dQ = dU - dW$ avec dQ la quantité de chaleur absorbée par le système, dW la quantité de travail des forces de pression et dU la variation d'énergie interne.

Il y a là pour lui la création d'une nouvelle science dans laquelle l'équation précédente joue un rôle analogue à la relation fondamentale de la dynamique. De même, on peut faire l'analogie entre les lois fondamentales de la dynamique et celles de la physique de l'énergie. L'énergie totale joue un rôle analogue à celui de la quantité de mouvement. Le travail des forces extérieures joue le rôle de l'impulsion. Alors apparaît une complication supplémentaire, qui est justement l'existence de mouvements calorifiques. La prise en compte de cette " complication " est à la base de la création d'une nouvelle Science : la Thermodynamique.

12. J. Fourier, *Théorie analytique de la chaleur*, *op. cit.*, 3.

Ici, nous apercevons l'idéal scientifique de Boussinesq : à partir des principes de la mécanique générale, et uniquement par l'analyse, il a l'ambition de déduire les lois particulières de chaque Science. Sa mécanique physique n'est qu'un pis-aller provisoire.

Dans un retentissant mémoire, il montre comment les problèmes de propagation de la lumière peuvent être traités sans référence explicite à la force[13]. Il montrera par la suite l'unité, sur le plan énergétique, des phénomènes calorifiques et thermiques. Ce sera le but fixé à sa " Théorie analytique de la chaleur mise en harmonie avec la Thermodynamique et avec la Théorie mécanique de la lumière " (1901). En réalité, dans cet ouvrage, Boussinesq s'est surtout donné pour tâche de réécrire la " Théorie analytique de la chaleur " de Fourier. Dans cet écrit de 1901, Boussinesq apparaît à nouveau comme un novateur car il donne une interprétation dynamique des phénomènes thermiques, et notamment une interprétation énergétique du flux.

Bachelard a clairement montré comment, suivant Boussinesq, l'énergie contenue dans la vibration lumineuse se condense en quelque sorte dans la matière pondérable[14]. L'interprétation dynamique de la chaleur permet alors de comprendre la notion de température et la dilatation des corps. Ainsi se trouve réalisée la synthèse de l'ensemble des phénomènes calorifiques.

L'aspect unifiant de la pensée de Boussinesq apparaît aussi quand on songe, ce qui n'a pas intéressé Bachelard, que l'ensemble de son explication de la conduction n'est finalement basée que sur les deux principes de sa mécanique générale et sur une conception particulière de la conservation de l'énergie.

L'ARRIÈRE-PLAN PHILOSOPHIQUE : LA RÉFÉRENCE À LEIBNIZ

A plusieurs reprises, Boussinesq cite Leibniz. Il peut sembler paradoxal de rattacher à Leibniz un atomiste comme Boussinesq. Mais l'atome de Boussinesq est une construction complexe et multiforme. Par ailleurs, c'est plutôt de la théorie de la connaissance de Leibniz, accompagnée des commentaires d'Emile Boutroux[15], que s'inspire Boussinesq.

L'aspect fondamental de la force vive comme élément constant de la nature est explicitement référé à Leibniz[16]. Emile Boutroux notera, à propos de Leibniz, que celui-ci avait supposé que c'était la force vive qui se conservait et ceci sans référence à l'énergie potentielle. Boussinesq adopte la position de Leibniz et cela lui permet d'échapper aux débats sur l'énergie potentielle. Pour

---

13. J. Boussinesq, " Théorie nouvelle des ondes lumineuses ", *Journal de Mathématiques pures et appliquées*, 13 (1868), 313-369. Aussi : *C.R.*, 65 (1867), 235.

14. G. Bachelard, " L'hypothèse de la nature dynamique de la chaleur dans les problèmes de propagation ", *Etude sur l'évolution d'un problème de physique. La propagation thermique dans les solides*, 1928 ; Paris, 1973, 132-150.

15. E. Boutroux, " La philosophie de Leibniz ", *La monadologie*, Leibniz, rééd. Paris, 1991.

16. J.V. Boussinesq, *Leçons synthétiques de Mécanique générale, op. cit.*, 19.

Boussinesq comme pour Leibniz, l'esprit humain ne peut connaître que des vérités géométriques ; la réalité lui échappe à jamais. La vocation de l'analyse à décrire, sous une forme de dynamique supérieure, même le comportement humain n'est pas sans rappeler l'ambition de Leibniz de créer une langue philosophique universelle. De même la loi de continuité entre tous les éléments de l'univers est jugée fondamentale par Leibniz et Boussinesq, bien que dans un sens un peu différent pour l'un et l'autre. On aura noté la coloration leibnizienne de la parenté supposée par Boussinesq entre esprit humain et nature. D'ailleurs, cette parenté n'échapperait pas à ce qu'il appelle une " intelligence supérieure " douée d'une connaissance parfaite, " intelligence supérieure " qui n'est pas sans rappeler le Dieu de Leibniz, Dieu qui est Perfection. Appuyé sur une métaphysique aussi affirmée, Boussinesq ne peut que croire au futur de la mécanique classique. Aussi Boussinesq conseille-t-il aux " jeunes géomètres " de continuer à chercher dans cette voie…

PART THREE

ELECTRON

Electron Atoms Before and After Thomson

Helge Kragh[1]

Introduction

The electron of 1897 was discovered in cathode rays, but there were several other avenues in the history that led to this first elementary particle. One of them avenues was atomic theory. In this paper I give a brief review of the role of speculations about atomic constitution in the history of the electron from 1880 to 1910. The bulk of the paper deals with the atomic tradition in relation to Thomson's discovery and his conceptualization of the electron, but I also deal, if much more cursorily, with a few lines of development not associated with Thomson's programme. A more detailed version will appear in a forthcoming publication[2].

The Weber-Grassmann Tradition

The idea that matter, as well as ether, consists of electrically charged elementary particles can be found in several of the electrodynamical action-at-distance theories of the nineteenth century[3]. Although not really concerned with these theories, the British chemist and industrialist Richard Laming may serve as an example of how atoms could be constructed, in a purely speculative manner, out of electrical unit particles[4]. In publications between 1838 and 1851 he

1. This paper relies on several historical investigations made by the author and other historians of science. Rather than providing a great number of original references I shall refer only to a few such references and to some of the relevant secondary works. Readers who are interested in more detailed bibliographies can look them up in the cited secondary literature.

2. H. Kragh, " The electron, the protyle, and the unity of matter ", to appear in a forthcoming book edited by J. Buchwald and A. Warwick. See also *idem*, " The origin of radioactivity : From solvable problem to unsolved non-problem ", *Archive for the History of Exact Sciences,* 50 (1997), 331-358 ; *idem*, " J.J. Thomson, the electron, and atomic architecture ", *The Physics Teacher*, 35 (1997), 328-332.

3. H. Kragh, " Concept and controversy : Jean Becquerel and the positive electron ", *Centaurus,* 32 (1989), 203-240.

4. W.F. Farrar, " Richard Laming and the coal-gas industry, with his views on the structure of matter ", *Annals of Science*, 25 (1969), 243-253.

postulated the existence of subatomic, unit-charged particles and pictured the atom as made up of a material core surrounded by an " electrosphere " of concentric shells of electrical particles. His picture had some similarity with Continental approaches to the nature of electricity such as they can be traced back to the works of Ampère and Mossotti in the 1820s and 1830s. According to this general idea, the world consists in essence of positive and negative elementary charges in instantaneous interaction. The idea was developed in various ways by the German physicists Gustav Fechner, Rudolf Clausius, Wilhelm Weber, Robert Grassmann, Karl-Friedrich Zöllner and others, all of whom tended to conceive the hypothetical electrical particles as constituents of matter and ether[5].

In view of the elaborate works of Weber and the Grassmann brothers this line of work may be appropriately called the Weber-Grassmann tradition. In works between 1846 and his death in 1891, Weber considered the neutral ether to consist of positive and negative electrical particles orbiting around each other. Partly in unpublished notes from his later years, he developed a planetary atomic model out of these particles[6]. The mathematician Hermann Grassmann also discussed ether atoms on a similar assumption, i.e. as consisting of pairs of electrical point particles of opposite charge. His less known brother, Robert Grassmann, developed this idea into an elaborate system of atomic theory according to which matter as well as ether consisted of electrical doublets which he called " E-beings "[7]. His ideas were similar to, but independent of those of Weber and Laming. For example, Grassmann suggested atomic models consisting of a+E particle surrounded by a spherical shell of polarized ether doublets. Grassmann's speculations, not widely known even in Germany, received some support from Fechner but were generally ignored. Whatever the reception of the ideas of Weber and Grassmann they deserve to be mentioned because they were, quite clearly, ideas about the constitution of atoms in terms of electronic quantities. However, although the German electrodynamicists operated with electrically charged particles as the basis of matter, these were not electrons in the later sense of the term. For example, they had no definite charge and mass and they were not assumed to be able to exist in isolation. Weber's corpuscular theory was of some importance to Lorentz's electron theory of the 1890s, but it had no connection with the British tradition of Stoney, Larmor and Thomson.

5. C. Schönbeck (ed.), *Atomvorstellungen im 19. Jahrhundert*, Paderborn, 1982.

6. A.P. Molella, *Philosophy and Nineteenth-century German Electrodynamics : The Problem of Atomic Action at a Distance*, Ph.D. dissertation, Cornell University, 1972.

7. F. Kuntze, " Die Elektronentheorie der Brüder Hermann und Robert Grassmann ", *Vierteljahrschrift für Wissenschaftliche Philosophie und Soziologie*, 13 (1909), 273-298.

The Proutean Tradition

J.J. Thomson's first electron model of the atom had part of its background in his belief in a suitably modified version of Prout's hypothesis of the unity of matter. The appeal of this hypothesis to Thomson's research program is evident in many of his publications and dates back to about 1880, many years before the electron. It has often been pointed out that Thomson's early work with the vortex atom provided him with a framework of thinking that was of direct importance to his later interpretation of the cathode rays experiments in terms of streams of electrons[8]. According to Thomson, vortex atoms and electron atoms were more than mere analogies. For one thing, much of the mathematical analysis underlying Thomson's complicated calculations in 1883 was taken over almost directly in his model of the electron atom in the early years of the twentieth century. For another thing, the vortex theory functioned as an exemplar both in a methodological and an ontological sense. It was a highly attractive theory because it built on minimum assumptions, avoided ad hoc hypotheses, and operated with only one kind of primeval substance, the same that filled out empty space and made up atoms of matter[9]. Although the theory " cannot be said to explain what matter is, since it postulates the existence of a fluid possessing inertia ", Thomson considered the vortex atom to be " evidently of a very much more fundamental character than any theory hitherto started ", and the one that " enables us to form much the clearest mental representation of what goes on when one atom influences another "[10].

The methods Thomson used twenty-one years later, in his electron model of the atom, were very similar to those used in the 1883 vortex model. Both from a methodological and an ontological point of view, the analogy between the models are striking. The important thing to note is that Thomson, from the early 1880s onward, was convinced that the atom had a complex constitution and that he was predisposed toward a Proutean unity of matter. The vortex atomic theory can be seen as an extreme case of the Proutean ideal, and although Thomson and most other researchers abandoned the theory before 1890 the idea of unity continued to play an important role in his thinking. This is further illustrated by Thomson's " gyrostatic " model of 1895 in which it was supposed that atoms might be understood as if they contained a number of spinning gyrostats. This model, or analogy, included the idea that atoms are composite and that their energy and charge are determined by the number and configurations of the components. In 1883 the components were vortex rings, in 1895 gyrostats, and in 1897 corpuscles.

8. S.B. Sinclair, " J.J. Thomson and the chemical atom : From ether vortex to atomic decay ", *Ambix*, 34 (1987), 89-116.

9. H. Kragh, " The aether in late nineteenth century chemistry ", *Ambix*, 36 (1989), 49-65.

10. J.J. Thomson, *A treatise on the Motion of Vortex Rings*, London, 1883, 2.

The Proutean theme in Thomson's thinking is further illustrated by his work on X-rays shortly before he turned to cathode rays. In his attempt to understand the nature of Röntgen's rays, Thomson once again returned to the idea of atoms composed of identical and primordial particles. In his Rede Lecture of 10 June 1896, he discussed briefly the absorption of X-rays : " This appears to favour Prout's idea that the different elements are compounds of some primordial element, and that the density of a substance is proportional to the number of primordial atoms ; for if each of these primordial atoms did its share in stopping the Röntgen rays, we should have that intimate connection between density and opacity which is so marked a feature of these rays "[11]. Even before Thomson made his celebrated 1897 cathode rays experiments he tried to understand Philipp Lenard's discovery that the distance traversed by cathode rays is inversely proportional with the density of the gas. This suggested to Thomson that the carriers of electricity were Proutean elements much smaller than hydrogen atoms.

In his important 1894 memoir on *A Dynamical Theory of the Electric and Luminiferous Medium*, Joseph Larmor adopted Johnstone Stoney's term " electron " to signify a singularity in the electromagnetic ether. He concluded that the vortex theory had to be replaced by an electron theory, although his electrons had in fact many features in common with the vortex atoms. In the theory of Larmor, the electrons were introduced in order to explain electromagnetic and optical phenomena, and not primarily as constituents of matter. But the role of electrons as building blocks of chemical atoms was not ignored. Larmor described electrons as " the sole ultimate and unchanging singularities in the uniform all-pervading medium " and conceived them as primordial units of matter. Before explicitly introducing the electrons, Larmor referred to " monads " in a manner clearly reminding of the " protyles " that William Crookes had suggested in 1886. How shall one explain the fact that matter is always made up of a small number of the same chemical elements ? Larmor's suggestion was this : " It would seem that we are almost driven to explain this by supposing the atoms of all the chemical elements to be built up of combinations of a single type of primordial atom, which itself may represent or be evolved from some homogeneous structural property of the aether. [...] We may assume that it is these ultimate atoms, or let us say monads, that form the simple singular points in the aether ; and the chemical atoms will be points of higher singularity formed by combinations of them. These monads must be taken to be all quantitatively alike, the one set being, in their dynamical features, simply perversions or optical images of the other set "[12].

This was a view with which Thomson fully agreed. But whereas Larmor's monads were hypothetical, by 1897 Thomson was able to present sound exper-

11. J.J. Thomson, " The Röntgen rays ", *Nature*, 54 (1896), 302-306, 304.
12. J. Larmor, *Mathematical and Physical Papers*, vol. 1, Cambridge, 1927, 517.

imental evidence in support of his corpuscles or, as most other scientists called them, electrons.

THOMSON'S UNITARY ELECTRON ATOM

In his two 1897 articles, announcing the discovery of the electron, Thomson emphasized the equation between the cathode rays corpuscles and the primordial subatomic particles, including a reference to the views of Prout, Lockyer and " many chemists ". The materiality of Thomson's corpuscles is further underlined by his initial conception of them as a kind of chemical element. He found that " the quantity of matter produced by means of the dissociation at the cathode is so small as to almost preclude the possibility of any direct chemical investigation of its properties ", but note that he dismissed chemical analysis for practical reasons and not for reasons of principle. In his communication of October 1897, Thomson included a sketch of an atomic theory based on the equilibrium states of a large number of corpuscles : " If we regard the chemical atom as an aggregation of a number of primordial atoms, the problem of finding the configurations of stable equilibrium for a number of equal particles acting on each other according to some law of force [...] whether that of Boscovich, where the force between them is a repulsion when they are separated by less than a certain critical distance, and an attraction when they are separated by a greater distance, or even the simpler case of a number of mutually repellent particles held together by a central force — is of great interest in connexion with the relation between the properties of an element and its atomic weight "[13].

In the earliest theories of the electron, the particle could be both negatively and positively charged and " positive electron " often referred to any kind of elementary positive charge, not necessarily a mirror particle of the negative Zeeman-Thomson electron. This terminology, used by Lorentz, Wien, Stark and others, was an additional reason why Thomson preferred to speak of corpuscles rather than electrons. True positive electrons, of the same mass as the empirically known negative electron, were frequently discussed from about 1898 to 1906 and entered some of the atomic models of the period. However, experimental evidence for the positive electron was missing and early claims that positive electrons had been discovered were not accepted by the majority of physicists[14]. In 1907 Norman Campbell summarized the standard view, namely " if there is one thing which recent research in electricity has established, it is the fundamental difference between positive and negative electricity "[15]. The charge dissymmetry was built into Thomson's atomic the-

13. J.J. Thomson, " Cathode rays ", *Philosophical Magazine*, 44 (1897), 293-316, 313.

14. P.F. Dahl, *Flash of the Cathode Rays : A History of J.J. Thomson's Electron*, Bristol, 1997.

15. N.R. Campbell, *Modern Electrical Theory*, Cambridge, 1907, 130.

ory, but in the sense that the positive charge, far from being massive, was considered a ghost-like entity whose only function was to keep the electrons together. In April 1904 Thomson wrote to Lodge about his problems an and hopes regarding the sphere of positive electricity : " I have [...] always tried to keep the physical conception of the positive electrification in the background because I have always had hopes (not yet realised) of being able to do without electrification as a separate entity, and to replace it by some property of the corpuscles. When one considers that all the positive electricity does, on the corpuscular theory, is to provide an attractive force to keep the corpuscles together, while all the observable properties of the atom are determined by the corpuscles, one feels, I think, that the positive electrification will ultimately prove superfluous and it will be possible to get the effects we now attribute to it, from some property of the corpuscles "[16].

Thomson never succeeded in explaining the positive electricity as an epiphenomenon. On the contrary, his continued research showed that the number of electrons in a chemical element was of the same order as the atomic weight. It followed that Thomson's original belief in the mass of the atom being made up of the masses of the electrons was unjustified. Lodge was acutely aware of the problem and considered it the main weakness of Thomson's otherwise attractive theory. In 1906 Lodge sketched five different possibilities for the structure of atoms, of which he found Thomson's model the best offer. However, referring to Thomson's very recent estimate of the number of atomic electrons, Lodge concluded that the Thomson atom had been reduced " to a state of exaggerated uncertainty " and now constituted " the most serious blow yet dealt at the electric theory of matter "[17]. The reason was that the positive electricity had now become ponderable and seemingly defied explanation in terms of the electromagnetic theory. According to this theory, electromagnetic inertia varied inversely with the radius of charge, meaning that it would be negligible for the positive sphere as compared with that of a single electron.

In 1907 Thomson sketched a modified version of his atomic model. Characteristically, he illustrated it with " an example taken from vortex motion through a fluid ". From the analogy he concluded that " the system of the positive and negative units of electricity is analogous to a large sphere connected with vortex filaments with a very small one, the large sphere corresponding to the positive electrification, the small one to the negative "[18]. In this way he explained to his own satisfaction the large mass of the positive charge. Latest by 1909 Thomson had succumbed to the electromagnetic electron. At the meeting of the British Association that year he referred to the experiments of

16. E.A. Davis and I.J. Falconer, *J.J. Thomson and the Discovery of the Electron*, London, 1997, 195.

17. O. Lodge, *Electrons*, London, 1906, 194.

18. J.J. Thomson, *The Corpuscular Theory of Matter*, London, 1907, 151.

Walter Kaufmann and Adolf Bucherer on the magnetic deflection of rays of electrons. These experiments, Thomson admitted, had shown that the entire mass of the electron was of electromagnetic origin. At that time, under the impact of his and others' experiments with positive rays, Thomson was ready to abandon his original atomic model based on electrons alone. He now suggested that the atoms of the different chemical elements contained units of positive as well as negative electricity, and that the positive electricity was corpuscular in nature. This meant a farewell to the pure version of Prout's hypothesis and Thomson's dream of building up all matter of one kind of particle only.

OTHER TYPES OF EARLY ELECTRON ATOMS

Thomson's model was far the most important of the pre-Bohr conceptions of the atoms and the only one which, until about 1907, was ostensibly based on negative electrons alone. But it was only one among many atomic models in the period ca. 1900-1910, and several of the rival conceptions were built on electrons as well. They can be classified as follows :

(I) Atomic models in which the negative electrons moved in a positive fluid. The Thomson model belongs to this class, of course, and so does the very similar model that Kelvin proposed in 1901, sometimes referred to as the " Aepinus atom ". Various modifications of the models of Thomson and Kelvin were proposed about 1910, by Arthur Haas, F. Butavand, Ludwig Föppl and others.

(II) Atomic models using positive electrons. For a couple of years, this was a popular conception, in part because it avoided the problems of Thomsons's positive fluid. Lodge seems to have been in favor of such a model in which " the bulk of the atom may consist of a multitude of positive and negative electrons, interleaved, as it were, and holding themselves together in a cluster by their mutual attractions "[19]. Another version was proposed by James Jeans in 1901. The trouble with this kind of atom was that the positive electron, considered to be a mirror particle of the negative electron, was purely hypothetical.

(III) Atomic models based on pairs of positive and negative electrons. Lenard's " dynamid model " of 1903 belongs to this class which has its roots back in Weber's ideas in the nineteenth century.

(IV) Planetary atomic models. These may in some cases be classified as electron atoms, namely, if the nucleus was held to be a positive electron, a conglomerate of positive electrons, or a conglomerate of positive and negative electrons. Jean Perrin suggested in 1901 such a planetary atom, and Nagaoka's 1904 " Saturnian " model was of the same type. The model that John Nichol-

19. O. Lodge, *Electrons, op. cit.*, 148.

son proposed in 1911 included a positive nucleus which Nicholson thought of as a heavy electron. And in 1912 André Debierne suggested another planetary atomic model, independent of Rutherford's.

Poincaré versus Lorentz's Electron Theory

Arcangelo ROSSI

Poincaré's main contribution to the electron theory bridging the 19th and the 20th centuries is *Sur la dynamique de l'électron* of 1906[1]. The context from which this article arose was Poincaré's broad program of checking classical physico-mathematical principles, such as the conservation and relativity principles, by the quite new physical evidences about the structure of physical reality emerging from the experimental discoveries at the turn of the century, and in particular from the measurements of the electron mass-to-charge ratio made by J.J. Thomson since 1897[2]. But these evidences in favor of the existence of an elementary particle endowed with the elementary unit charge were not in any case truly direct evidences of the existence of the electron. Such evidence had to wait for the electron tracks singled out by means of vapor condensation by Thomson's student C.T.R. Wilson[3], on which Thomson himself carried out the first direct measurements of the electron charge at the end of the century[4]. Anyway, the particle had been already anticipated theoretically by H.A. Lorentz's electron theory since the early 90's of the 19th century[5] — a theory to which Poincaré himself had contributed even before the 1897 experimental discovery[6]. Lorentz's theory was not in fact a result of phenomenological researches deriving from empirical discoveries, as it even anticipated and immediately interpreted some of them in its own terms, such as the Zeeman

---

1. J.H. Poincaré, " Sur la dynamique de l'électron ", *Rend. del Circ. Mat. di Palermo*, 21 (1906), 129-175.

2. J.J. Thomson, " Cathode rays ", *Phil. Mag.*, 44 (1897), 293-316.

3. C.T.R. Wilson, " On the production of a cloud by the action of ultra-violet light on moist air ", *Proceedings of the Cambridge Philosophical Society*, 9 (1898), 392-393.

4. J.J. Thomson, " Ueber die Masse der Traeger der negativen Elektrisierung in Gasen von niederen Drucken ", *Phys. Zeitschrift*, 1 (1899-1900), 20-22, and " On the Masses of the Ions in Gases at Low Pressures ", *Phil. Mag.*, 48 (1899), 547-567.

5. H.A. Lorentz, " La théorie électrodynamique de Maxwell et son application aux corps mouvants ", *Arch. néerl.*, 25 (1892), 363.

6. J.H. Poincaré, " À propos de la théorie de M. Larmor ", *L'Eclairage électrique*, 3 (1895), 5-13, 285-295, and 5 (1895), 5-14, 385-392.

effect of the widening of sodium spectral lines by a magnetic field as due to the oscillatory motions of electrons inside the atom[7]. Rather, it participated in the theoretically innovative climate of the last quarter of the 19th century's physics, the so-called electromagnetic world picture (which tried to unify all physics under electromagnetic laws instead of under mechanical laws as the mechanical world picture had already tried before)[8], by endowing the supposed elementary particle of matter with an intrinsic electric charge and calling it an electron. To be true, this name was only adopted by G. Stoney for the unit charge in 1891[9], while Lorentz until 1899 used the name " ion " in the sense of the elementary charged particle[10].

The particulate view of electricity was of course older than the electron theory, and was opposed for a large part of the 19th century to the field view[11]. What was peculiar to Lorentz's theory, was the attempt to reconcile the two opposite views. In his theory the electron is the source of the field and, at the same time, it mediates between matter and field, for matter is just formed by electrons, whose charges give rise to the electromagnetic field filling up continuously, with its electromagnetic properties, the space around and inside material bodies, the so called ether[12]. But a problem soon arose. In the framework of the electromagnetic world picture the whole electron mass is electromagnetic in character, for the masses of bodies are generally at least in part due to the influence on them of the electromagnetic field, as J.J. Thomson himself had already suggested in 1881[13]. Now, in Lorentz's theory, the necessity of explaining both the absence of an " ether wind " revealed by experiments and the hypothesis of an at least partially static ether suggested by other experiments such as Fizeau's aberration of light, led to the introduction of an electron deformation just compensating the effects of its movement through the ether[14]. But in order to safeguard electron cohesion, its possible cause could not be electromagnetic but rather mechanical, an external pressure on the elec-

7. P. Zeeman, " Light radiation in a magnetic field ", *Nobel Lecture, 1903, Nobel Lectures in Physics 1901-1921*, Elzevier Publ. Co., 1967, 33-44.

8. H. Kragh, " The New Rays and the Failed Anti-Materialistic Revolution ", in D. Hoffmann, F. Bevilacqua, R.H. Stuewer (eds), *The Emergence of Modern Physics. Proceedings of a Conference Commemorating a Century of Physics, Berlin 22-24 March 1995*, Pavia, 1996.

9. G.J. Stoney, " On the cause of the double lines and the equidistant satellites in the spectra of gases ", *Scientific Transactions of the Royal Dublin Society*, 4 (1891), 518-529.

10. H.A. Lorentz, " Théorie simplifiée des phénomènes électriques et optiques dans des corps en mouvement ", *Versl. Kon. Akad. Wetensch. Amsterdam*, 7 (1899), 507.

11. *Cf.* E. Whittaker, *A History of the Theories of Aether and Electricity*, vol. I, *The Classical Theories*, London, 1953, and J.Z. Buchwald, *From Maxwell to microphysics, Aspects of electromagnetic theory in the last quarter of the nineteenth century*, Chicago, 1985.

12. T. Hirosige, " Origins of Lorentz' Theory of Electrons and Concept of the Electromagnetic Field ", *Historical Studies in the Physical sciences*, 1 (1969), 151-209.

13. J.J. Thomson, " On the electric and magnetic effects produced by the motion of electrified bodies ", *Phil. Mag*, 11 (1881), 229.

14. H.A. Lorentz, " La théorie électrodynamique de Maxwell... ",*op. cit.*, and *Versuch einer Theorie der elektrischen und optischen Erscheinungen in bewegten Koerper*, Brill, 1895.

tron satisfying both the law of conservation of momentum, the great conservation principle of classical mechanics, and the principle of relativity. Poincaré suggested corrections to Lorentz's theory in order to have a better agreement of general principles with Lorentz's hypothetical explanations in which he generally believed[15]. In particular he eventually introduced such a hypothesis of a mechanical pressure, the so called " Poincaré's pressure ", in his 1906 article[16] or better, in a short communication under the same title issued the year before[17], just to maintain that agreement, even at the cost of contradicting the electromagnetic world picture that excluded forces of non-electromagnetic nature[18]. Previously, in an article written on the occasion of Lorentz's PhD anniversary in 1900, Poincaré had even attributed such mechanical properties as inertia to electromagnetic energy just in order to safeguard Newton's reaction principle in front of experience[19].

The need for safeguarding principles, whatever may be the details of invisible mechanisms underlying phenomena and even at the cost of leaving them at least partially unexplained, provided that abstract coherence and experimental success were safe, had been clearly presented by Poincaré in his lecture on " The Principles of Mathematical Physics " at the International Congress on Arts and Sciences of St. Louis in 1904[20]. The point was that Poincaré thought that the most honorable physico-mathematical principles were in peril and it was a priority to defend them[21]. In particular, the principle of relativity seemed threatened by simply admitting, as was then common, physical signals faster than light[22] ; also the action and reaction principle seemed threatened by the loss of evidence of ether materiality (whence ether mechanical reactions on electron movements could be derived in agreement with the principle), as demonstrated by both Fizeau's and Michelson and Morley's experiments[23]. Of course, one could adjust the hypotheses in order to save the principles (which, in Poincaré's opinion, were very elastic), by imagining ad hoc explanations

15. As Lorentz himself stresses in " Electrodynamic Phenomena in a System Moving with Any Velocity Less than that of Light ", *Proc. Royal Acad. Amsterdam*, 6 (1904), 809.

16. J.H. Poincaré, " Sur la dynamique de l'électron ", *op. cit.*, note 1, 130.

17. J.H. Poincaré, " Sur la dynamique de l'éléctron ", *Comptes rendus de l'Académie des Sciences*, 140 (1905), 1504-1508.

18. Of course Lorentz accepted Poincaré's contribution to his electron theory. H.A. Lorentz, *The Theory of Electrons*, B.G. Teubner, Leipzig, 1909.

19. J.H.Poincaré, " La théorie de Lorentz et le principe de réaction ", *Recueil de travaux offerts par les auteurs à H.A. Lorentz*, Martinus Nijhoff, 1900, 252-278.

20. J.H. Poincaré, " The Principles of Mathematical Physics ", *The Monist*, 15 (1905), 1-24. Original version : " L'état actuel et l'avenir de la physique mathematique ", *Bull. Sci. Mat.*, 28 (1904), 302-324, republished as chapters VII-IX of *La Valeur de la Science*, Paris, 1905 (Engl. translation : *The Value of Science*, N. York, Dover, 1958). Following quotations are from *The Monist*.

21. *Idem*, 6-7.

22. *Idem*, 12.

23. *Idem*, 12-14.

extending the principles according to a purely conventionalistic strategy. This could be done by simply refusing Laplace's opinion that gravitation as a physical signal propagated faster than light, or by admitting special invisible movements of the ether exactly compensating those of the electrons. For Poincaré a purely conventionalistic strategy seemed inappropriate because of its incapacity to foresee anything new[24]. So it was necessary for him not only to defend the principles as much as possible, but also to adopt plausible hypotheses in which we can reasonably believe, even if we cannot exactly confirm them at present time, or rather if we cannot even be sure of the experimental results we have already reached and we have to deepen them further in order to understand. In particular, Poincaré discussed Kaufmann's new experimental results[25], which seemed to agree with M. Abraham's purely electromagnetic theory of electrons against the Lorentz-Poincaré theory which, as we have seen, also attributed a mechanical component to the electron mass other than the purely electromagnetic one. Then Poincaré confirmed his opinion that matter has a mechanical mass together with an electromagnetic one, though increasing with velocity like the other one. To save the principle of relativity and the law of conservation of momentum transcending in generality Newton's third law, Poincaré explicitly attributed both a mechanical inertia and an electromagnetic one to bodies, both increasing with velocity, which hinder them to reach the velocity of light[26]. That was enough to exclude physical signals faster than light, and to open the way to explain in 1906 electron deformation counteracting its movement through the ether as an effect due to a mechanical pressure, in agreement with the principles. Of course, in order to have a plausible interpretation of facts, something, even if venerable, has to be sacrificed together with Newton's reaction principle, though the sacrifice is great: Lavoisier's principle of conservation of matter[27]. But sacrificing does not mean to exclude it altogether, for it maintains an approximate validity for ordinary velocities much smaller than that of light[28].

In any case, the newly emerging reality of electrons evidently compelled physicists not only to elaborate quite new physical hypotheses which, though provisional and tentative, they believed could match experience and theoretical principles, but also to abandon, at least partially, those principles if and when they proved sterile and cumbersome, even if they are not directly falsified and even maintained a partial, approximate validity. There is in Poincaré a tension

24. J.H. Poincaré, " The Principles of Mathematical Physics ", *op. cit.,* 14.

25. *Cf.* W. Kaufmann, " Die magnetische und elektrische Ablenkbarkheit der Bequerelstrahlen und die scheinbare Masse der Elektronen ", *Nachr. Ges. Wiss. Goettingen*, 2 (1901), 143 ; " Die elektromagnetische Masse des Elektrons ", *Phys. Z.*, 4 (1902), 54 ; " Ueber die elektromagnetische Masse des Elektrons ", *Goett. Nach*, 90 (1903).

26. J.H. Poincaré, " The Principles of Mathematical Physics ", *op. cit.,* 14-17.

27. *Idem*, 14-17.

28. *Idem*, 23-24.

between the need to save principles and theoretical preferences as the electro-magnetic world view, and that of taking into account both positive and negative experimental results and hints at new realities irreducible to those principles and to that view, so indicating the limits of a purely conservative convention-alistic strategy. The resulting image of physical reality is then counterintuitive and unfamiliar and must be accepted as such, as a new mechanics, but not to the point of renouncing some very deep and elementary convictions, such as the faith in the existence of ether, and some essential physico-mathematical principles, such as the laws of conservation and relativity[29]. So instead of start-ing afresh, as Einstein did with his relativity theory, from most general sym-metry considerations on phenomena, Poincaré was compelled to elaborate further both mathematically and theoretically tentative hypotheses, as in his refinements of Lorentz's theory, trying to reconcile as much as possible his deep intuitive convictions, the physico-mathematical principles and the known phenomena. It was in fact this " constructive " attitude which prevented Poincaré from arriving at the Einsteinian formulation of the theory of relativity, though he already had all the mathematical and experimental bases to formu-late it[30].

29. J.H. Poincaré, " The Principles of Mathematical Physics ", *op. cit.*

30. On a similar line see the classical paper by A.I. Miller, " A Study of Henri Poincaré's Sur la Dynamique de l'Electron ", *Archive for History of Exact Sciences*, 10 (1972), 207-328.

From " β-rays " to " electron "

Nahum Kipnis

What is the " discovery of electron " ?

Isobel Falconer argued at the conference "The Emergence of Modern Physics" that the so-called "discovery of the electron" was a complex process involving a number of people and different approaches[1]. I would like to follow this line, exploring the notion of the "discovery of the electron" from another angle.

This notion is a modern device to conceptualize certain events in physics at the turn of the century. Presumably, this term means the "establishment of a concept of a negatively charged particle, which is both a part of any atom and a carrier of electricity in certain media". Since *establishing* is a process, it cannot be dated by 1897, or any other single date : one can try instead to indicate the beginning and the end, or certain important events. The year 1897 was certainly not the beginning : the idea of particulate electricity came from Faraday's work on electrolysis, and by the early 1890s it had already been accepted for electrolysis. The elementary charge e of electrolytic electricity was calculated from experiments, and it became known as "electron" (Johnstone Stoney). The ratio charge-to-mass e/m for the hydrogen ion was found to be about 10^4 CGSE/g.

In the 1890s, some theoreticians, especially Hendrik Anton Lorentz, attempted to extend the idea of particulate electricity to other kinds of conductivity, but no magnitude was offered for either charge e or mass m of these particles. The first idea for a possible range of magnitudes came in 1897 from the discussions of the Zeeman effect, discovered late in 1896, and of some experiments with cathode rays conducted early in 1897 by Emil Wiechert and Joseph John Thomson. Pieter Zeeman and Lorentz found e/m for the particles

---

1. I. Falconer, "Corpuscles to electrons", paper read at the conference *The Emergence of Modern Physics* (Berlin, 22-24 March 1995), in D. Hoffmann, F. Bevilacqua and R. Stuewer (eds), University of Pavia, 1996, 217-232.

of a gas heated by a flame to be of the order of 10^7 CGSE/g^2, and the same magnitude was produced by Wiechert and J.J. Thomson for cathode rays[3].

To me, it seemed natural to assume that the road from these two discoveries to electron as a universal particle should have included two steps : 1) finding the presence of similar particles in other phenomena ; and 2) proving that all these particles have the same charge and the same mass. Since the existence of particles in such phenomena as thermoelectronic emission, photoelectricity, and radioactivity was established in 1899-1900, the appearance of the concept of " electron ", even in a limited sense, cannot be dated prior to 1900. The limitations I am referring to concern both the content of the concept and the degree of certainty in it : in 1900, electron was viewed solely as a universal carrier of electricity, and it was only a hypothesis that took years to prove.

While researching the efforts of physicists in establishing the identity of particles observed in various phenomena, I expected to find two things : 1) a realization of the importance of such an undertaking ; and 2) making conclusions on the basis of precise measurements as is supposed to be befitting to experimental physics at the turn of the twentieth century. However, the results turned out quite differently. Here I will discuss some of my findings, primarily from the field of radioactivity.

FROM WAVES TO PARTICLES

Research in radioactivity went hand in hand with those of X rays and cathode rays, each of them influencing the other two. The term " β-rays " itself was coined in the beginning of 1899 by Ernest Rutherford when he discovered that uranium rays contain two components differing in their absorbability, and named the less penetrating component, *α-rays,* and the more penetrating one, *β-rays.* However, the most interesting feature of these rays was revealed later, and it was by means of a magnetic field rather than absorption.

The first experiments on the effect of a magnetic field on radioactive substances began in the spring of 1899. While it may appear strange that it took two years to follow up on similar experiments with cathode rays, there were two good reasons for this. First, in the beginning, no one suspected radioactive radiation to include charged particles. At the early stage of his research, Becquerel compared the new rays to extreme ultraviolet light, since he discovered in it such properties as refraction, reflection, polarization, and ionization. Second, the intensity of uranium radiation was too low for a success in such experiments.

2. P. Zeeman, " On the influence of magnetism on the nature of light emitted by a substance ", *Phil. Mag.*, 43 (1897), 226-239.

3. E. Wiechert, " Ueber das Wesen der Elektrizität. Experimentelles über die Kathodenstrahlen ", *Schr. Phys. Ges. Königsberg*, 38 (1897), 1-16 ; J.J. Thomson, " Cathode rays ", *Not. Proc. Roy. Inst.*, 15 (1897), 419-432.

By the end of 1898 — early 1899 two new developments took place that drew interest to magnetic experiments : 1) more physicists began comparing X rays to cathode rays rather than light, and 2) two sources of powerful radiation, polonium and radium, became available. Still, the idea of placing radioactive substances into a magnetic field was not self-evident, and German and French physicists came to it by different roads.

MAGNETIC DEVIATION : QUALITATIVE STAGE

It all began in May 1899 with experiments of Julius Elster and Hans Geitel from Braunschweig[4].They were curious about reducing the conductivity of a rarefied air by means of a magnetic field. Such effects were known when ionization was produced by light and heat, and the researchers wanted to check whether it would also hold for radioactive rays. They started with uranium but without any definite results. Then they tried a salt of radium, provided by the chemist Friedrich Giesel, and succeeded. Elster and Geitel conjectured that the effect resulted from diverting the electric current away from the anode. However, their attempt to produce such a deviation directly, looking for a displacement of a shadow on a fluorescent screen ended up in a failure. They concluded that Becquerel rays do not deviate in a magnetic field, which supported, in their view, the analogy between radium rays and X rays.

Upon hearing this news, Giesel decided to repeat the experiment himself, but at atmospheric pressure, and he succeeded[5]. At the end of October 1899, he observed on a fluorescent screen a comet-like figure that turned its tail into the opposite direction with a change of magnetic polarity. Giesel obtained the first photographs of these figures.

Giesel informed of his findings Stefan Meyer and Egon von Schweidler from Vienna who repeated his experiments early in November using a fluorescent screen[6]. When the screen was placed perpendicularly to lines of a uniform magnetic field, it showed two bands curved in the opposite direction. This direction depended on the polarity of the magnet. The researchers noted that the rays deviated in the same direction as cathode rays and concluded that " thus, the rays behave fully analogously with cathode rays "[7].

Unaware of this research, Henri Becquerel began his own experiments early in December 1899. His need in using a magnetic field came from a revision of

4. J. Elster, H. Geitel, " Weitere Versuche an Becquerelstrahlen ", *Ann. der Phys.*, 69 (1899), 83-90.

5. F. Giesel, " Ueber die Ablenkbarkeit der Becquerelstrahlen in magnetischen Felde ", *Ann. der Phys.*, 69 (1899), 834-836. See also M. Malley, " The Discovery of the Beta Particle ", *Amer. J. Phys.* (Dec. 1971), 1454-1461.

6. S. Meyer, E. Schweidler, " Ueber das Verhalten von Radium und Polonium im magnetischen Felde ", *Phys. Zeit.*, 1 (1899), 90-91, 113-114.

7. *Idem*, 114.

some of his early experiments of 1896, from which he then concluded that uranium rays were a sort of light[8]. The problem was that even later in 1896 Becquerel could not repeat his initial success with demonstrating that the new rays possess regular reflection, refraction, and polarization. Two years later, negative results began to come from other researchers as well. For instance, in 1898 Gerhard Karl Schmidt failed to find polarization of thorium rays, and in the beginning of 1899, Rutherford reported of his inability to observe either refraction or polarization for uranium rays.

Becquerel decided to repeat his early experiments with polonium and radium : the results were negative. Take notice that he *assumed* that spontaneous radiation from various sources must have the same properties. In his communication in March 1899, Becquerel announced that he misinterpreted some of his early experiments[9]. To explain the experiments on reflection, he supposed that the image he observed then was made not by regularly reflected rays but rather by *secondary rays,* similar to those discovered in 1897 by Gaston Sagnac for X rays. Becquerel concluded that radioactive rays resemble X rays rather than light. While the view of corpuscular nature of X rays was becoming more popular at the time, it is not clear what drew Becquerel's attention to it. Perhaps, it was the phenomenon of induced radioactivity discovered by Pierre and Marie Curie in November 1899.

Becquerel decided to use a magnetic field as a new means of analyzing radioactive rays that could reveal differences unnoticeable in absorption. Having shown his first results to the Curies, Becquerel learned from them about the experiments of Meyer and Schweidler published 3 weeks earlier. From this moment, a close competition/co-operation on the effect of magnetic field developed between Becquerel, the Curies, and German scientists.

From his first qualitative photographs of magnetic deviation of radium rays, presented on December 11, 1899 Becquerel concluded that radium rays " considerably approximate " cathode rays[10]. He used this analogy to suggest how to calculate the velocity of these rays from measuring their deviation in both magnetic and electrostatic fields. By that time he was aware of different properties of different radioactive substances respecting absorption and magnetic deviation, and he was looking for means to express this difference.

In particular, Becquerel found on December 26 that, unlike radium rays, those of polonium were not affected by a magnetic field. It was also known that polonium rays were much more absorbable (by paper, for instance) than

8. H. Becquerel, " Sur quelques propriétés nouvelles des radiations invisibles émises par divers corps phosphorescents ", *C.R.*, 122 (1896), 559-564 ; " Sur les proprietes differentes des radiations invisibles émises par les sels d'uranium ", *loc. cit.*, 689-694 ; 762-767.

9. H. Becquerel, " Note sur quelques propriétés du rayonnemment de l'uranium et des corps radio-actifs ", *C.R.*, 128 (1899), 771-777.

10. H. Becquerel, " Influence d'un champ magnétique sur le rayonnement des corps radioactifs ", *C.R.*, 129 (1899), 996-1001.

radium rays. To explain the different behavior of different substances and even of different samples of supposedly same substance, P. Curie conducted a quantitative investigation in which he measured a discharge of a capacitor placed in a magnetic field. On January 8, he informed the Academy of Sciences that the radiation of radium consists of two components, only one of which deviates in a magnetic field[11]. The proportion of deviable rays increased with the distance the radiation passed, which implied that deviable rays were more penetrating than non-deviable. Having passed black paper or an aluminum plate of about 0.01 mm thick, the rays became fully deviable. At the same meeting, M. Curie noted that non-deviable rays follow a law of absorption unusual for a radiation : while X rays or radium rays as a whole diminished their absorbability when passing a greater thickness of a material, the non-deviable rays increased their absorption with the distance. This reminds, she said, the behavior of a projectile losing some of its energy when passing through an obstacle[12].

MAGNETIC AND ELECTROSTATIC DEVIATIONS : QUANTITATIVE STAGE

Three weeks later, on January 29, 1900, Becquerel presented the first quantitative data on magnetic deviation, from which he calculated the ratio mv/e = 1500 (where m is mass, e is charge, and v is velocity : in CGSE system)[13]. Becquerel thought this to be quite close to the numbers obtained for cathode rays by J.J. Thomson, P. Lenard, and W. Wien (from 1030 to 1273, with velocities between 0.67 x 10^{10} and 0.81 x 10^{10} (cm/sec). To determine e/m he needed an independent method of measuring the velocity. For several months, Pierre and Marie Curie, as well as Becquerel, unsuccessfully tried to measure either the electric charge of the radiation or its electrostatic deviation. Finally, on March 5, 1900, the Curies announced that they had accomplished this task. The current produced by radium was extremely low, 10^{-11} A, and the charge was negative. They concluded that it was " plausible " that " radium is a seat of a constant emission of negatively charged material particles "[14].

Three weeks later, on March 26, 1900, Becquerel gave the first data for electrostatic deviation of radium rays, and from these data combined with those on magnetic deviation, he determined the velocity of particles to be about one half of the speed of light, and the ratio e/m about 10^7.

11. P. Curie, " Action du champ magnétique sur les rayons de Becquerel. Rayons déviés et rayons non déviés ", C.R., 130 (1900), 73-76.
12. M. Sklodowska-Curie, " Sur la pénétration des rayons de Becquerel non déviables par le champ magnétique ", C.R., 130 (1900), 76-79.
13. H. Becquerel, " Contribution à l'étude du rayonnement du radium ", C.R., 130 (1900), 206-211.
14. P. Curie and Mme P. Curie, " Sur la charge électrique des rayons déviables du radium ", C.R., 130 (1900), 647-650.

Both numbers, he said, were within the range of the numbers obtained for cathode rays[15]. From now on, Becquerel talks of the deviable rays as *identical* to cathode rays. For technical reasons, measurements were conducted separately in each field and thus were limited only to a part of the beam that could be identified as the same in both experiments.

In 1901, Walter Kaufmann entered the field calling for improving the precision of measuring e/m for β-rays. His purpose, however, had nothing to do with identifying different particles : he wanted to check the theoretical prediction that the mass of a very fast moving particle may depend on its velocity[16]. To accomplish this task he needed faster particles than cathode rays and β-rays appeared to provide such. Kaufmann managed to send the beam through both electric and magnetic fields at the same time, and by doing so considerably improved the precision of determining of both the velocity and e/m. By 1903, he claimed to reduce the experimental error so much as to confirm Abraham's theory that the mass of electron is fully electromagnetic, within 1.4%[17].

HOW DOES ONE IDENTIFY PARTICLES ?

However, what did this precision actually mean ? It was a precision achieved for a specific apparatus and a specific sample of radium. As such, it could solve certain problems, such as the dependence of mass of velocity for the particles used in the experiment, but it could not prove that β-rays emitted by different substances have the same e/m. That would require a greater variety of experiments. With only a few observations done by 1903, the conclusion that negative particles observed in different experiments were the same had as much certainty as was provided by the least precise one ; or in other words, their e/m could only be determined within an order of magnitude.

If so, identifying β-rays with cathode rays could not be more precise than that, even if e/m for the latter would be positively known. This conclusion appears to contradict Kaufmann who stated that e/m for slower moving β-particles was the same as the one for cathode rays. To support his statement he compares his result for β-rays, 1.84×10^7, with S. Simon's result for cathode rays, 1.865×10^7[18]. The implication is that e/m is the same for negatively charged particles in the two phenomena within 1.4%. However, even assuming that either result was the best in its field, the comparison makes sense only if the ratio had been already *proven constant* in that field, which, was, of course,

15. H. Becquerel, " Deviation du rayonnement du radium dans un champ électrique ", *C.R.*, 130 (1900), 809-815.

16. W. Kaufmann, " Die magnetische und elektrische " Ablenkbarkeit " der Becquerelstrahlen und die scheinbare Masse der Elektronen ", *Gött. Nachr.* (1901), 143-155.

17. W. Kaufmann, " Die elektromagnetische Masse des Elektrons ", *Phys. Zeit.*, 4 (1902), 54-57.

18. W. Kaufmann, " La deviation magnetique et electrique des rayons Becquerel et la masse electromagnetique des electrons ", *C.R.*, 135 (1902), 577.

not the case. Moreover, having been unable to explain the discrepancies between different results, other researchers of cathode rays preferred their own results to Kaufmann's, and the difference between them far exceeded 1.4%. For instance, as quoted by Kaufmann himself, e/m for cathode rays ranged between 0.7 x 10^7 and 1.9 x 10^7.

ONE PARTICLE OR MANY ?

We see that important conclusions about the identity of negatively charged particles emitted by different substances, as well as their identity to cathode rays, were based on their ratio e/m being equal only within an *order of magnitude* ! Sometimes, particles are identified in purely qualitative terms. Becquerel, for instance, stated : " One can account for all these experiments by comparing the deviable radiation to cathode rays, *that is*, to masses charged by negative electricity traversing a magnetic field with a high speed. [...] *To complete the identification* of deviable radiation of radium with cathode rays it is sufficient to show either that this radiation transports negative electric charges or that it deviates in an electrostatic field "[19].

Apparently, the meaning of " identical " was at the time not so rigorous as now, being used interchangingly with " similar. " But even ignoring some looseness of the language, the fact is that neither Becquerel nor others ever discussed the possibility that negatively charged particles emitted by radium and other materials may differ in mass or in charge. Did Becquerel neglect precise measurements ? Was he a careless physicist ? Not at all if we look into his research in other fields ! But to be sure that such an attitude to identifying β-particles was not Becquerel's personal idiosyncrasy, let us compare his views with those of Kaufmann and J.J. Thomson.

After quoting the results for e/m for cathode rays some of which were about 2-3 times greater than the others, Kaufmann stated : " in any case, the numbers *so closely* approached those determined from the Zeeman effect that the hypothesis probably first put forward by Wiechert may be *unhesitatingly* adopted : that we have to do in both cases with the *same* particles — viz., the electrons "[20].

Thus, like Becquerel with β-rays, Kaufmann did not expect cathode rays to differ in mass and charge. Thomson described Lenard's and Kaufmann's measurements of e/m for cathode rays as " confirming " rather than " improving " those of his own. He also found Becquerel's result for β-rays " the same " as those for cathode rays. It means that Thomson was completely happy with an

19. H. Becquerel, " Sur le rayonnement de l'uranium et sur diverses propriétés physiques du rayonnement des corps radio-actifs ", *Rapports présentés au Congrès International de Physique*, III, in C. Guillaume, L. Poincaré (eds), Paris, 1900, 47-78, 3 vols, *op. cit.* 66 and 69, italics added.

20. W. Kaufmann, " The development of the electron idea ", *Electrician* (8 Nov. 1901), 95-97, *op. cit.*, 97, italics added.

agreement within the order of magnitude. Accordingly, he went so far as to presume that the charge e of particles in cathode rays is the same as the one he measured in photoelectric phenomena, from which he deduced their mass m[21].

If so, how to reconcile such a low demand for precision in the cases just described with striving for 1.4% of error in Kaufmann's experiments with β-rays ? I would say that the two do not contradict one another because they refer to different situations.

Neither Becquerel, nor Kaufmann, nor anyone else *expected* more than one new particle with e/m much greater than that for hydrogen ion. For this reason, it is likely, that even if this magnitude varied for different researchers 30 times instead of 3, it would be still acceptable. There was no theoretical reason for or against a single particle versus many, which would differ in mass (or even charge), say, 2-3 times. Thus, physicists opted for the *simplest* solution. It worked at the time, but the Occam razor would not have been of much use for mesons 50 years later.

Now, having *assumed* that particles observed in different phenomena are the same, that is of the same mass and charge, it did not matter which phenomenon to choose to measure their parameters. Accordingly, such phenomena and techniques were chosen that made the experiments simpler and provided the best precision. The hypothesis of a single particle was first formulated by Wiechert in January 1897. By the time it was restated by J.J. Thomson at the First Physics Congress in Paris in 1900, it had much more evidence behind it, and it had already been adopted by a number of physicists as a working hypothesis[22]. Still, it remained a hypothesis.

CONCLUSION

Instead of proving that negatively charged particles discovered in different phenomena had the same charge and the same mass, physicists *assumed* these particles to be the same. The experimental results showed the ratio e/m to coincide only within an order of magnitude, but that was accepted as fully satisfactory. While there were attempts to determine this ratio more precisely, they had nothing to do with proving that negative particles responsible for Zeeman effect, cathode rays, photoelectricity, and other phenomena were the same.

It would be of interest to check whether the case of electron is exceptional in this respect, or there were other cases, where a new quantitative concept was introduced without a reasonable proof, expecting to obtain its confirmation from its future ramifications.

    21. J.J. Thomson, " On the masses of the ions in gases at low pressures ", *Phil. Mag.*, 48 (1899), 547-567.
    22. J.J. Thomson, " Indications relative à la constitution de la matière ", *Rapports présentés au Congrès International de Physique*, III, in C. Guillaume and L. Poincaré (eds), Paris, 1900, 138-151, 3 vols.

LOCKYER'S " PROTO-ELEMENTS " AND THE DISCOVERY
OF THE ELECTRON

Nadia ROBOTTI and Matteo LEONE

The study of the development of atomic spectroscopy has been mainly in relation to chemical analysis, spectral laws and the rise of quantum theory. Such developments were based on the same assumption, *i.e.* the invariance of atomic spectra. There was also research along different lines, however, indeed based on the negation of that assumption. It aimed to analyze the behavior of atomic spectra under different working conditions. This line of research was led by the British astrophysicist Sir Norman Lockyer. In 1870 Lockyer began studying the effect of temperature on spectra and comparing stellar and laboratory spectra. This research led him to the discovery of new phenomena related to atomic spectra. To interpret these new facts, he developed a theory of the dissociation of the elements into simplified forms of matter, called " protoelements ". This paper examines the links between Lockyer's " protoelements " and J.J. Thomson's " corpuscles " and concludes that Lockyer's spectroscopy played a meaningful role in Thomson's discovery of the electron.

A NEW APPROACH

In 1859 Kirchhoff and Bunsen[1] formulated the law of the identity between emission and absorption spectra. This advancement had many consequences. Firstly, it made spectroscopy a method of chemical analysis. Secondly, it enabled a spectral classification of the stars to be made and finally, it explained the origin of the Fraunhofer and chromospheric lines and thus opened up the study of solar spectra[2].

In these developments of spectroscopy the assumption of the immutability of spectra was a satisfactory approach but it sometimes led to difficulties. In

---

1. G. Kirchhoff, R. Bunsen, " Chemische analyse durch spectralbeobachtungen ", *Annalen der Physik*, 2, 110, 160-189.

2. W. McGucken, *Nineteenth-Century Spectroscopy*, Baltimore, London, 1969.

particular, it seemed incompatible with the discovery that several elements presented different spectral lines at different temperatures. For example, new lines were observable in passing from arc to spark spectra. In the effort to explain this effect, Lockyer formulated his first dissociation hypothesis (1873)[3].

As the change from band to line spectra was attributed to a dissociation of molecules into atoms with increasing temperature, so, by analogy, the change of a line spectrum into a different line spectrum could be explained, according to Lockyer, by a dissociation, at even higher temperatures, of atoms into simplified forms of matter. To identify these simplified forms of matter, Lockyer formulated his " basic lines " criterion in 1879[4]. It was founded on the observation that different chemical elements presented coinciding lines, which he called " basic lines ". These " basic lines " were thus his evidence of such simplified forms of matter. Furthermore, higher temperatures seemed to produce a simplification of spectra till only the " basic lines " were observable.

The basic lines criterion began to be abandoned in 1880[5]. The appearance of coinciding lines was attributed either to the low powers of resolution of spectroscopes or to the presence of impurities. In the meantime, it was discovered that a number of formerly unidentified solar spectrum lines were not due to dissociation but could be explained by the presence of ordinary elements.

In 1897 Lockyer[6] too finally abandoned the basic lines criterion, observing that in passing from arc spectra to spark spectra new lines appeared and some lines were enhanced. He called them " enhanced lines ". Figure 1 shows the difference between the arc and spark spectra of three different elements.

Figure 1. Arc and spark spectra of Magnesium

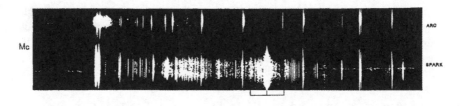

3. N. Lockyer, " Researches in spectrum analysis in connection with the spectrum of the sun ", *Philosophical Transactions*, 163 (1873), 253-275, 639-658.

4. N. Lockyer, " On the necessity of a new departure in spectrum analysis ", *Nature*, 21 (1879), 5-8.

5. C.A. Young, " Spectroscopic notes, 1879-1880 ", *American Journal of Science*, 20 (1880), 353-358 ; G.D. Liveing, J. Dewar, " On the identity of spectral lines of different elements ", *Proceedings of the Royal Society*, 32 (1881), 225-230 ; *ibid*, " On the spectrum of magnesium and litium ", *Proceedings of the Royal Society*, 30 (1880), 93-99 ; *ibid*, " Investigations on the spectrum of magnesium ", n° 1, *Proceedings of the Royal Society*, 32 (1881), 189-203.

6. N. Lockyer, " On the iron lines present in the hottest stars. Preliminary note ", *Proceedings of the Royal Society*, 60 (1897), 475-476. On this subject see also : N. Robotti, " The spectrum of ς–Puppis and the historical evolution of empirical data ", *Hist. Stud. Phys. Sci.*, 7 (1982).

Lockyer was thus able to formulate his *second dissociation hypothesis*, as follows : " Defining the hottest stars as those in which the U.V. spectrum is most extended, it is known that absorption is indicated by few lines only. In these stars iron is practically represented by the enhanced lines alone. [...] This result affords a valuable confirmation of my view, that the arc spectrum of the metallic elements is produced by molecules of different complexities, and it also indicates that the temperature of the hottest stars is sufficient to produce simplifications beyond those which have so far been produced in our laboratories "[7].

The second dissociation hypothesis was confirmed almost at once by stellar spectra. The enhanced lines observed in laboratory emission spectra were able to explain some of the *unknown* stellar lines and proved a good way to measure the temperature of stars.

Furthermore, the spectra of stars at very high temperatures were characterized by the almost exclusive presence of Helium lines and those of gas X (or orthohelium). From this fact Lockyer deduced a perfect continuity law, whereby with increasing temperature arc lines were replaced by gas (or Helium) lines. Lockyer saw such behavior as evidence of a *real* chemical change. He subsequently noted the fact that the order of appearance of the lines at increasing temperatures in the case of the Selenium group of metals coincided with their chemical order[8].

Further positive evidence for the second dissociation hypothesis came from chromospheric spectra and in particular from observations of the solar eclipse on January 22, 1898[9]. Differences between Fraunhofer (absorption) lines and flash spectra were explainable by Lockyer's theory of dissociation. The lines which intensified in passing from Fraunhofer to chromospheric lines were indeed " enhanced lines ". According to the dissociation hypothesis, such a result would imply that the temperature of the chromosphere is higher than that of the photosphere, a result in contrast with the conventional model of solar physics.

The enhanced lines criterion was also confirmed by studies of the effect of pressure on arc spectra. From 1883-1884 on, spectral shifts were consistent with the resolution power of spectroscopes. While studying the role of pressure in the shifting of spectral lines, Humphreys and Mohler discovered that such " shifts vary greatly for different elements, but in the case of any one, with a single exception, it was approximately proportional to and the excess of pres-

7. N. Lockyer, N. Lockyer, " On the iron lines present in the hottest stars. Preliminary note ", *op. cit.*

8. N. Lockyer, " On the chemistry of the hottest stars ", *Proceedings of the Royal Society*, 61 (1897), 148-209.

9. J. Evershed, " Wave-length determinations and general results obtained from a detailed examination of spectra photographed at the solar eclipse of January 22, 1898 ", *Proceedings of the Royal Society*, 68 (1901), 6-9.

sure above 1 Atm "[10]. The quoted exception was Calcium. In its spectra the H and K lines shift only about half as much as the g lines. Lockyer noticed that this anomalous behavior of Calcium spectra reflected experiments on enhanced lines. As a matter of fact, H and K are indeed enhanced lines, while the g line is a typical arc line. Lockyer's forecasts increased content of his dissociation theory : even Strontium lines behaved in a similar way[11].

Of the main objections to the enhanced lines criterion, two arguments are worth remembering. In observing that the dissociation hypothesis needed testing with a " crucial experiment " Schuster wrote : " Lockyer believes that with our strongest sparks we can exceed the state of dissociation which exists in the reversing layers of the sun [...]. If Mercury at a high temperature refuses to be dissociated into simpler elements, a most serious objection to the theory would have to be answered "[12].

Then there was Huggins's objection to the enhanced lines criterion. While experimenting with Calcium spectra, Huggins found that, if the temperature is constant and pressure goes to zero, the H and K lines are brighter than the g line. According to Huggins, such experiments demonstrated the unreliability of enhanced lines as a thermometric method[13].

THE " PROTO-ELEMENTS "

In March 1897 Lockyer suggested that the enhanced lines were the markers of a " *celestial dissociation* ", meaning a molecular simplification of metals into lighter gases, operated by temperature. In this process the intermediate states were represented by elements which produced enhanced lines. Lockyer used the prefix " proto " to indicate that condition of each metallic vapor which gives out enhanced lines. Proto-metals produce enhanced lines in the same way as metals emit arc lines.

Proto-hydrogen, on the other hand, was " discovered " while analyzing a " new stellar series " of Hydrogen. As this series was only present in the hottest star spectra, according to Lockyer, " there can be little doubt that the new series of Hydrogen represents one among the last stages of chemical simplification so far within our ken "[14]. In the graph (figure 2) Lockyer showed the chemical substances existing in different stars arranged by temperature along the top axis, and the spectral wavelengths along the bottom axis.

10. W. Humphreys, J. Mohler, " Effect of pressure on the wavelength of lines in the arc spectra of certain elements ", *Astrophysical Journal*, 3 (1896), 114-137.

11. N. Lockyer, " The shifting of spectral lines ", *Nature*, 53 (1896), 415-417.

12. A. Schuster, " Note by professor Schuster, *On the chemical constitution of the stars* ", *Proceedings of the Royal Society*, 61 (1897), 209-213.

13. W. Huggins, L. Huggins, " On the relative behavior of the H and K lines of spectrum of calcium ", *Astrophysical Journal*, 5 (1897), 77-86.

14. N. Lockyer, " On the chemistry of the hottest stars ", *op. cit.* ; *ibid*, " On the order of appearance of chemical substances at different stellar temperatures ", *Proceedings of the Royal Society*, 64 (1899), 396-401.

Figure 2. Diagram of wave lengths versus stellar temperature

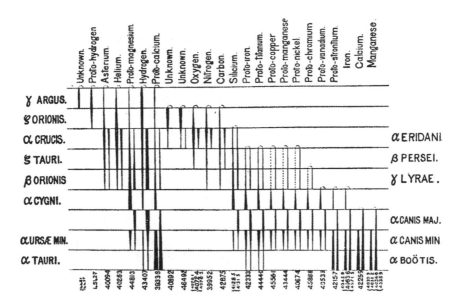

He observed that the enhanced lines seemed to fade away either on the appearance of Helium and gas X, as the temperature rose, or on the appearance of metallic arc lines, as the temperature fell. Following this observation, Lockyer regarded the dissociation of elements into proto-elements as a macroscopic reduction of mass. He called this his " periodic hypothesis ".

However, this " periodic hypothesis " met with several difficulties. Firstly, the proto-magnesium/proto-calcium sequence was reversed. Secondly, Oxygen appeared at a lower temperature than proto-calcium and proto-magnesium.

Lockyer used an ad hoc argument to explain away these difficulties : the magnesium atom became proto-magnesium by a single depolymerization process, whereas the calcium atom became proto-calcium by a double depolymerization process. The atomic weights of these atoms would thus be : Hydrogen 1, proto-calcium 10 and proto-magnesium 12, while Oxygen was 16[15].

As for proto-hydrogen, Lockyer suggested extrapolating from sodium spectrum lines. In sodium spectra, the *Principal* (and brightest) series was seen at all temperatures, whereas the *Diffuse* and *Sharp* series of lesser brightness were only seen in flame and arc spectra (two low temperature light sources). Lockyer linked each series to a different hypothetical particle, with the principal series representing the maximum simplification induced by increased temperature. Lockyer considered the known hydrogen spectral series and applied

15. N. Lockyer, " The method of inorganic evolution ", *Nature*, 61 (1899), 129-131.

the depolymerization process to this element too by means of a statistical and arbitrary method to evaluate the number of series that ought to be present. Such a number would be approximately equal to the number of observed spectral lines divided by the number of known series lines. By equating each series present to each depolymerization step and hypothesizing that in each step the mass was halved (see figure 3), he obtained a value for the last dissociation step — a mass equal to 0.0019 times the mass of the hydrogen atom, or approximately one six-hundredth of the mass of the hydrogen atom[16].

Figure 3. Table of the masses corresponding to spectral series

Spectrum.	Where existent.		Series, &c.	Mass.
Line spectrum	Celestial		Principal	0·0019
			Subordinate	0·0039
	Terrestrial		Subordinate	0·0078
Fluted spectrum	Set B Terrestrial		Principal	0·0156
			Subordinate	0·0312
			Subordinate	0·0625
	Set A Terrestrial		Principal	0·125
			Subordinate	0·25
			Subordinate	0·5
Continuous spectrum			Hydrogen weighed in the cold	1

This was the value that J.J. Thomson was to reconsider and compare with his estimate of the mass of the corpuscle.

" PROTO-ELEMENTS " AND " CORPUSCLES "

Four months after the publication of Lockyer's second dissociation hypothesis Thomson published a paper in which he introduced for the first time the concept of the atom as a complex and dissociable structure made of " corpuscles ". He wrote : " The assumption of a state of matter more finely subdivided than the atom of an element is a somewhat startling one ; but a hypothesis that would involve somewhat similar consequences, viz. that the so-called elements are compounds of some primordial elements, has been put forward from time to time by various chemists. Thus Prout believed that the atoms of elements were built up of atoms of Hydrogen, and Mr Norman Lockyer has advanced weighty arguments, founded on spectroscopic considerations, in favour of the composite nature of the elements "[17].

16. N. Lockyer, N. Lockyer, " The method of inorganic evolution ", *op. cit.*

17. J.J. Thomson, " Cathode rays ", *The Electrician* (21 may 1897) ; *cfr.* also " Cathode rays ", *Proceedings of the Royal Institution*, 15 (30 april 1897).

Two years later Thomson carried out a series of experiments which enabled him to estimate the mass of the " corpuscle ". He obtained a value of almost 1/1000 of the mass of hydrogen. On November 15 1899 he wrote to Lockyer in reply to the latter's paper on the mass of proto-hydrogen : " I was much interested in the paper you sent me, especially in the estimate you give for the mass of the smallest atom of Hydrogen, which is about 1/600 of that of an ordinary atom. I get for the mass of the particles with which I have been dealing values which in different experiments have varied between 1/500 and 1/700 of that of the ordinary atom, so that the two lines of enquiry lead to very concordant results "[18].

In conclusion, it is very interesting to observe what Schuster thought about Lockyer's spectroscopy in March 1897.

" I now pass on to say a few words on Mr Lockyer's final conclusions : most of us are convinced in our innermost hearts that matter is ultimately of one kind, whatever ideas we may have formed as to the nature of the primordial substance. That opinion is not under discussion. The question is not whether we believe in the unity of matter, but whether a direct proof of it can be derived from the spectroscopic evidence of stars "[19].

The credit not attributed to Lockyer here was later given, as we have seen, by Thomson in order to reinforce his own hypothesis of a structured and divisible atom.

18. J.J. Thomson, letter to N. Lockyer, Cambridge, november 15, 1899 ; N. Lockyer Collection, University of Exeter.

19. A. Schuster, " Note by professor Schuster, *On the chemical constitution of the stars* ", *op. cit.*

J.J. THOMSON'S THEORY-CHANGE AND THE DISCOVERY OF
THE ELECTRON

Seiya ABIKO

INTRODUCTION

On this occasion of centenary anniversary of the discovery of the electron, I would like to take up the case of J.J. Thomson as a typical exemplifier of the intimate relationship between the theory-change of electromagnetism in the former half of 1890's and the successive fundamental discoveries in the latter half of 1890's. As to this intimate relationship, I made a talk at the International Conference on " Emergence of Modern Physics ", held at Berlin in March 1995[1]. There, I pointed out that the theory-change of electromagnetism was from macroscopic to microscopic and that the successive fundamental discoveries held the common character of revealing to us the microscopic structure of nature.

As for Thomson's research process culminating in the discovery of the electron, there have been, to my knowledge, two comprehensive historical studies. One was made by Japanese historian Shinkichi Miyashita published in 1981 as a series of three papers " A Study of " Discovery of Electron ", Part I to Part III " written in Japanese, with Part I being on Thomson's researches in gas-discharge, Part II on those in X-rays and Part III on those in cathode-rays[2]. The other was made by today's first speaker Isobel Falconer published in 1987 in a paper " Corpuscles, Electrons and Cathode Rays : J.J. Thomson and the

1. S. Abiko, " What Was It that Brought Forth the Succession of Fundamental Discoveries 1895-1897 ? ", in D. Hoffmann, F. Bevilacqua, R.H. Stuewer (eds), *The Emergence of Modern Physics*, Pavia, 1997, 15-25.
2. S. Miyashita, " A study of " discovery of electron ", Part I : " J.J. Thomson and his researches in gas discharge (1880-1895) ", *Kagakushi Kenkyuu*, II, 20 (1981), 1-14, Part II : " J.J. Thomson's researches in X-rays (1896) ", *idem*, 74-82, Part III : " J.J. Thomson's Researches in cathode-rays (1896-1897) — from ion to electron ", *idem*, 202-212, written in Japanese, the English abstract is on 212.

" Discovery of the Electron " "[3]. Both of them stressed, as the basis of Thomson's discovery, the importance of his researches in gas-discharge, above all of his atomic theory of Faraday-tubes, and denied his central concern with cathode rays until late 1896. Both of them pointed out that it was during Thomson was researching in X-rays that he first entertained the idea of bodies smaller than atoms. On these points, I fully agree with them.

The point I am at variance with them, however, is about the influence on Thomson of J. Larmor's and H.A. Lorentz's electron theories. Miyashita mentioned neither the name of Larmor nor of Lorentz, and stated that the change in Thomson's view on current and electricity occurred while he was making researches into the nature of X-rays[4]. While, Falconer stated that there is no evidence of direct influence[5], and that he did not think of electricity as a substance until so late as 1899[6]. In the following, I will show the evidences of my opinion that the change of Thomson's view was induced by his acquaintance with the theory-change of Larmor and Lorentz.

THOMSON - LARMOR RELATIONSHIP

At the undergraduate course of Cambridge University, both Thomson and Larmor were pupils of Routh's class for the preparation of Mathematical Tripos (Fig. 1)[7]. Both of them finished the Tripos successfully in the same year of 1880, with Thomson being Second Wrangler and Larmor being Senior Wrangler. According to Lord Rayleigh, Thomson and Larmor were friendly as undergraduates, and lived the greater part of their lives close proximity and were interested in much the same subjects[8].

Just like Larmor, also Thomson was a theoretical physicist at the start of his career. Both of them shared the same view of Maxwellian electromagnetism at that time. In the very next year of their graduation, Thomson made one of his most prominent work in electromagnetic theory[9]. According to his later memoir, he wanted to see what the behavior of moving charged sphere ought to be on Maxwell's theory, that magnetic forces could be produced not only by electric currents through wires, but also by changes in electric force in a dielectric[10]. Thus he derived, for the first time, the expression of so called Lorentz force, *i.e.* the force exerted by external magnetic field on a moving charged

3. I. Falconer, " Corpuscles, electrons and cathode rays : J.J. Thomson and the " discovery of the electron ", *Brit. Jour. Hist. Sci.*, 20 (1987), 241-276.

4. S. Miyashita, Part II : " J.J. Thomson's researches in X-rays (1896) ", *op. cit.*, 74.

5. I. Falconer, *op. cit.*, 268.

6. *Idem*, 243.

7. J.J. Thomson, *Recollections and Reflections*, London, 1936, 41.

8. Lord Rayleigh, *The Life of Sir J.J. Thomson*, London, 1942, 9.

9. J.J. Thomson, " On the electric and magnetic effects produced by the motion of electrified body ", *Phil. Mag.,* 11 (1881), 229-249.

10. J.J. Thomson, *Recollections and Reflections, op. cit.*, 92.

particle, and that of electromagnetic mass, *i.e.* the increase of mass of a moving charged particle due to its exertion of magnetic effects in the surrounding medium. These expressions, though of considerable significance in the development of electromagnetic theory, proved afterward to contain numerical errors.

These errors, however, was not accidental but caused by his literalness to Maxwell's electromagnetic theory, which regarded charge or electricity not as independent ontological substance, but only as epiphenomenon of discontinuity in the dielectric displacement D existing in the surrounding medium, and understood current only through the time rate change of displacement. Therefore, he paid attention solely to the magnetic effects due to the change in D around the moving charged sphere, thereby failing to notice those due to the convection current carried by it[11].

In 1885, he presented to the British Association of the Advancement of Science (abbr. BAAS below) a report on the contemporary various electrical theories[12]. From this report, we can see that he was paying keen attention to various electromagnetic theories including those of abroad, and also we can understand the reason why he was devoted to Maxwell's theory. There, he pointed out that the continental theory of electrodynamics, based on charged particles in action at a distance, did not endure the experimental verifications, and that Helmholtz's electromagnetic theory, which was a continental variation of Maxwell's theory, contained logical inconsistencies. Admitting the difficulty in Maxwell's theory as to the meaning of " quantity of electricity ", he suggested, in that report, a way to arrive at an idea of its meaning utilizing the concept of " tubes of force ", later called by him as " Faraday tubes ". After that he began to develop his view of electromagnetic phenomena based on Faraday tubes, which was fully developed in Chap. 1 of his book published in 1893, *Recent Researches in Electricity and Magnetism*[13].

Following this line of thought, he described also in that book on *Application of Faraday tubes to find the magnetic force due to a moving sphere*, where he treated the same system as in 1881 paper, and obtained the expressions, though for the electromagnetic mass exact this time, but for the Lorentz force in numerical error by a factor $1/3$[14]. The conspicuous change came in the very next year 1894, when he published a paper entitled " On the velocity of the cathode-rays "[15]. After describing the results of his measurement and identifying the cathode ray as the flow of negative hydrogen ions, he made calculation

11. E.T. Whittaker, *A History of Theories of Aether and Electricity,* vol. 1, *The Classical Theories,* 2nd ed., New York, 1951, 306-307.

12. J.J. Thomson, " Report on Electrical Theories ", BAAS *Report* (1885), 97-155.

13. J.J. Thomson, *Recent Researches in Electricity and Magnetism,* London, 1893.

14. *Idem,* 22-23.

15. J.J. Thomson, " On the Velocity of the Cathode-Rays ", *Phil. Mag.,* 38 (1894), 358-365, 365.

of the magnitude of external magnetic force required to deflect the cathode ray to a measurable degree. Curiously, he utilized this time the exact expression of Lorentz force without mentioning any reference. The latter expression was nothing but that obtained simply by regarding the moving charged particle as an element of a current, *i.e.* the convection current.

We must remark here, as I pointed out in the talk mentioned above, that the period from 1893 to 1894 was just that in which his intimate colleague Larmor abandoned his Maxwellian view of electric charge and added to his article already read in the previous year a part entitled "Introduction of free electrons"[16]. What is more, Thomson was the very referee for that article[17].

The circumstances under which Larmor was forced to change his view were fully analyzed by J.Z. Buchwald in his voluminous book *From Maxwell to Microphysics*[18]. But the essence of the situation can be seen by the following quotation from Larmor's address to the Royal Society of London[19]. "It was seen that in order to obtain the correct sign for the electrodynamic forcives between current systems, we are precluded from taking a current to be simply a vortex ring in the fluid aether ; but that this difficulty is removed by taking a current to be produced by the convection of electrons or elementary electric charges through the free aether, ... " Comparison of this statement with Thomson's change of view on current carried by a charged sphere from displacement current to convection current, gives us a sure assurance of the influence from Larmor to Thomson.

HIS CHANGE OF VIEW ON THE ELECTRIC CONDUCTION THROUGH
RAREFIED GASSES

Thomson's change of view on current can be seen also in the case of the electric conduction in rarefied gasses. His view on electric conduction through gases at the time of 1893 was disclosed in Chap. 2 of *Recent Researches*[20], where he adopted the view that "the passage of electricity through a gas is accompanied and effected by chemical changes". Utilizing the notion of Faraday's tubes and in conformity with Maxwellian view of electricity, he explained "the nature of the chemical changes which accompany the discharge", as "similar to those which on Grotthus theory of electrolysis are supposed to occur in a Grotthus chain".

16. J. Larmor, "A Dynamical Theory of the Electric and Luminiferous Medium. Part I ", *Phil. Trans.*, 185 (1894), 719-822 ; also in *Papers*, 1 (1929), 414-535 ; J.Z. Buchwald, *From Maxwell to Microphysics*, Chicago, 1985, 154-173.

17. D.R. Topper, "To Reason by Means of Images : J.J. Thomson and the Mechanical Picture of Nature ", *Ann. Sci.*, 37 (1980), 31-57, 49.

18. J.Z. Buchwald, *op. cit.*, 16.

19. J. Larmor, *Nature* (25 July 1895), 310 ; also in *Papers*, 1 (1929), 536.

20. J.J. Thomson, *Recent Researches in Electricity and Magnetism*, *op. cit.* 13, 189-207.

In the next year 1894, however, he presented a report to BAAS entitled " The connection between chemical combination and the discharge of electricity through gases "[21]. In the former half of the report, he summarized the results obtained up to then. In the latter half, however, he stressed amazingly high conductivity in the case of rarefied gases, and stated " the presence of small number of charged ions in a gas will impart to it a conductivity large enough to be detected ". Then, he proceeded to express " the current carried by the positive ions " by nothing but the expression of the convection current, and to calculate the specific resistance of the mixture of free ions and undissociated gas, using this expression and Maxwell's Kinetic Theory of Gases.

One cannot but be struck by this remarkable change of his view on the electric conduction through gases between 1893 and 1894. Could it have occurred, if it had not been for the drastic change of electromagnetic theory during this same period ? Nevertheless, he neither abandoned his view of electromagnetic field in terms of Faraday tubes at that time, nor he promptly discarded the idea of Grotthus chain in the discharge through not so rarefied gases. He never gave up the idea of the Faraday tubes till the end of his life, and the idea of the Grotthus chain survived till the discovery of electron. What readily changed at that time was his view on the electric charge and the current carried by it. In other words, he began to realize the ontological existence of the electric charge, and, as might be anticipated naturally, this latter change of his view was of indispensable significance for his forthcoming discovery of electron.

Contrary to what said above, Falconer stated as follows, " Despite this close contact with Larmor, Thomson's own concept of charge... does not seem to have been influenced by Larmor's theory. It remained virtually unchanged between 1890 and 1897 "[22]. And, citing Thomson's 1895 paper[23], Falconer stated that Thomson's charge was an expression of the energy of the surface interaction between an atom and a Faraday tube[24]. Nevertheless, Thomson used the concept of the convection current also in that paper[25], and it seems to me that, if the charge had been merely an expression of energy for him, he would not have utilized the concept of the convection current in that paper. Besides, in my opinion, the usage of Faraday tube which represented the electric field, was not in contradiction with the ontological existence of the electric charge for Thomson at that time.

21. J.J. Thomson, " The relation between an atom and the charge of electricity carried by it ", *BAAS Report* (1894), 482-493.

22. I. Falconer, *op. cit.*, 269.

23. J.J. Thomson, " The relation between an atom and the charge of electricity carried by it ", *Phil. Mag.*, 40 (1895), 511-544.

24. I. Falconer, *op. cit.*, 261.

25. J.J. Thomson, " The relation between an atom and the charge of electricity carried by it ", *op. cit.*, 543.

The electron theories and Thomson's conception of " corpuscles "

Let us finally inspect the origin of Thomson's concept of " corpuscles ". We will see in the following, this origin also was intimately connected with the theory-change of electromagnetism by Larmor and Lorentz.

In September 1896, Thomson made an important address to BAAS as the President of the section of mathematical and physical science[26]. Symbolically, this address begins with " a melancholy reminiscence " of late Clerk Maxwell. Then, he proceeded to the considerations on the nature of X-ray. He pointed out, that " the two respects in which the X-rays differ from light ", were " in the absence of refraction and perhaps of polarization ". As to the absence of refraction, he stated, " the theory of dispersion of light shows that there will be no bending [of light] when the frequency of the vibration is very great ". Showing a curve taken from a paper by Helmholtz (Fig. 2), he explained how it could be so, and added, " Helmholtz's results are obtained on the supposition that a molecule of the refracting substance consists of a pair of oppositely electrified atoms ". We must notice here, the theory of dispersion of light stated above was nothing but the predecessor of the electron theories of Larmor and Lorentz. As to the other objection that there was no evidence of the existence of polarization, Thomson stated " though the structure of tourmaline is fine enough to polarize the visible rays, it may be too coarse to polarize the Röntgen rays if these have exceedingly small wave-length ".

Thus, identifying X-ray as a kind of light with extremely short wavelength, he made a remarkable statement as follows, " It is perhaps worth notice that on the electromagnetic theory of light we might expect two different types of vibration if we suppose that atoms in the molecule of the vibrating substance carried electrical charges. One set of vibrations would be due to the oscillations of the bodies carrying the charges, the other set to the oscillations of the charges on these bodies. The wave-length of the second set of vibrations would be commensurate with molecular dimensions ; can these vibrations be the Röntgen rays ? " Here, isn't it clear that he looked upon the charges carried by an atom as its constituent elements ? Thus, we can infer that the conception of subatomic charged particles had already been conceived by him at the time of this Presidential address, in September 1896, in order to explain the generation of X-rays. Moreover, the electromagnetic theory of light stated above should be regarded as the electron theories by Larmor and Lorentz or their predecessor Helmholtz's theory. We can find here the evidence of intimate relationship between the electron theories and Thomson's conception of " corpuscles ".

It was just after this address that he began to tackle, assisted by his research students, vigorously with the experiments on the cathode-rays. His efforts

26. J.J. Thomson, " Presidential Address ", BAAS Report (1896), 699-706 ; also Nature, 54 (1896), 471-475.

resulted in the famous discourse delivered at the Royal Institution, April 1897, entitled " Cathode rays "[27]. As an introduction, he expressed his motivation for the research as follows, " Recently a great renewal of interest in these rays has taken place, owing to the remarkable properties possessed by an offspring of theirs, for the cathode rays are parents of the Röntgen rays ", showing the continuity of his concern from the last address. Having described the results of his experiments, he introduced " corpuscles " as negatively charged very small particle constituting the atoms of elements. Thus, we can see that his " corpuscles " were introduced along the extended line of " the charges on atoms " stated in the presidential address.

The discourse ended with reference to the experiments by Zeeman, stating that the value of *e/m* obtained by Thomson from the cathode rays, was of the same order as that deduced by Zeeman from his experiments on the effects of magnetic field on the period of the sodium light. The experiments by Zeeman stated above was first informed in Britain as a brief note in *Nature* on 24 December 1896 consisting of only 10 lines. We must remark here that it was Larmor who first noticed its importance and suggested Lodge to confirm the experiment, which Lodge soon succeeded to do[28].

The reason Larmor noticed the importance of Zeeman's experiment can be seen from his address read at the Royal Society of London on February 11, 1987[29]. There he stated that after the manner of the part of his paper on " Introduction of Free Electrons ", it might be shown " that in an ideal simple molecule consisting of one positive and one negative electron revolving round each other, the inertia of the molecule would have to be considerably less than the chemical masses of ordinary molecules, in order to lead to an influence on the period, of the order observed by Dr. Zeeman ". It was only two months later that Thomson made the famous discourse and introduced his concept of " corpuscles ".

Contrary to the statement made by Falconer that " Lorentz had stressed that matter was composed of charged particles, while Larmor did not "[30], Larmor stated at the start of his 1895 paper as follows, " the consideration of groups of electrons ..., which form a part of, or possibly the whole of, the constitution of the atoms of matter, suffices to lead to a correlation of the various modes of activity "[31]. As I pointed out in the talk of 1995, in order to explain those facts like optical dispersion, ether drag coefficient and magneto-optical phenomena,

27. J.J. Thomson, " Cathode Rays ", *Electrician* (21 May 1897), 104-109 ; also *Proc. Roy. Ins.*, 15 (1897), 419-432.

28. J. Larmor, *Papers*, 2 (1929), 140.

29. *Idem*, 139.

30. I. Falconer, *op. cit.*, 269.

31. J. Larmor, " A dynamical theory of the electric and luminiferous medium. Part II. Theory of electrons ", *Phil. Trans.*, 186 (1895), 695 ; also in *Papers*, 1 (1929), 543.

the concept of charged particles constituting the atoms of matter became indispensable in the middle of 1890's in Europe.

Thus, the concept of " subatomic charged particles " was well in the air of the scientific climate of Europe at that time. And, it was Thomson who disclosed its substance explicitly before the scientific audience in 1897 in the form of the cathode rays.

FIGURES

Photo: Hill & Saunders, Cambridge

DR. ROUTH AND PUPILS FOR THE MATHEMATICAL TRIPOS OF
JANUARY, 1880

Taken October Term, 1879.
Left to right: (*Back row*): J. W. Welsford, Joseph Lamor, J. Marshal, ——(?), J. J. Thomson, E. J.
C. Morton, F. F. Daldy.
(*Middle row*): T. Woodcock, Homersham Cox, ——(?), Dr. Routh, P. T. Wrigley, J. C. Watt.
(*Front row*): ——(?), A. McIntosh, W. B. Allcock.

1. From J.J. Thomson, *Recollections and Reflections,* London, 1936.

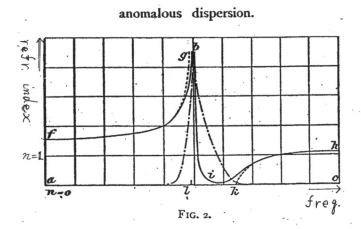

FIG. 2.

2. From J.J. Thomson, *Nature*, 54 (1896), 304.

PART FOUR

EINSTEIN

LA PROCLAMATION EINSTEINIENNE DE L'INDÉPENDANCE DES ÉVÉNEMENTS (1905) ET LA SYNCHRONISATION DES HORLOGES (EINSTEIN ET POINCARÉ)

Yves PIERSEAUX

INTRODUCTION :

LA PROCLAMATION EINSTEINIENNE DE L'INDÉPENDANCE DES ÉVÉNEMENTS

L'*Annus Mirabilis* est un " noeud historique " dans l'heuristique einsteinienne qu'il convient de dénouer et non pas de trancher en l'isolant de tout ce qui l'a immédiatement précédé (1900-1905). L'année 1905 fait partie intégrante de la première période de la recherche einsteinienne centrée sur la thermodynamique[1] et la cinétique moléculaire. L'article sur les quanta de lumière est essentiellement un article de thermodynamique statistique et celui sur le mouvement brownien un article de cinétique moléculaire.

En outre, les comptes rendus[2] rédigés par le jeune Einstein, qui étaient publiés en annexe de la revue *Annalen der Physik*, concernent tous la thermodynamique. Einstein a poursuivi cette activité de *spécialiste de la thermodynamique* en 1906, son dernier rapport étant consacré au livre de Planck intitulé *Vorlesungen über die Theorie der Wärmestrahlung* (Leçons sur la théorie du rayonnement thermique).

L'omniprésence du recours à la notion d'événement dans les trois travaux fondamentaux de 1905 ne rentre dans aucune des trois images du monde (mécanique, électromagnétique, énergétiste) recensées par Holton[3] mais s'inscrit par contre harmonieusement dans une quatrième image, boltzmannienne

---

1. M. Klein, *Thermodynamics in Einstein's thought, Science*, vol. 157, 1967.

2. A. Einstein, " The swiss years, writings (1900-1909) ", vol. 2, *The collected papers of Albert Einstein*, J. Stachel (ed.), 1989.

3. G. Holton, " Einstein et la quête de l'image du monde ", *L'imagination scientifique*, Paris, 1981.

(*Special thermodynamical picture of the world*), adoptée par le jeune couple de chercheurs Albert et Mileva Einstein.

Le concept d'événement a une double origine, probabiliste et de cinétique moléculaire. A cet égard, Dugas[4] transcrit le raisonnement de Boltzmann dans son travail sur le théorème H de 1872 à propos de la théorie cinétique des collisions moléculaires de la façon suivante : " les chocs successifs encourus par une même molécule doivent être considérés comme des *événements indépendants* pour qu'on puisse leur appliquer les règles du calcul de probabilité " (nous soulignons).

L'*Annus Mirabilis* est donc l'année de la proclamation einsteinienne de l'indépendance des événements.

ÉVÉNEMENTS INDÉPENDANTS ET QUANTA DE LUMIÈRE (MARS 1905)

C'est dans le paragraphe 5° de l'article sur les quanta de lumière[5] qu'Einstein apporte sa touche la plus personnelle, puisqu'il s'agit de la théorie moléculaire de la chaleur, autrement dit de son approche statistique de la thermodynamique. Einstein précise sa définition originale de la probabilité statistique introduite en 1903[6] : " §5 Étude dans le cadre de la théorie moléculaire de la dépendance en volume de l'entropie d'un gaz ou d'une solution diluée "

Dans le calcul de l'entropie par les méthodes de la théorie moléculaire, on emploie couramment le mot " probabilité " (*Wahrscheinlichkeit*) dans un sens qui ne recouvre pas la définition de ce mot telle qu'elle est donnée en calcul des probabilités. En particulier, on définit souvent de façon hypothétique des " occurrences d'égale probabilité " (*Fälle gleicher Wahrscheinlichkeit*), dans des cas où les modèles théoriques sont suffisamment précis pour qu'à la place de cette définition hypothétique on ait une déduction.

Je montrerai ailleurs que, dans les considérations relatives aux processus thermiques, on peut très bien se satisfaire de ce qu'il est convenu d'appeler les " probabilités statistiques ". J'espère ainsi éliminer une difficulté logique qui fait encore obstacle à la mise en oeuvre du principe de Boltzmann. Si parler de probabilité d'un état d'un système a un sens et si, en outre, toute augmentation d'entropie peut-être conçue comme une transition vers un état de plus grande probabilité, l'entropie S_1 d'un système est une fonction de la probabilité W_1 de l'état instantané du système. Si donc on a affaire à 2 systèmes S_1 et S_2 sans interaction, on peut poser : $S_1 = \varphi_1(W_1) S_2 = \varphi_2(W_2)$

---

4. R. Dugas, *La théorie physique au sens de Boltzmann*, Neuchatel, Suisse, 1959, 148.

5. A. Einstein, " Über einen die Erzeugung und Verwandlung des Lichtes betreffenden heuristischen Gesichtspunkt ", *Ann. d. Ph.*, 18 (1905), 132-148. (traduction C.N.R.S., *Oeuvres Choisies*, vol. 1, Seuil, 1989, 39).

6. A. Einstein, " Eine Theorie des Grundlagen der Thermodynamik ", *Ann. d. Ph.*, 11 (1903), 170-187 (traduction partielle C.N.R.S., *Oeuvres Choisies*, vol. 1, Seuil, 1989, 18).

Si l'on considère ces deux systèmes comme un seul et même système d'entropie S et de probabilité W, on a :

$$S = S_1 + S_2 = \varphi(W) \, et \, W = W_1 W_2$$

Cette dernière relation exprime le fait que les états des 2 systèmes sont des *événements indépendants les uns des autres* (*voneinander unabhängig Ereignis*).

De ces équations, il découle que :

$$\varphi(W_1 \, W_2) = \varphi_1(W_1) + \varphi_2(W_2)^7. \text{ (nous soulignons)}$$

Einstein déduit alors la célèbre relation qu'il baptise " principe de Boltzmann " (S désigne l'entropie, R la constante des gaz parfaits, N le nombre d'Avogadro et W la probabilité temporelle) :

$$S - S_0 = \frac{R}{N} \ln W$$

Le concept d'événement indépendant apparaît ainsi pour la première fois dans le processus heuristique einsteinien[8]. Il occupe une position stratégique dans le mode de déduction de l'hypothèse des quanta de lumière. De surcroît, Einstein opère " un rapprochement inédit entre le concept d'état du système et celui d'événement ". L'évolution dictée par la loi fondamentale de la mécanique de la chaleur implique une série de transitions vers des probabilités statistiques croissantes qui constituent une " succession d'événements ".

L'histoire des mathématiques révèle que cette définition de la probabilité évoque un vieux débat entre " empiristes " et " rationalistes ", autrement dit entre partisans d'une étude a priori des configurations (Pascal) et ceux d'une répétition d'expériences a posteriori (Bernoulli) ; dans la première branche de l'alternative, on obtient une probabilité fondée sur l'égalité des chances (équiprobabilité), dans la seconde une probabilité fondée sur la fréquence d'apparition des événements. La définition a priori consiste à calculer un rapport du nombre de cas favorables au nombre de cas possibles étant donné que ces derniers sont équiprobables (la probabilité d'obtenir un as avec un dé est a priori 1/6). Dans ce cas la question de l'indépendance de chaque événement (chaque lancer du dé) n'est pas primordiale. La mécanique statistique est fondée sur cette probabilité basée sur l'étude des configurations (des nombres de complexions). La probabilité empiriste, comme l'indique E. Borel[9], est directement liée à la loi des grands nombres : " On peut déduire de la loi des écarts la loi des grands nombres, qui a été annoncée pour la première fois au XVIIIe siècle par Jacques Bernoulli. Si l'on considère une suite indéfinie d'épreuves répé-

7. A. Einstein, " Über einen die Erzeugung und Verwandlung des Lichtes betreffenden heuristischen Gesichtspunkt ", *Ann. d. Ph.*, 18 (1905), 132-148. (traduction C.N.R.S., *Oeuvres Choisies*, vol. 1, Seuil, 1989, 46).

8. A. Einstein, " Über einen die Erzeugung und Verwandlung des Lichtes betreffenden heuristischen Gesichtspunkt ", *Ann. d. Ph.*, 18 (1905), 132-148. (traduction C.N.R.S., *Oeuvres Choisies*, vol. 1, Seuil, 1989, 39).

9. E. Borel, *Probabilité et Certitude* (Que sais-je ?, 445), 1950.

tées, on appellera fréquence du cas favorable au cours des n premières épreuves le quotient par le nombre n du nombre de fois que se produit le cas favorable. Cette fréquence pourra être désignée par f_n. La loi des grands nombres consiste à affirmer que : lorsque n augmente indéfiniment, la fréquence f_n, tend vers une limite f qui la égale à la probabilité p "[10].

Chaque face du dé est affectée d'une certaine probabilité évaluée empiriquement. Il faut noter que dans ce cas l'indépendance des événements est primordiale pour assurer la validité des tests qui doivent être répétés. Si les lancers ne sont pas indépendants, la valeur trouvée n'a aucune signification quant aux propriétés du dé. Einstein précise par ailleurs dans son Autoportrait[11] : " Des études entreprises sur le rayonnement, faites à partir de la relation de Boltzmann entre " l'entropie et la probabilité " (en prenant comme probabilité la " fréquence statistique dans le temps ") menaient également à ces mêmes conclusions "[12].

Sa probabilité est donc " une fréquence statistique *dans le temps* ". Cette précision est naturellement indispensable pour traduire une fréquence de passage dans tel ou tel état définie au niveau thermodynamique. Selon Einstein, la fréquence statistique n'est donc pas intemporelle comme dans une approche purement mathématique (même " empiriste "). Cette fréquence statistique einsteinienne caractérise une suite d'événements situés non seulement dans le temps mais aussi dans un certain volume de l'espace. En effet la déduction einsteinienne des quanta de lumière de 1905 est essentiellement fondée sur une analogie entre les expressions " de la variation de l'entropie en fonction du volume " pour un gaz de particules et pour le rayonnement noir.

Einstein considère ainsi, dans le même paragraphe 5, un système de points mobiles pour lequel il ne formule aucune hypothèse notamment sur la loi de mouvement ; les seules grandeurs d'états considérées sont le volume V et aussi l'entropie S_0 : " Soit dans un volume V_0 un nombre n de points mobiles (des molécules par exemple), sur lesquels nous allons raisonner. Il peut y avoir dans l'espace, outre ceux-ci, d'autres points mobiles, en nombre quelconque et de n'importe quelle espèce. Quand à la loi régissant le déplacement des points considérés dans l'espace, elle n'est l'objet d'aucune hypothèse si ce n'est que pour ce mouvement, aucune région de l'espace, non plus qu'aucune direction, n'est privilégiée par rapport aux autres ".

Einstein ne se préoccupe guère de la loi du mouvement des points et définit alors l'entropie (et donc la probabilité statistique) en fonction du volume : " Le système considéré (…) a une certaine entropie, S_0. Imaginons une portion de volume V_0 de grandeur V et que tous les n points mobiles soient transportés dans le volume V sans que rien par ailleurs ne soit modifié dans le système. A

10. E. Borel, *op. cit.*
11. A. Einstein, " Autoportrait ", traduction F. Lab, Paris, 1980.
12. A. Einstein, " Autoportrait ", *op. cit.*, 50.

cet état correspond évidemment une autre valeur S de l'entropie ; nous nous proposons de déterminer cette différence d'entropie grâce au principe de Boltzmann. (…) Quelle est la probabilité pour que, en un instant choisi au hasard, les n points mobiles indépendants contenus dans le volume V_0 se trouvent (par hasard) tous dans le volume V ? Pour cette probabilité, qui est une *probabilité statistique*, on obtient évidemment la valeur :

$$W = \left[\frac{V}{V_0}\right]^n$$

D'où l'on déduit par application du principe de Boltzmann, que

$$S - S_0 = R\left[\frac{n}{N}\right]\ln\left[\frac{V}{V_0}\right] \text{ ''. (idem)}$$

Le concept de fréquence statistique dans le temps, qui s'appuie sur l'existence des événements indépendants, est directement lié[13] au mode einsteinien de déduction des quanta d'énergie (de lumière) indépendants (paragraphe 6) mais ce qui nous intéresse ici est que la probabilité statistique est une probabilité de présence dans le temps dans un certain volume de l'espace ; le volume n'est pas un volume (invariant) de l'espace des phases (q, p) mais un volume au sens premier du terme (une portion d'espace à trois dimensions).

Autrement dit la probabilité einsteinienne revient à estimer la fréquence d'événements qui se produisent à un instant donné, dans un volume spatial à trois dimensions donné (V, t). En effet si le volume tend vers zéro, autrement dit devient ponctuel, on trouve, en passant des grandeurs (thermodynamiques) d'état V et S aux grandeurs (mécaniques) d'état x, y, z, t la définition einsteinienne du concept d'événement ponctuel (*Punktereignis*) : " Pour donner une valeur à l'emplacement d'un processus (*Vorganges*) qui se produit dans un élément d'espace (*Raumelement*) et dont la durée (*Dauer*) est infiniment courte (événement ponctuel, *Punktereignis*), nous avons besoin d'un système de coordonnées (…) "[14].

---

13. Einstein compare la probabilité statistique obtenue au §5, dans le cadre de la théorie moléculaire de la chaleur, avec celle qu'il a obtenue au par. 6, dans le cadre du rayonnement noir, pour arriver à son hypothèse heuristique des quanta de lumière dans le paragraphe intitulé " §6 Interprétation selon le principe de Boltzmann donnant la dépendance en volume de l'entropie de rayonnement monochromatique " : " D'où, nous tirons cette autre conclusion : un rayonnement monochromatique de faible densité (dans les limites du domaine de validité de la loi de Wien) se comporte, par rapport à la théorie de la chaleur, comme s'il était constitué de *quanta d'énergie (unabhängigen Energiequanten), indépendants* les uns des autres, de grandeurs R β v / N ". (nous soulignons, $\beta = h/k$). L'inversion selon l'expression de Born (*cf*. M. Born, *Einstein's statistical Theories*, North Western University Press copyright) du principe de Boltzmann revient à définir la probabilité à partir de l'entropie, autrement dit à admettre la définition einsteinienne de la probabilité statistique.

14. A. Einstein, " Relativitätsprinzip und die aus demselben gezogenen ", *Folgerungen Jahrbuch der Radioaktivität*, 4 (1907), 411-462 ; n° 5, 98-99. (trad. part., C.N.R.S., *Oeuvres Choisies*, vol. 2, 1989, 87, §1).

Cet extrait de la seconde présentation de la RR en 1907[15] envisage l'événement comme un processus physique qui se produit dans un élément d'espace (*Raumelement*) et dont la durée est infiniment courte (*Zeitelement*). On s'aperçoit ainsi que " la notion mathématique et intemporelle de fréquence statistique prend un sens physique " (spatio-temporel).

ÉVÉNEMENTS INDÉPENDANTS ET PROMENADE ALÉATOIRE (MAI 1905)

C'est dans le paragraphe 4 (" Relation entre la diffusion et le mouvement désordonné des particules en suspension dans un fluide ") de l'article de mai 1905 consacré au mouvement brownien[16], qu'apparaît le concept de processus indépendants : " Il est clair qu'il faut supposer que chaque particule individuelle accomplit son mouvement indépendamment de celui des autres particules ; il faut aussi considérer que les mouvements d'une seule et même particule correspondant à des intervalles de temps différents sont des processus indépendants (*unhabhängige Vorgänge*) les uns des autres, du moins pour des intervalles de temps pas trop courts "[17].

Pour la deuxième fois dans ses travaux, Einstein introduit, dans le prolongement de l'indépendance des processus, la notion capitale d'événements indépendants : " Introduisons un intervalle de temps t très petit devant les intervalles de temps observables et quand même suffisamment grand pour que les mouvements exécutés par une même particule durant deux intervalles de temps successifs puissent être envisagés comme des événements indépendants (*unhabhängige Ereignisse*) ". (*idem*)

Einstein déduit alors à la fin du paragraphe 4 la relation fondamentale qui décrit le mouvement de la particule brownienne (" Le déplacement moyen λ_x qu'effectue une particule dans la direction de l'axe X — soit encore dit de façon plus précise — la racine carrée de la moyenne arithmétique des carrés des déplacements dans la direction de l'axe X "[18]).

L'interprétation einsteinienne de la " promenade aléatoire " (*random walk*) de la particule brownienne est donc conditionnée par l'" indépendance des événements ". Einstein introduit dans le prolongement de l'indépendance des

15. A. Einstein, " Relativitätsprinzip und die aus demselben gezogenen ", *Folgerungen Jahrbuch der Radioaktivität*, 4 (1907), 411-462 ; n° 5, 98-99. (trad. part., C.N.R.S., *Oeuvres Choisies*, vol. 2, 1989, 85).

16. A. Einstein, " Über die von der molekularkinetischen Theorie der Wärme geforderte Bewegung von in ruhenden Flüssigkeiten suspendierten Teilchen ", *Ann. d. Ph.*, 17 (1905), 549-560. (traduction C.N.R.S., *Oeuvres Choisies*, vol. 1, 1989, 55).

17. A. Einstein, " Über die von der molekularkinetischen Theorie der Wärme geforderte Bewegung von in ruhenden Flüssigkeiten suspendierten Teilchen ", *Ann. d. Ph.*, 17 (1905), 549-560. (traduction C.N.R.S., *Oeuvres Choisies*, vol. 1, 1989, 61).

18. A. Einstein, " Über die von der molekularkinetischen Theorie der Wärme geforderte Bewegung von in ruhenden Flüssigkeiten suspendierten Teilchen ", *Ann. d. Ph.*, 17 (1905), 549-560. (traduction C.N.R.S., *Oeuvres Choisies*, vol. 1, 1989, 63).

" processus " la notion capitale d'événements indépendants, associée à un intervalle de temps. Ce rapprochement entre les concepts de processus et d'événement n'est pas fortuit dans la logique du jeune thermodynamicien atomiste. Notons qu'il s'agit du premier exemple historique de description du mouvement d'une " même particule " non pas en terme de trajectoire dans le temps $x(t)$, $y(t)$, $z(t)$ mais de suite d'événements, x, y, z, t.

ÉVÉNEMENTS INDÉPENDANTS ET RELATIVITÉ RESTREINTE (RR-JUIN 1905)

Dans une phrase demeurée célèbre du paragraphe 1 (" définition de la simultanéité ") de l'article sur l'électrodynamique des corps en mouvement[19], Einstein lie d'emblée le concept de temps à celui d'événement : " Il convient en effet de noter que tous nos jugements dans lequel le temps joue un rôle sont toujours des événements simultanés " (en italiques dans le texte)[20]. Einstein donne tout de suite un exemple d'événements simultanés : " Quand je dis, par exemple, " le train arrive ici à 7h ", cela veut dire que le passage de la petite aiguille de ma montre par l'endroit marqué 7 et l'arrivée du train sont des événements simultanés. Il semblerait que l'on pourrait écarter les difficultés concernant la définition du temps si l'on substituait à ce dernier terme l'expression " position de la petite aiguille de la montre ". (*idem*)

Il est intéressant de faire remarquer que les deux événements évoqués par Einstein sont naturellement des événements indépendants, notion qui joue déjà un rôle central dans l'article sur les quanta de lumière [A] et celui sur le mouvement brownien [B]. Il n'y a en effet aucun lien de causalité entre le mouvement du train qui arrive à un certain endroit (par exemple " la gare du Nord ") et le mouvement de la petite aiguille de l'horloge qui arrive à un certain endroit (par exemple sur le chiffre 7). Le temps est donc donné par l'horloge située à l'endroit[21] " gare du Nord ") où se produit l'événement " arrivée du train ".

Le concept de " deux événements au même endroit " est parfaitement clair lorsqu'on admet que " l'horloge idéale einsteinienne, qui donne le temps au même endroit est une suite d'événements " ponctuels ", qui se passent au même endroit que l'événement (ponctuel) " arrivée du train ". La conception einsteinienne de la simultanéité définit ainsi le temps en rapport avec deux événements au même lieu et non plus nécessairement en rapport avec le déplacement d'un seul corps d'un endroit à l'autre.

---

19. A. Einstein, " Zur Elektrodynamik bewegter Körper ", *Ann. d. Ph.*, 17 (1905), 892-921. (traduction par Solovine, Gauthier-Villars, 1955, 5). Les références renvoient aux textes français.

20. A. Einstein, " Zur Elektrodynamik bewegter Körper ", *Ann. d. Ph.*, 17 (1905), 892-921. (traduction par Solovine, Gauthier-Villars, 1955, 9-10). Les références renvoient aux textes français.

21. Il ne faut naturellement pas confondre l'endroit où arrive le train (" gare du Nord ") avec l'endroit où arrive la petite aiguille sur le cadran de la montre.

En d'autres termes, il n'est plus nécessaire comme dans la mécanique classique de mesurer l'espace entre deux positions différentes d'un mobile, même si l'image classique de l'horloge de la gare du Nord avec sa petite aiguille donne cette impression : il est suffisant de concevoir l'horloge idéale (dans un voisinage à la limite ponctuel) comme une série d'événements successifs au même point ; sans référence à un éventuel déplacement dans l'espace[22].

Après avoir distribué les horloges en tous lieux, Einstein passe alors à la deuxième opération, à savoir la détermination d'un temps commun pour toutes les horloges distribuées dans l'espace ("le temps au repos du système au repos", selon l'expression utilisée par Einstein) : "Soit placée en A de l'espace une horloge. Un observateur qui s'y trouve peut examiner la durée des événements qui se déroulent dans le voisinage immédiat de A en notant les positions des aiguilles simultanées à ces événements. En supposant placée au point B de l'espace une autre horloge — qui est exactement de la même construction que celle de A — un observateur qui s'y trouve pourra également évaluer la durée des événements qui se déroulent dans son voisinage immédiat. Mais il n'est pas possible de comparer, sans convention préalable, la situation dans le temps d'un événement en A et d'un événement en B. Jusqu'à présent nous n'avons qu'un temps A et un temps B, mais pas de temps commun à A et B. Ce dernier temps peut être établi en posant par définition que le temps nécessaire à la lumière pour aller de A en B est égal au temps pour aller de B en A ". (*idem*)

Les conventions de simultanéité à distance d'Einstein (1905) et de Poincaré[23] (1900) sont distinctes puisque chez Poincaré[24] la lumière ne met pas le même temps dans tout système inertiel, même si la différence de temps est compensée en temps local par le fait que les horloges du référentiel inertiel sont déréglées en temps vrai.

Einstein complète la définition de la simultanéité (" même temps ") comme coïncidence (" même endroit, même temps ") de deux événements indépendants par la synchronisation des horloges dans tout système inertiel. La procédure de synchronisation des horloges, dont Einstein énonce les propriétés de réflexivité et de transitivité, repose entièrement sur les processus d'émission, de réflexion et de réception de signaux lumineux, considérés comme des événements ponctuels (voir premier paragraphe de l'article). Les événements ponctuels (indépendants et dépendants) sont donc les éléments de construction

22. Autrement dit l'approche einsteinienne non seulement ne subordonne pas la définition du temps à l'espace (une spatialisation du temps, Bergson) mais procède bien plutôt comme la suite des événements va le montrer à une " temporalisation de l'espace ".

23. H. Poincaré, " La théorie de Lorentz et le principe de réaction ", *Arch. Néerland. des sciences exactes et naturelles*, 2ᵉ série, 5 (1900).

24. H. Poincaré, " Sur la dynamique de l'électron ", Comptes rendus de l'Académie des sciences de Palerme (1905), *Rd. d. Circ. mat. de Palermo*, 21 (1906).

de base de la cinématique relativiste einsteinienne (rebaptisés par Minkowski " points d'Univers ").

Le diagramme spatio-temporel de Minkowski permet de représenter un cadre cinématique général pour les événements au moyen de la terminologie standard, quelque peu métaphysique, de " futur absolu, passé absolu et éloignement absolu " par rapport à un événement bien déterminé (choisi comme origine) :

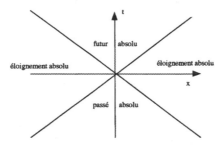

On voit alors comment s'articule le concept d'indépendance avec les concepts habituels d'intervalles d'événements de type spatial ou temporel : des événements dépendants sont nécessairement séparés par un intervalle de type temporel tandis que des événements indépendants peuvent être séparés aussi bien par un intervalle de type temporel que par un intervalle de type spatial.

Remarquons enfin que si une même particule brownienne est décrite en termes de suite d'événements indépendants, on décrit dans la cinématique relativiste einsteinienne, le mouvement d'un point matériel (et même d'un " point lumineux ") comme une suite d'événements dépendants. Cette coïncidence n'est nullement fortuite, comme nous l'avons[25].

CONCLUSION :

LE CONCEPT D'ÉVÉNEMENT ET LE CONCEPT D'ÉTAT D'UN SYSTÈME

Un événement est un processus qui se produit dans un volume infinitésimal pendant une durée infinitésimale. L'état de ce processus ponctuel (temps et espace) est complètement déterminé par les valeurs x, y, z, t dans K et par x', y', z', t' dans K'. Perrin écrit à propos des événements, dans des leçons qui traitent de la théorie de la relativité[26] : " La définition d'un événement est plus complexe d'un degré que celle d'un point matériel "[27].

25. Y. Pierseaux, " Le concept d'événements indépendants dans les trois articles d'Einstein de 1905 ", *Ann. Fond. de Broglie*, vol. 22, n° 4, 391.

26. J. Perrin, *Espace et Temps*, Paris, 1951.

27. J. Perrin, *op. cit.*, 21.

L'événement est ainsi conçu par Einstein en 1910[28] comme un processus élémentaire : " Nous entendrons pas événement élémentaire, un événement supposé concentré en un point et de durée infiniment petite. Nous appellerons coordonnée de temps d'un événement élémentaire l'indication, au moment où se produit l'événement, d'une horloge située infiniment près du point où l'événement a lieu. Un événement élémentaire est donc défini par quatre coordonnées : la coordonnée de temps et les trois coordonnées définissant la position dans l'espace du point où l'événement est supposé concentré "[29]. (nous soulignons)

Einstein conçoit ainsi l'événement ponctuel comme la limite infinitésimale d'un processus caractérisé par le lieu auquel il se produit et la durée pendant laquelle il se produit : l'état du système ainsi constitué est donc caractérisé par (x, y, z, t). Autrement dit l'événement est un processus ponctuel dont l'état est caractérisé par x, y, z, t.

Le jeune thermodynamicien utilise, dans le paragraphe 3 de l'article sur la relativité intitulé " la transformation des coordonnées et du temps ", la formulation suivante : " A toutes les valeurs x, y, z, t, déterminant d'une façon complète le lieu et le temps d'un événement dans le système au repos, correspondent les valeurs x', y', z', t' qui déterminent cet événement par rapport à K' ". (nous soulignons)

Le rapprochement inédit effectué par le jeune Einstein entre le concept d'état et d'événement possède donc des racines qui s'enfoncent profondément dans le sol de la physique. Poincaré n'utilise pas le concept d'événement et ne prépare pas ses systèmes inertiels de la même façon qu'Einstein. Il obtient pourtant, au même moment (juin-juillet 1905) mais avec une autre approche qu'Einstein, toutes les formules fondamentales de la théorie de la relativité. L'histoire suggère donc directement aux physiciens qu'il n'y a pas une RR mais deux RR à savoir " la RR avec éther " et la " RR sans éther "[30].

REMERCIEMENTS

Je tiens tout particulièrement à remercier M. Jean Reignier et M. Pierre Marage pour le soutien actif qu'ils ont apporté depuis plusieurs années à mes recherches sur l'origine et les fondements de la relativité restreinte (Einstein et Poincaré). Je remercie aussi vivement Mlle Isabelle Stengers, ainsi que Mrs

---

28. A. Einstein, " Principe de relativité et ses conséquences dans la physique moderne " (1re des trois publications francophones -suisses- d'Einstein), *Archives des sciences physiques et naturelles*, 29 (1910), 5-28 ; 125-244.

29. A. Einstein, " Principe de relativité et ses conséquences dans la physique moderne " (1re des trois publications francophones -suisses- d'Einstein), *Archives des sciences physiques et naturelles*, 29 (1910), 25.

30. Y. Pierseaux, *La " structure fine " de la RR*, Thèse de doctorat, Université Libre de Bruxelles, 1998.

Jacques Naisse, Claude George et Grégoire Wallenborn avec lesquels les discussions sur différents aspects de la théorie de la relativité et de la thermodynamique statistique ont été très fructueuses.

Einstein in Brazil : the Communication to the Brazilian Academy of Sciences on the Constitution of Light[1]

A.T. TOLMASQUIM and I.C. MOREIRA

Einstein's trip to South America

In 1925 Einstein visited Argentina, Uruguay and Brazil within a series of travels around the world in the twenties, in sequence of a suddenly acquired fame. These travels had not only scientific repercussions, but also (and in some cases specially) political and ideological echoes. Some of them were aimed to Zionism, like the trip to the United States, taken with Chaim Weizmann, in 1921, in order to collect funds for the Zionist cause, or the visit to Palestine, two years later, when he gave the first lecture in the future Hebrew University at Mount Scopus. Another motivation for these journeys, as it happened with the trip to Japan, was his concern for knowing different cultures[2]. Even during trips with a distinctive scientific purpose, like his journeys to France or England, the political aspect was also strongly present. Einstein was the first German with public prominence to visit these nations after the war. He had the explicit aim of tightening the links between European nations, and attempted to show that science, as the arts, could not be submitted to nationalism.

1. We are grateful to many persons who helped us in this research : P. Pardal, B. Veiga, G. Castagneti, L. Bassani, H. Domingues and B. Bach. We want to thank specially Ze'ev Rozenkranz, Curator of the A. Einstein Archives, Jerusalem, and R. Schulman, Editor of the Collected Papers of A. Einstein for the authorization to reproduce Einstein's manuscript and by their suggestions and encouragement. The Edelstein Center for the History and Philosophy of Science, Technology and Medicine of the Hebrew University of Jerusalem and the National Council for Scientific and Technological Development, Brazil (CNPq) gave the necessary support for our research. Finally, we want to pay a tribute to J. Getulio Veiga, who kept the manuscript with care during 70 years ; he died recently and had not the opportunity to see this manuscript published in its original form.

2. Einstein said once about his travel to Japan that : " when Yamamoto's invitation to Japan came, I decided at once to make the great journey, which was to take months and for which I could produce no other excuse than that I would never forgive myself if I missed the opportunity to see Japan with my own eyes ". A. Einstein, " My impressions of Japan ", Quoted from S. Kenji, *A. Einstein : a photographic biography*, New York, 1989, 82.

Einstein's trip to South America is connected to all of these aspects : diffusion of his scientific theories and political ideas, and a strong interest in knowing new countries and cultures. He gave lectures about the Relativity Theory for both scientific and non specialized audiences. His theories were explained and discussed in the press, and his routine was reported daily on the front pages of the newspapers. He also had the opportunity to make contact with local scientists, both in private speeches and in sessions of scientific academies[3]. However, in the notes of his diary, he sometimes expressed his opinion on the lack of significance of these meetings, in contradiction to the opinion of local scientists.

The trip was partly financed and organized by the Latin-American Jewish communities. In the countries visited by Einstein, there were many Jewish institutions which participated in the organization of great receptions for him. He talked about the necessity of the Jews all over the world to join and support the movement for the foundation of the Hebrew University in Jerusalem[4]. After his returning to Berlin, in a letter sent to Michele Besso, Einstein wrote : " In everyplace where I arrived, I was celebrated by the Jews, because I am a symbol of union among them "[5].

The problems of the relationship among the nations, especially the necessity of a stronger co-operation among European peoples, were posed by Einstein both in private talks as in public speeches. During a reception organized by the German ambassador and the German community in Rio, he said that in his trips to South and North America, he had verified that in this continent, as in Europe, there were also germs of suspicion among the nations. In America, however, the friction among them was weaker due to the presence of a reciprocal tolerance[6]. He published also in the Argentinean newspaper, *La Prensa*, in May 24, a paper entitled Pan-Europe[7], where he defended the rebirth of the European community which had been destroyed during the World War. This paper was criticized by members of the German community in Argentina, and

3. In Argentina he had an interview with the scientists in the Academy of Sciences. See *A 70 anos de la visita de A. Einstein. Preguntas y respuestas sobre aspectos entonces desconocidos de la Fisica Moderna*, Buenos Aires, Academia Nacional de Ciencias Exactas, Fisicas y Naturales, 1995.

4. Einstein accepted only invitations made by scientific institutions and with academic aim. However, in this case, he knew about the partnership of the Jewish institution in the invitation. He received a letter from the Hebrew Association in Argentina explaining that the invitation had been made by the Argentinean university and that the Jewish institution made only a contribution to " facilité[r] la solution de la question financière ". Asociacion Hebraica to Einstein, Jan. 9, 1924, A. Einstein Archives (hereafter AE) 43.089-1. In the Brazilian case, the invitation itself was made by the Rabbi Isaiah Raffalovich " in request of the Directors of the Medicine Faculty and the Polytechnic School of Rio de Janeiro ". See Raffalovich to Einstein, January 27, 1925, AE-44.010.

5. Einstein to Besso, June 5, 1925, AE 7.352-2.

6. *O Jornal*, May 9, 1925.

7. This paper was printed in a Portuguese version in I.C. Moreira, A.A.P. Videira (orgs), *Einstein e o Brasil*, Rio de Janeiro, 1995, 71-75.

due to hostile manifestations, the German ambassador avoided the invitation of Germans for a reception at the Embassy[8].

Wondering at the tropical nature and different cultural traditions were constant aspects of Einstein's attitude during the trip to South America. He agreed on taking a flight over Buenos Aires, and visited famous tourist spots in Rio de Janeiro such as Pão de Açucar and Corcovado, and took a day long tour by car in Rio's surroundings. His notes about Rio de Janeiro make reference to the flora that " surpasses the 1001 night dreams ", to the " delicious ethnic mixture in the streets ", or to the influence of the warm and humid climate on the human behavior[9]. From Rio, he sent a telegram to Ehrenfest, where he revealed his general impression : " It has already been two months since I've been wandering in this lost paradise as a traveller of the Relativity "[10].

The formal invitation to visit Argentina was formulated by Buenos Aires University[11]. Nevertheless, it was the result of a combination of efforts. In 1923, the Argentinean-German Cultural Institution, whose explicit purpose was to diffuse the German culture and science in Argentina, invited him but he declined[12]. On the other hand, another cultural institution — *Asociacion Hebraica* (Hebrew Association) — asked Max Straus, a commercial agent in Berlin, to personally deliver Einstein's invitation[13]. As Einstein was in Leiden, his wife, Elsa, talked about Einstein's attitude of declining invitations which had not been formulated officially and by means of scientific institutions[14]. Hebrew Association informed Buenos Aires University about Einstein's wish to visit Argentina, since he had received the invitation from an academic institution. As some professors of the university had already manifested their interest in Einstein's visit to Argentina, Buenos Aires University joined the Hebrew Association initiative. A pool of these institutions was created to finance Einstein's trip : Buenos Aires University gave $ 4,000 Argentinean pesos, the Hebrew Association the amount of $ 4,660 pesos, and the Argentinean-German Institution contributed another $ 1,500 pesos[15]. The invitation was the result of a confluence of several interests. For the scientists and professors of the university Einstein's presence gave them, besides the prestige of succeeding in bringing Einstein to Argentina, the possibility of learning about the revolution-

8. Deutsche Gesandtschaft to Auswärtige Amt., Buenos Aires, April 30, 1925, Politisches Archiv des Auswartigen Amtes, R64678, Quoted in C. Kirsten, H.J. Treder, *Albert Einstein in Berlin 1913-1933*. Band 2, NR 725, Berlin, Akademie-Verlag, 1979.

9. The Einstein's trip diary to South America, AE-29.133.

10. Postcard from Einstein to Ehrenfest, May 5, 1925, AE-10.105.

11. Rector of the Buenos Aires University to Einstein. Buenos Aires, December 31, 1923, AE-43.091.

12. Instituition Cultural Argentino-Germana to Einstein. August 4, 1923, AE-43.087 and Stutzin to Einstein, October 30, 1923, AE-43.088.

13. M. Straus to Einstein. November, 5, 1923, AE-45.084.

14. *Mundo Israelita*, March 25, 1925, 4.

15. *La Prensa*, December 28, 1923 and January 9, 1924.

ary relativity theory directly from the main author. For the Jews, who had just immigrated to South America, it was a good chance to exhibit the most celebrated scientist of the world as member of their people ; for the Germans it was the opportunity to make propaganda for German culture in the context of a cultural war with other European countries[16].

Einstein left Hamburg on March 5 aboard the ship Cap Polonio. The ship arrived in Rio de Janeiro on March 21, and Einstein was received by a special commission, composed by scientists, journalists and members of the Jewish community. He stayed one day in the city, during a technical stop of the ship. He reached Buenos Aires on March 24, after a stay of a few hours in Uruguay[17].

In Buenos Aires, Einstein had an exhaustive agenda. He took part in receptions organized by scientists, the Jewish community and the German Ambassador. He was received by the President and State Ministers and visited a newspaper office and Jewish institutions. He gave eight conferences at the Faculty of Exact, Physical and Natural Sciences, a speech on " Positivism and Idealism : the geometry and the finite and infinite space of the General Theory " at the Philosophy and Literature Faculty, and a conference entitled " Some thoughts on the Jews situation " at the Hebrew Association. Einstein travelled also to La Plata and Córdoba, and attended conferences in both places. He had a reception at the National Academy of Exact Sciences where he answered several questions on relativity and quantum physics[18]. But, generally, his scientific activity in Argentina was restricted to the diffusion and explanation of the relativistic ideas. Einstein left Argentina on April 24 and reached Montevideo on the same day. He had three conferences at the Engineering Faculty of the University and, as in Argentina, took part in many receptions and visited the President of the country and State Ministers. He stayed a week in Montevideo, and left on May 1, headed for Rio de Janeiro.

At that time, there were no Brazilian research institutions doing researches in physics and mathematics. Few scientists, as Manoel Amoroso Costa, Roberto Marinho de Azevedo, Theodoro Ramos and Lélio Gama, had a real interest in the new theories[19]. But most of them came from engineering schools and had only a self-taught background in the new physics. There were also many opponents of the new theories, in particular among the positivist intellectu-

16. See also E. Ortiz. " A Convergence of interest : Einstein's visit to Argentina in 1925 ", *Ibero-Amerikanisches Archiv*, 21 (1995), 67-126.

17. About Einstein's visit to Argentina see E.E. Galloni, "La visita de Einstein a la Argentina ", *La Prensa*, January 4, 1976, published also in I.C. Moreira, A.A.P. Videira (orgs), *Einstein e o Brasil, op. cit.*, 221-230.

18. *A 70 anos de la visita de A. Einstein..., op. cit.*

19. The relation of works published in Brazil on Relativity in the early years may be found in I.C. Moreira, " A recepção das idéias da Relatividade no Brasil ", in I.C. Moreira, A.A.P. Videira (orgs), *Einstein e o Brasil, op. cit.*, 177-206.

als[20]. This divergence among members of the local scientific community involved also different points of view on the relation between pure and applied science. For instance, during Einstein's visit to the Brazilian Academy of Science [ABC], Mario Ramos, fellow of the Section of Physical and Chemical Sciences of the Academy, said that the homage to Einstein was " a tribute of the scientists of another country, where the environment is still not very favorable to the speculations of pure science "[21].

In order to organize Einstein's visit, a commission reception was created, constituted by representatives of the Polytechnic School of Rio de Janeiro, the Engineering Club, and the ABC[22]. The President of the Commission was the Vice-President of the Engineering Club and Full Professor of the Polytechnic School, Arthur Getúlio das Neves who had been Vice-Governor of the Brazilian capital. Einstein's scientific program included visits to many institutions, two conferences about the relativity theory, and a reception at ABC. In reality, none of the institutions Einstein visited had a specific tie with his works, but they were prestigious Brazilian institutions.

Einstein's conferences about the relativity theory, as occurred in many other countries, had the main character of disseminating the new ideas to a diversified audience. The first one took place at the Engineering Club. The auditorium was completely crowded, with many authorities, their wives and children. Seeing and hearing the famous scientist was more important than understanding the conferences. About this conference, Einstein wrote later : " At 4:00 PM, first conference at the Engineering Club in a crowded auditorium, with noise from the street.... Little scientific "[23]. The second conference took place at the Polytechnic School, and the organizers made the right arrangements to limit the number of people, restricting it to the scientific and academic community.

Einstein visited the Hospital dos Alienados (Psychiatric Hospital), directed by Juliano Moreira, Vice-President of the ABC. Later he went to the Oswaldo Cruz Institute, an institution for biological research which was dealing at that time with the fight against tropical diseases, and to the National Museum, a museum of Natural History, with an exhibition of animal skeletons, animal and

20. About the reception of relativity see also J. Alves, " A Teoria da Relatividade no Brasil : Recepção e Contexto ", in A.I. Hamburger, M.A Dantes, M. Paty, P. Petitjean (orgs), As ciências nas relações Brasil-França (1850-1950), São Paulo, 1996, 121-141 ; M. Paty " A recepção da Relatividade no Brasil e a influência das tradições científicas européias ", idem, 143-181 ; A.A. Tolmasquim, " Constituição e diferenciação do meio científico brasileiro no contexto da visita de Einstein em 1925 ", Estudios Interdisciplinarios de America Latina y el Caribe, 7-2 Jul.-Dec. 1996, 25-44 ; and I.C. Moreira, " Amoroso Costa e a Introdução da Relatividade no Brasil ", in M.A. Costa (ed.), Introdução à Relatividade, Rio de Janeiro, 1995, XV-XLII.

21. Jornal do Brasil, May 8, 1926.

22. See the Report of the Reception Commission. " Albert Einstein ", Revista do Clube de Engenharia (1925) (reprinted in I.C. Moreira, A.A.P. Videira (orgs), Einstein e o Brasil, op. cit., 161-166.

23. See Einstein's trip diary, AE-29.133.

botanical species, anthropological and archaeological information on native cultures, etc. Einstein also visited the National Observatory, an institution devoted to some astronomical studies and to civil services as weather forecast, tide predicting, geographical demarcation, and so on. A staff of the Brazilian observatory participated in the expedition to Sobral in 1919, to observe the Solar eclipse.

Einstein visited Jewish institutions, like the Scholem Aleichem Library and the Zionist Federation, and took part in a big reception offered by the Jewish community. He participated in a dinner offered by the German community at the Germany Club, and another offered by the German ambassador. Einstein was also received by President Arthur Bernardes and some State ministers. He made a speech in Rádio Sociedade on the importance of radio broadcasting for the popularization of science.

The reception at the ABC was the most important of Einstein's scientific compromises during his visit to Rio de Janeiro. The institution had been created in 1916, joining local scientists in order to promote scientific activities in Brazil. In a short time, the Academy turned into an important center of scientific debates, and its annals became, in the following years, the most prestigious scientific journal in Brazil. The reception took place on May 7, 1925, and brought together more than one hundred members from many institutions. The session was opened by Juliano Moreira. He made a speech about the influence of the relativity theory in other areas, such as biology, and gave to Einstein the diploma of Correspondent Fellow of ABC. Many other famous scientists, as Marie Curie and Paul Langevin would receive the same degree in subsequent years.

Francisco Lafayette, another fellow of the ABC, made a speech about Einstein's works, commenting on his first researches on Brownian motion, photoelectric effect and relativistic theories. Soon after Mario Ramos established the Albert Einstein Prize, to be awarded every year to the best paper presented to the Academy. Finally, Einstein, speaking in French, gave a short lecture on the question of the reality of light quanta : *Bemerkungen zu der gegenwärtigen Lage der Theorie des Lichtes* (Remarks on the present situation of the light theory).

The paper of this communication was later translated into Portuguese by Roberto Marinho de Azevedo, and published in the first issue of the new journal of the ABC, *Revista da Academia Brasileira de Sciencias*[24]. Einstein's paper is not quoted in Einstein's bibliographies[25]. The only exception appears

24. M. Paty, *Einstein philosophe. La physique comme pratique philosophique*, Paris, Presses Universitaires de France, 1993.

25. A. Einstein, " Observações sobre a situação atual da teoria da luz ", *Revista da Academia Brasileira de Sciencias*, 1 (1926), 1-3, reprinted in I.C. Moreira and A.A.P. Videira (orgs), *Einstein e o Brasil, op. cit.*, 61-64.

to be the one made by M. Paty[26]. The fact that it was published only in a Portuguese version and in the first volume of a slightly known Brazilian journal is, we think, one of the reasons for this lack of international recognition. This communication to ABC is, to our knowledge, his only paper published in a scientific journal, between November 1922 and June 1925 where there is a direct, yet generic comparison between the photon idea and the BKS proposal. Einstein's manuscript is reproduced at the end of our paper in its original German version.

This communication is not a technical paper, in the sense of being a profound discussion of the two theories in competition, but it is a general presentation about the two main points of view on the constitution of light. Significantly, instead of a simple address to ABC, Einstein preferred to make a short scientific communication about the question of reality of light quanta as the best way for honoring the scientific institution. He initially gave an overview of the old undulatory theory of light and on the new theory of light quanta discussing advantages and difficulties of these theories. Then, Einstein explained the concept of light quantum and exposed the general idea of BKS (Bohr, Kramers and Slater) proposal : " According to these scientists, we must keep thinking about radiation as made by waves which propagate in all directions and which, in spite of being continuously absorbed by matter, as claimed by undulatory theory, produce, according to purely statistical laws, effects that are identical to the ones produced by corpuscles with the nature of *quanta.* " He adds : " With this idea, these authors have given up the exact validity of the conservation theorems of energy and linear momentum, replacing them by a relation whose intention is only a statistical character ". We note that, in the manuscript, Einstein wrote " Cramers " instead of " Kramers ".

Commenting about the description of Compton's effect, Einstein wrote that according to the *quantum* theory, there is a statistical dependence between the diffused radiation and the emission of electrons. This correlation did not exist in the theoretical conceptions of Bohr, Kramers and Slater. Einstein also gave a general description of the device constructed by Bothe and Geiger for testing the statistical correlation between these elementary processes. In his brief communication, he did not make detailed criticisms of the BKS theory, which he had expressed in several letters and in interviews to newspapers. He limited himself to expose the general problem and the two main viewpoints about the constitution of light. He closed the communication expressing hope that the experimental measurements could soon decide about the validity of these theories. In that moment, Einstein had some information about the preliminary results of the experiments made by Bothe and Geiger. His final conclusion

26. See, for example, " Bibliography of the writings of Albert Einstein to May 1951 ", compiled by M.C. Shields, in P.A. Schilpp (ed.), *Albert Einstein : Philosopher-Scientist*, Open Court Publishing, 1949.

was : " By occasion of my departure from Europe, experiences were not concluded yet. The results obtained up to now appear, nevertheless, to show the existence of that correlation. This correlation being verified will allow a new valuable argument on behalf of the reality of light quanta. "

The manuscript was written in Rio de Janeiro, since we find, on the back of the paper, the symbol of *Hotel Glória*, where Einstein had been lodged during his stay. The date of the manuscript, May 7, is the same as of his conference. The manuscript was written in German, but the conference was held in French. Probably Einstein used the manuscript as a guide for his exposition. We suppose that the members of ABC asked him to publish the paper in the journal of the academy. The original manuscript was given to Getulio das Neves, and after his death in 1928, his archive, including this paper, was kept by his grandson Jorge Getúlio Veiga, who has kept it until nowadays.

Einstein left South America back to Europe in May 12. His visit strongly influenced and gave a new breath to an emergent and small academic elite in Rio de Janeiro in their struggle for the establishment of scientific research in Brazil and for the diffusion of the new ideas of modern physics. Before and during Einstein's stay many articles were published in the newspapers on the relativity theory, some of them against it[27]. The polemic about the relativistic conceptions outgrew the academic circles and reached the press.

In the ABC, a single debate extended into several subsequent sessions of the academy. The dispute emerged mainly after the presentation of a paper by Licinio Cardoso, Professor of the Polytechnic School and Head of the Section of Physical Sciences and Mathematics of the ABC, entitled " Imaginary Relativity "[28]. Several academicians defended Einstein's theory and some weeks later Roberto Marinho de Azevedo presented a paper entitled " Reply to some objections made among us against the Relativity Theory "[29].

EINSTEIN, BOHR AND THE REALITY OF LIGHT QUANTA

Einstein's manuscript presented to ABC is part of a long-standing discussion on the constitution of light. During the years 1923 to 1925, Einstein and Bohr differed for the first time on fundamental questions in physics : at stake the

27. T.A. Ramos, " Reflexões sobre a Teoria da Relatividade ", *O Jornal* (March 21, 1925) ; R.M. Azevedo, " A Teoria da Relatividade de Einstein ", *O Jornal* (March 21, 1925) ; L. Gama, " A Teoria da Relatividade e os eclipses do Sol ", *O Jornal* (March 21, 1925) ; A. Berget, " A origem da Relatividade ", *O Imparcial* (May 6, 1925) (translation) ; Pontes de Miranda, " Espaço-Tempo-Matéria ", *O Jornal* (May 6, 1925) ; C.V. Gago Coutinho, " Palestras sobre a Teoria da Relatividade ", *O Jornal* (May 6, 1925).

28. This paper was previously printed in *O Jornal* (May 16, 1925).

29. R.M. de Azevedo, " Resposta às objeções levantads entre nós contra a Teoria da Relatividade ", *Revista da Academia Brasileira de Sciencias*, 1 (April 1926), 13-17.

reality of light quanta and the validity of conservation of energy and momentum in elementary processes.[30]

An important generalization of the quantum concept, introduced by Planck in 1900, was compiled by Einstein in his 1905 paper[31]. He considered the hypothesis that light consists of quanta with discrete energy hv which are located in single points moving in space, and which can be absorbed or generated only as a whole. The most celebrated application of this idea was the explanation of the photoelectric effect. Einstein's idea of a granular structure for the radiation was, of course, completely at variance with the prevailing undulatory theory of light. It would suffer a strong opposition during the next 20 years, even after the experimental confirmation of the photoelectric equation, in 1916, accomplished by Millikan.

In 1917, Einstein supposed that in an elementary process of emission or absorption, only directed radiation bundles are emitted or absorbed[32]. He postulated the conservation of energy and momentum in this process : " If a radiation bundle has the effect that a molecule struck by it absorbs or emits a quantity of energy hv in the form of radiation (ingoing radiation), then a momentum hv/c is always transferred to the molecule. For an absorption of energy, this takes place in the direction of propagation of the radiation bundle, for an emission in the opposite direction. " He also made a strong affirmative in opposition to the undulatory theory of light : " If the molecule undergoes a loss in energy of magnitude hv without external excitation, by emitting this energy in the form of radiation (outgoing radiation), then this process, too, is directional. Outgoing radiation in the form of spherical waves does not exist. During the elementary process of radioactive loss, the molecule suffers a recoil of magnitude hv/c in a direction which is only determined by 'chance', according to the present state of the theory. " Einstein recognized, however, the weakness of his theory : it " lies on the one hand in the fact that it does not get us any closer to making the connection with wave theory ; on the other, that it leaves the duration and direction of the elementary processes to 'chance' "[33].

30. More detailed discussions can be found in : M. Jammer, *The conceptual development of Quantum Mechanics*, New York, 1966 ; B.L. Van der Waerden, *Sources of Quantum Mechanics*, New York, 1968 ; J. Mehra, H. Rechenberg, *The historical development of Quantum Theory*, vol. 1, part 2, New York, 1982 ; A. Pais, " Subtle is the Lord... ", *The science and the life of Albert Einstein*, 1982 ; A. Einstein, *Oeuvres Choisies : Quanta*, F. Balibar, O. Darrigol, B. Jech (orgs), Paris, 1989 ; H.M. Nussenzweig, " A comunicação de Einsein à ABC ", I.C. Moreira and A.A.P. Videira (orgs), *Einstein e o Brasil, op. cit.*, 47-60 ; J. Hendry, " BKS : a virtual theory of virtual oscillators and its role in the history of quantum mechanics ", *Centaurus*, xxv (1981), 189-221 ; M.J. Klein, " The first phase of the Bohr-Einstein dialogue ", *Historical Studies in the Physical Sciences*, II (1970), 1-39.

31. A. Einstein, " Über einen die Erzeugung und Verwandlung des Lichtes betreffenden heuristichen Gesichtspunkt ", *Annalen der Physik*, 17 (1905), 132-148.

32. A. Einstein, " Zur Quantentheorie der Strahlung ", *Physikalische Zeitschrift*, 18 (1917), 121-128.

33. See " A. Einstein ", in B.L. Van der Waerden, *Sources of Quantum Mechanics, op. cit.*, 76.

Many physicists saw Compton's experiment, in 1923 — where he discovered that the wavelength of x rays increased when they were scattered by free electrons[34] — as the definitive evidence for the reality of light quanta. Bohr, however, had many objections to this view and searched for a way to escape from this apparent imposition of nature. In Bohr's search for a new theory, the principle of correspondence was one of his main guides. He emphasized that the future theory of radiation would be a natural generalization of the classical theory. In his account sent to the Third Solvay Congress he wrote that the concept of photon " seems, on the one hand, to offer the only possibility of accounting for the photoelectric effect, if we stick to the unrestricted applicability of the ideas of energy and momentum conservation. On the other hand, however, it presents apparently insurmountable difficulties from the point of view of the phenomena of optical interference... "[35]. In 1924, Bohr wrote that the hypothesis of light quanta could not be regarded as a satisfactory solution and that it could be considered as being only a formal one. He added that " we must be prepared for the fact that deductions from these laws [of the conservation of energy and momentum] will not possess unlimited validity "[36].

In the beginning of 1924, J.C. Slater sent a letter to Nature[37] where he developed the idea of a " virtual field of radiation " emitted by the virtual oscillators. When Slater presented his theory to Bohr and H.A. Kramers they " pointed out that the advantages of this essential feature would be kept, although rejecting the corpuscular theory by using the field to induce a probability of transition rather than by guiding corpuscular quanta "[38]. They wrote a joint paper[39], in which the concept of light quanta would be shown to be dispensable : " Although the great heuristic value of this hypothesis is shown by the confirmation of Einstein's predictions concerning the photoelectric phenomenon, still the theory of light-quanta can obviously not be considered as a satisfactory solution of the problem of light propagation. This is clear even from the fact that the radiation " frequency " v appearing in the theory is defined by experiments on interference phenomena which apparently demand for their interpretation a wave constitution of light "[40].

34. A.H. Compton, " Wave-length measurements of scattered x-rays ", *Phys. Ver.*, 21 (1923), 483-502.

35. N. Bohr, " L'application de la théorie des quanta aux problèmes atomiques ", *Atomes et électrons*, Paris, 1923, 241-242.

36. N. Bohr, " On the application of the Quantum Theory to Atomic Structure, Part I, The Fundamental Postulates of the Quantum Theory ", *Proc. Cambr. Phil. Soc.*, Supplement (1924), 40.

37. J.C. Slater, " Radiation and atoms ", *Nature*, 113 (1924), 307-308.

38. J.C. Slater, quoted in Van der Waerden, *Sources of Quantum Mechanics, op. cit.*, 14.

39. N. Bohr, H.A. Kramers, J.C. Slater, " The quantum theory of radiation ", *Philosophical Magazine*, 47 (1924), 785-802 ; " Über die Quantentheorie der Strahlung ", *Zeitschrift für Physik*, 24 (1924), 69-87.

40. *Idem*, 787.

As regards the occurrence of transitions, an essential feature of the quantum theory, they abandoned " any attempt at a causal connection between the transitions in distant atoms, and especially a direct application of the principles of conservation of energy and momentum, so characteristic for the classical theories "[41]. They tried to preserve some features of the wave theory of radiation and, for this conservative reason, they were willing to take the radical step of abandoning conservation of energy and momentum in atomic physics.

When Einstein heard of the BKS theory he immediately reacted manifesting his opposition to it. In a popular article published in the *Berliner Tageblatt*, about Compton's effect, he wrote : " The positive result of Compton's experiment proves that radiation behaves (...) as if it consisted of projectiles of energy "[42].

In a letter to Ehrenfest, he observed that the idea of abandoning strict energy conservation was a possibility already tried by him, but that it was not a well-founded one : " This idea is an old acquaintance of mine, but I don't consider it to be the real thing "[43].

Five arguments against the theory are included, among them his difficulty to definitively abandon a strict causality. Einstein sent also some remarks to the German newspaper *Vossische Zeitung* where he exposed eight critical points on the BKS theory[44] and singled out again the necessity of strict energy conservation for all elementary processes. He also appointed that there had been no correspondence with Bohr on this subject.

The possibility to construct an experimental apparatus for testing BKS theory had been recognized, in June of 1924, by the German experimentalists W. Bothe and H. Geiger[45]. An interpretation of the Compton effect by the new BKS theory would lead to the conclusion that the scattering of X rays with an increase in wavelength was not necessarily correlated with the recoil of an electron.

Bothe and Geiger employed techniques of electronic coincidence to construct their apparatus. Two point counters were used : one for the reception of the scattered X-rays and the other for the recording of the recoil electrons. At the same time, in the United States, A.H. Compton and A.W. Simon began an experiment, using a Wilson cloud chamber to measure the scattering angle of

41. N. Bohr, H.A. Kramers, J.C. Slater, " The quantum theory of radiation ", *op. cit.*, 791.

42. A. Einstein, " Das Komptonsche Experiment. Ist die Wissesnchaft um ihrer selbst willen da ? ", *Berliner Tageblatt*, 20 (April 1924), quoted in J. Mehra, H. Rechenberg, *The historical development of Quantum Theory*, vol. 1, part 2, *op. cit.*, 553.

43. A. Einstein, letter to Ehrenfest (May 31, 1924), quoted in A. Einstein, *Oeuvres Choisies : Quanta*, *op. cit.*, 164.

44. Quoted in M.J. Klein, " The first phase of the Bohr-Einstein dialogue ", *op. cit.*, 34.

45. W. Bothe, H. Geiger, " Ein Weg zur experimentellen Nachprüfung der Theorie von Bohr, Kramers und Slater ", *Zeitschrift für Physik*, 26 (1924), 44 [received 7 June 1924, published 5 August 1924].

the X rays and the recoiling angle of the electron[46]. In the beginning of 1925, there was great expectation and many rumors on the results of these experiments ; because of the dispute between the two most famous physicists, an interest around this question arose also in the press. The preliminary results of these experiments began to spread at the first months of that year. Born, in a letter to Bohr (January 15, 1925), enunciated that they were apparently in favor of Einstein's ideas[47]. This was the situation at the very moment (March 5) when Einstein left Germany and began his trip to South America.

The definitive results of the experiments made by Geiger and Bothe were received by the *Zeitschrift für Physik* on 25th April, 1925 and published in the issue of June 12, 1925[48]. They observed that approximately every eleventh light quantum coincides with a recoil electron ; this result showed that the chances of these coincidences being accidental were very small, contrary to the prediction of purely chance coincidences by the BKS theory. They concluded that the experiments were incompatible with the BKS theory of the Compton effect, and that " we must therefore admit that the concept of light quanta possesses more reality than is supposed in this theory "[49]. Compton and Simon, employing the technique of the cloud-chamber expansion for the determination of the direction and time of ejection of the recoil electrons, arrived at similar conclusions[50].

Bohr's reaction to these experiments was publicly expressed in the " Postscript " he added to his paper on atomic collisions[51]. He accepted, of course, the experimental proof of the existence of a correlation between the individual processes, but expressed the view that the question of the undulatory or corpuscular properties of light was deeper. He asked for the limits, in atomic processes, of the space-time picture used for describing natural phenomena. Einstein saw the experiments as a confirmation of his expectations on conservation laws and strict causality. He knew that the matter about the specific question of the " real " constitution of light was deeper. However, in 1951, he

46. The preliminary results of the experiment made by A.H. Compton and A.W. Simon were presented at the American Physical Society meeting in A. Arbor, November, 1924. The abstract of the paper " Measurements of β-rays excited by hard X-rays " was published in *Phys. Rev.*, 25 (January 1925), 107. The full paper, with the title " Measurements of β-rays associated with scattered X-rays ", appeared in the issue n° 3 of March 1925, *Phys. Rev.*, 25 (1925), 306-313.

47. M. Born, letter to N. Bohr (January 15, 1925), quoted in A. Einstein, *Oeuvres Choisies : Quanta*, *op. cit.*, 169.

48. W. Bothe, H. Geiger, " Über das Wesen des Comptoneffekts ; ein experimenteller Beitrag zur Theorie der Strahlung ", *Zeitschrift für Physik*, 32 (1925), 639-663. A preliminary report of their results was published in a letter : " Experimentalles zur Theorie von Bohr, Kramers und Slater ", *Die Naturwissenschaften*, 13 (1925), 440-441. [dated 18 April 1925, published 15 May 1925].

49. *Idem*, 639.

50. A.H. Compton, A.W. Simon, " Directed quanta of scattered X-rays ", *Physical Review*, 26 (1925), 289-299 [dated 23 June 1925].

51. N. Bohr, " Über die Wirkung von Atomen bei Stössen ", *Zeitschrift für Physik*, 34 (1925), 142-157.

wrote to M. Besso : " All the fifty years of conscious brooding have brought me no closer to the answer of the question : what are light quanta ? Of course, today every rascal thinks he knows the answer, but he is deluding himself "[52].

EINSTEIN'S MANUSCRIPT ON THE CONSTITUTION OF LIGHT

Bemerkungen zu der gegenwärtigen Lage der Theorie des Lichtes

Bis vor kurzer Zeit glaubte man, dass mit der Undulationstheorie des Lichtes in deren elektromagnetischer Fassung eine endgültige Kenntnis der Natur der Strahlung gewonnen sei. Seit etwa 25 Jahren aber weiss man, dass diese Theorie zwar die geometrischen Eigenschaften des Lichtes in genauer Weise darstellt (Brechung, Beugung, Interferenz etc.), die thermischen und energetischen Eigenschaften der Strahlung aber nicht zu verstehen gestattet. Eine neue theoretische Konzeption, die Quantentheorie des Lichtes, welche der alten Newton'schen Emanations-Theorie nahe steht, trat unvermittelt neben die Undulationstheorie des Lichtes und hat durch ihre Leistungen (Erklärung der Planck'schen Strahlungsformel, der photochemischen Erscheinungen, Bohr'schen Atomtheorie) eine sichere Stellung in der Wissenschaft erlangt. Eine logische Synthese der Quantentheorie und Undulationstheorie ist trotz aller Anstrengung der Physiker bisher nicht gelungen. Deshalb ist die Frage nach der Realität korpuskel-artiger Lichtquanten eine viel umstrittene.

Vor Kurzem hat N. Bohr zusammen mit Cramers und Slater einen interessanten Versuch unternommen, die energetischen Eigenschaften des Lichtes theoretisch zu erfassen, ohne die Hypothese heranzuziehen, dass die Strahlung aus korpuskel-artigen Quanten bestehe. Nach der Ansicht dieser Forscher hat man sich nach wie vor vorzustellen, dass die Strahlung aus nach allen Richtungen hin sich verteilenden Wellen bestehe, welche von der Materie im Sinne der Undulationstheorie kontinuierlich absorbiert werden, aber trotzdem nach rein statistischen Gesetzen in einzelnen Atomen quantenartige Wirkungen erzeugen, genau so, wie wenn die Strahlung aus Quanten von der Energie hn und von dem Impuls hn/c bestünde. Dieser Konzeption zuliebe haben die Autoren die exakte Gültigkeit der Energie — und Impuls — Satzes aufgegeben und an dessen Stelle eine Relation gesetzt, welche nur statistische Gültigkeit beansprucht.

Zur experimentellen Prüfung dieser Auffassung haben die Berliner Physiker Geiger und Bothe ein interessantes Experiment unternommen, auf das ich Ihre Aufmerksamkeit lenken möchte. Von einigen Jahren hat Compton aus der Quantentheorie des Lichtes eine sehr wichtige Konsequenz gezogen und durch das Experiment bewahrheitet. Bei der Zerstreuung harter Röntgenstrahlen durch die die Atome konstituierenden Elektronen kann der Fall eintreten, dass

---

52. A. Einstein, letter to M. Besso (December 12, 1951), quoted in M.J. Klein, " The first phase of the Bohr-Einstein dialogue ", *op. cit.*, 39.

der Impuls (Stoss) des zerstreuten Quants hinreichend groß ist, um das Elektron aus der Atom-Hülle herauszuschleudern. Die hierfür nötige Energie wird dem Quant bei der Kollision entzogen und äußert sich gemäß den Prinzipien der Quantentheorie als Frequenz-Verminderung der zerstreuten Strahlung gegenüber der einfallenden Röntgenstrahlung. Diese durch Experiment qualitativ und quantitativ sicher nachgewiesene Erscheinung wird als " Compton-Effekt " bezeichnet.

Um diesen nach der Theorie von Bohr, Cramers und Slater zu verstehen, muß man die Zerstreuung der Strahlung als einen kontinuierlichen Prozeß anfassen, an dem sich alle Atome der zerstreuenden Substanz beteiligen, während das Hinausschleudern der Elektronen der Charakter von nur statistischen Gesetzen folgenden Einzelereignissen hat. Nach der Theorie der Lichtquanten muß auch die Zerstreuung des Lichtes Ereignis Charakter besitzen, und es muß jedesmal, wenn durch die zerstreute Strahlung ein Sekundäreffekt in durch die getroffene Materie erzeugt wird in einer bestimmten Richtung ein ausgeschleudertes Elektron vorhanden sein. Nach der Theorie der Lichtquanten besteht also eine statistische Abhängigkeit zwischen im Compton'schen Sinne zerstreuter Strahlung und Elektronenemission, welche statistische Abhängigkeit nach der theoretischen

Auffassung der erwähnter Autoren fehlen müßte.

Um nachzusehen, wie es sich in Wirklichkeit verhält, muß man ein Apparat haben, um einen einzigen Elementarprozess der Absorption bzw. ein einziges ausgesandtes Elektron zu konstatieren. Dieser Apparat liegt vor in der elektrisierten Spitze, an welcher ein einziges von ihr aufgefangenes Elektron durch sekundäre Ionenbildung eine meßbare momentane Entladung erzeugt. Mit zwei solchen geeignet angeordneten Spitzen gelingt es Geiger und Bothe die wichtige Frage der statistischen Abhängigkeit oder Unabhängigkeit der genannten Sekundärvorgänge nachzuweisen.

Zur Zeit meiner Abreise von Europa waren die Versuche noch nicht abgeschlossen. Nach den bisherigen Ergebnissen jedoch scheint statistische Abhängigkeit vorzuliegen. Wenn sich dies bestätigt, so liegt ein neues wichtiges Argument für die Realität der Lichtquanten vor.

Einstein, 7. V. 25.

EINSTEIN'S LECTURE AT THE IMPERIAL UNIVERSITY OF KYOTO -
A NEW INTERPRETATION OF THE PASSAGES CONCERNING
MICHELSON'S EXPERIMENT

Ryoichi ITAGAKI

In the summer of 1996 I was checking the English text of Einstein's lecture at the Imperial University of Kyoto (hereafter cited as Einstein's Kyoto lecture) with the staff members of the Einstein Papers Project located at Boston University. The only source of this lecture was the text which the Japanese physicist Jun Ishiwara (1881-1947) wrote down. He, as a tour guide for Einstein, translated it into Japanese[1]. To my surprise I found out that the previous English translations of the Kyoto lecture were not adequate in many sentences. In this paper two points will be treated.

At the end of 1922, Einstein was travelling around in Japan, invited by a Japanese publishing company, Kaizosha. On December 14th he held a lecture for the students of the Imperial University of Kyoto. How was the title of this lecture decided ? We know it from the short foreword, which Ishiwara added to the translation[2]. Prof. Kitarou Nishida (1870-1945), who had recommended that Einstein should be invited to Japan[3], was a philosopher of this university. On the very day of Einstein's lecture Nishida said to Ishiwara that if he could propose to Einstein a title for the lecture, he would have liked to hear how Einstein, the creator of the relativity theory, had reached this theory[4].

Just before the lecture began, Ishiwara told Einstein about Nishida's request. Einstein immediately agreed. Thus Einstein apparently decided the content of

1. A. Ainsutain, " Watashiha ikani site soutaisei riron wo tsukuttaka ? " (A. Einstein, " How did I create the theory of relativity ? "), trans. by J. Ishiwara, *The Kaizo,* vol. 5, n° 2 (Feb. 1923).

2. J. Ishiwara, *Ainsutain Koenroku (The record of Einstein's lectures)*, Kaizo-sha, 1923, 131-133.

3. K. Tsutomu, *Ainshutain shokku,* 1 (*Einstein Shock, I*), Kawadeshobo-shinsha, 1981), 61.

4. J. Ishiwara, *op. cit.* (note 2), 132.

his lecture on the way to the stage and he began to speak without any lecture notes.

Ishiwara was one of the earliest theoretical physicists in Japan. He studied abroad mainly under the direction of A. Sommerfeld and M. von Laue in Munich, Zurich, and Berlin from 1912 to 1914. He met Einstein in Zurich and Berlin. He published several papers in such periodicals as *Annalen der Physik, Physikalishe Zeitschrift* and *Jahrbuch der Radioaktivitaet und Elektronik* etc., mainly about relativity theory and heat radiation[5]. Because of the outbreak of the First World War, he came back to Japan, and became a full professor at Tohoku University. But unexpectedly he resigned his professorship owing to a love affair with a female poet friend in 1921, just before Einstein's visit to Japan.

During Einstein's stay in Japan, Ishiwara accompanied Einstein almost all the way and wrote down Einstein's lectures and translated them into Japanese for the audience. There is a picture of Ishiwara drawn by Einstein himself on the occasion of Einstein's lecture at Moji in the Fukuoka Prefecture. Einstein described the scene of his own lecture :

Gedrängt das Volk, gespitzt die Ohren.
Sie sitzen alle wie verloren.
In Sinnen tief, verzückt der Blick.
Ergeben in ein hart' Geschick.
Der Einstein an der Tafel steht.
Der Predigt rasch vom Stapel geht.
Und Ishiwara flink und fein
schreibt alles in sein Büchlein ein.
Albert Einstein, 1922[6].

Einstein's Kyoto lecture included the accounts of Einstein's knowledge of the Michelson experiment. The important point is that Einstein made this impromptu lecture without notes, so Ishiwara's Japanese text is the only source of it.

This document has been regarded as quite puzzling, since it contains evidence that Einstein knew of the results of the Michelson experiment in his student days and furthermore that he admitted this as a fact, which was contrary to many other historical evidence. But by carefully re-examining Ishiwara's text I realised that the former English translations are not adequate. I will submit the new translation, which has a meaning opposite to the former ones.

---

5. Some of J. Ishiwara's articles are : " Berichte über die Relativitätstheorie ", *Jahrbuch d. Rod. u. Elekt.*, 9 (1912), 460-648 ; " Das photochemische Gesetz und die molekulare Theorie der Strahlung ", *Phys. Zeits.*, 13 (1912), 1142-1151 ; " Ueber das Prinzip der kleinsten Wirkung in der Elektrodynamik bewegter ponderabler Koerper ", *Ann. d. Phys*, 42 (1913), 986-1000 ; " Grundlagen einer relativistischen electromagnetischen Gravitationstheorie 1, 2 ", *Phys. Zeits.* 15 (1914), 294-298 ; 506-510.

6. Ishiwara, *op. cit.* (note 2) front page.

I cite the two parts of the former two translations. One translation is by Tsuyoshi Ogawa, professor of physics and history of science in Japan, and the other by Yoshimasa A. Ono, an engineer of a private electric company. The two most important passages concern, first, Einstein's knowledge of Michelson's experiment and, second, Michelson's experiment and the motion of the earth in the ether.

EINSTEIN'S KNOWLEDGE OF MICHELSON'S EXPERIMENT

In his Kyoto lecture Einstein told us that in his student days he planned to perform an experiment to prove the relative motion of the earth against the ether. He tried to detect the energy difference of the direction parallel to the motion of the earth and antiparallel to it by a thermoelectric pile. Einstein further related that this way of thought was similar to the one of Michelson's experiment. After these statements there comes the following sentence.

- Ogowa's translation : " I had not carried out the experiment yet to obtain any definite result "[7].

- Ono's translation : " I did not put this experiment to the test "[8].

- My translation : " I did not yet know enough about this experiment. "

Both Ogawa and Ono interpreted the " experiment " in the sentence as being the one, which Einstein planned in his student years, but in the Japanese language it is natural to take this word to refer to the one last cited. In my point of view ; this experiment is Michelson's experiment. Furthermore my interpretation is that he did neither " not carry out ", nor " not put to the test ", but only " not know ". I guess the original words in German may have been *klar machen* or *klar werden*.

MICHELSON'S EXPERIMENT AND THE MOTION OF THE EARTH IN THE ETHER :

Just after the preceding sentence there comes the following one.

- Ogawa's translation : " When I had these thoughts in my mind, still as a student, I got acquainted with the unaccountable result of the Michelson experiment, and then realized intuitively that... "[9].

- Ono's translation : " While I was thinking of this problem in my student years, I came to know the strange result of Michelson's experiment. Soon I came to the conclusion that our idea... "[10].

7. T. Ogawa, " Japanese Evidence for Einstein's Knowledge of the Michelson-Morley Experiment ", *Japanese studies in the history of science*, 18 (1979), 79.

8. A. Einstein, " How I created the theory of relativity ", trans. by Yoshimasa A. Ono, *Physics Today*, 35 (Aug. 1982), 46.

9. Ogawa, *op. cit.* (note 7), 79.

10. A. Ono, *op. cit.* (note 8), 46.

According to my interpretation this sentence should be understood as grammatically a subjunctive mood, namely Einstein did " not " know the result of Michelson experiment. In this case my interpretation has a meaning opposite to the previous ones.

- My translation : " But when, still as a student I had these thoughts in my mind, if I had known the strange result of this Michelson's experiment and I had acknowledged it as a fact, I probably would have reached to know it intuitively as our mistake to think about the motion of the earth against the ether. "

The style of the sentences by Ishiwara is a semi-old one, which people nowadays do not use. Furthermore the meaning of them is not always clear. But after I re-examined Ishiwara's text carefully, I arrived at the new interpretation.

Gerald Holton, a contemporary historian of science, wrote a long article, entitled " Einstein, Michelson, and the 'crucial experiment' " as early as 1969. Holton insisted that " the role of the Michelson experiment in the genesis of Einstein's theory appears to have been so small and indirect "[11]. As a result of my interpretation here, Holton's thesis remains true. By carefully re-examining the content of Einstein's lecture, which was recorded by Ishiwara, we can conclude that Einstein did not know this experiment well enough while a student, and Einstein admitted that if he had known the result of the Michelson experiment, he would have thought that the idea of the motion of the earth through the ether was mistaken.

There is some circumstantial evidence that Einstein did not know enough the Michelson experiment " in his student days ". We know that he intensively studied Lorentz' article of 1895, which mentioned the Michelson-Morley experiment, " after his graduation of 1900 from the Swiss Federal Polytechnic School. Namely in December of 1901 he wrote to Mileva Maric that he would get down to studying what Lorentz and Drude had written about the electrodynamics of moving bodies "[12].

Finally I believe that the erroneous interpretations of Einstein's Kyoto lecture have thus been removed here and hereafter we will not need to be worried about this document.

11. G. Holton, *Thematic Origins of Scientific Thought*, Cambridge, Mass., 1973, 327.

12. J. Stachel (ed.), *Collected Papers of A. Einstein*, vol. 1, Princeton, 1987, 330 ; J. Renn, R. Schulmann (eds), *A. Einstein/M. Maric. The Love Letters*, Princeton, 1992, 72.

PART FIVE

QUANTUM THEORY

THE BIRTH OF QUANTA : A HISTORIOGRAPHIC CONFRONTATION

Pietro CERRETA

INTRODUCTION

T.S. Kuhn's book *Black-Body Theory and the Quantum Discontinuity, 1894-1912*[1] (which I shall call, in short, *BBT*) has been important for two reasons. The first is a historical reason. Before *BBT*, Martin J. Klein's thesis on the birth of quanta was commonly accepted, that is, the thesis that quanta made their first appearance in physics on December 14th, 1900, when Planck presented his derivation of distribution law for black body radiation to the German Physics Society. With *BBT*, this interpretation, so-called " standard ", is contrasted. The event of their birth is postponed of about five years and awarded to Einstein's reinterpretation of the theoretical foundations of that law. The second is a historiographic reason. In *BBT*, Kuhn reinterprets the case of the birth of quanta, which is so relevant for the physics, without applying the concepts of paradigm and revolution. This is surprising. Nobody expected Kuhn to renounce to the conceptual scheme that he himself had considered necessary in *The structure of scientific revolutions*[2].

Naturally, *BBT* had raised a debate to which Kuhn also took part. I intend to present here the principal arguments of this debate and its results, agreeing with Galison when he says " an understanding of how and when the quantum hypothesis was introduced should shed light on factors that were crucial in such a major change in foundations of physics "[3]. For the sake of synthesis, I shall show a scheme of Kuhn's and Klein's different positions on these arguments because they represent the " champions " of the two opposed interpreta-

---

1. T.S. Kuhn, *Black Body Theory and the Quantum Discontinuity*, 1894-1912, Oxford, New York, 1978 [it. tr. : *Alle origini della fisica contemporanea. La teoria del Corpo nero e la discontinuità quantica*, Bologna, 1981].

2. T.S. Kuhn, *The structure of scientific revolutions*, Chicago, 1962.

3. P. Galison, " Kuhn and the Quantum Controversy ", *British J. of Philos. of Science*, 32 (1981), 71-84.

tions. I have deduced this scheme from *BBT*, published in 1978, and from Klein's reaction to *BBT* published in 1979[4], analyzing the strong points of the respective historical readings.

THE TWO INTERPRETATIONS

In the heading row of the table 1 (see next page) are listed three events and relative time periods or dates. The time interval going from 1897 to 1900 refers to Planck's "conversion" phase to Boltzmann's mathematics. The second, going from December 1900 to January 1901, refers to the "exceptional" phase, in which Planck announced and presented his derivation of the distribution formula of Black-Body. The year 1906 is the year of publication of the *Lectures on the theory of thermal radiation*, in which Planck reorganizes his works on Black-Body.

Let us now begin the comparison between the two historical interpretations, looking at the first time interval. Kuhn and Klein agree that Planck inherits Boltzmann's statistics of Gas Theory. This concordance has synthetically been placed in the first column of the table. But here we would like to underline the different emphasis with which this fact has been presented by the two historians. Kuhn emphasizes it to the point that he sees the condition under which Planck's entire intellectual development takes place. For Klein this fact is simply one aspect, even though very important, of Planck's scientific itinerary.

The most important event which characterizes the second period of our table is a paper, read on December 14th, 1900, where Planck considers energy as made of a finite number of equal parts[5] : " We must now give the distribution of the energy over the separate resonators of each group, first of all the distribution of energy E over the N resonators of frequency v. If E is considered to be a continuously divisible quantity, this distribution is possible in infinitely many ways. We consider, however — this is the most essential point of the whole calculation — E to be composed of a well-defined number of equal parts and use thereto the constant of nature h= $6,55 \times 10^{-27}$ erg sec. This constant multiplied by the common frequency v of the resonators gives us the energy element ε in erg, and dividing E by ε we get the number P of energy elements which must be divided over the N resonators ".

The traditional interpretation of the birth of quanta considers the first introduction of quanta intimately related to this use. Kuhn does not agree because, according to him, Planck was not aware of the newness that is attributed him.

4. M.J. Klein, A. Shimony, T.J. Pinch, " Paradigm Lost ? A Review Symposium ", *Isis*, 70 (1979), 430-434.

5. M. Planck, " On the theory of Energy Distribution Law of the Normal Spectrum ", in H. Kangro (ed.), *Planck's original Papers in Quantum Physics*, 1972, 40.

TABLE 1

Element of energy or quantum of energy ?

	1897-1900	1900-1901	1906
Authors	Planck's mathematics	Planck, in his derivation of black-body law, says : " the most essential of the whole calculation " is the fact that " E (energy) is to be composed of a well defined number of equal parts ".	Planck publishes the book *Lectures of the theory of thermal radiation*
Kuhn 1978	inherited from Boltzmann's Statistics	Planck should not be taken literally, his is only an artifice, Boltzmann's inheritance ; Who takes him literally should then say that it was Boltzmann who made quantization.	Planck does not change his ideas of 1900-01. On the contrary he specifies : $nh\nu \leq \varepsilon \leq (n+1)h\nu$ and not $\varepsilon = nh\nu$ so he is referring to the continuum and not to the discrete : his theory is fully classical.
Klein 1979	inherited from Boltzmann's Statistics	" The energy elements or quanta were an artifice but were nevertheless " the essential point " in introducing that new natural constant h, which he prized so highly from the very beginning. " Quantization could not have been made by Boltzmann because he (in 1877) " carefully distinguished between his discrete model, introduced solely for pedagogical purposes, and the equations he intended to apply to a physical system ; in these equations he always used the limiting form obtained when the energy element, or its equivalent, approaches zero "	" Planck's attempt to get around the discreteness that others were taking more seriously than he had intended. " " Even if one were to accept Planck's alternative interpretation, however, it would not make his theory " fully classical ". His final equation, the distribution law for radiation, does contain the energy element $h\nu$, and there is no getting around that nonclassical feature. "

For Kuhn this method of splitting-up energy is nothing else but a mathematical artifice inherited from Boltzmann and the expression " energy element " should not be read as " energy quantum " because Planck does not want to limit the resonator energy to a distinct set of values[6].

6. T.S. Kuhn, *BBT*, it. tr., 219-223.

Kuhn affirms that splitting-up total energy in finite parts does not mean " quantization ", if it were so, we should then say that quantization was made by Boltzmann himself[7] Klein agrees with Kuhn that the energy elements can be considered as a mathematical stratagem as long as we admit that Planck was aware of the uniqueness of that artificial technique, a technique which Planck himself defines as " the essential point "[8] of his derivation. Kuhn, in fact, tends to diminish the importance of this awareness underlying that even though that " essential point " constituted a " central aspect "[9] which distinguished Planck from Boltzmann, it was not such as to produce " particular comments " on behalf of the author, and this until 1906[10]. According to Kuhn, his thinking was concentrated on h[11], the new natural constant which he introduced in the derivation of the distribution formula. In other words, Kuhn's thesis is that Planck was proud of the discovery of h and not of the quantization.

This principal attention to h as a new natural constant, replies Klein, must not be used against Planck, as Kuhn does, but in his favor. According to Klein, Planck put effort in well understanding what the constant he had found was, and to put it into relation with the other natural constants, as for example, with the newly discovered electron charge[12]. This kept him from giving importance to the quantum, which depended on h.

In reference to Boltzmann's methods, moreover, Klein replies saying that quantization could not be made by Boltzmann because in 1877, when he set forth his combinatorial method, he " carefully distinguished his discrete model which he had introduced for teaching purposes only, from the equations which he meant to apply to the physical systems ". Klein underlines that " in these equations he (Boltzmann) always used the limiting form obtained when the energy element, or its equivalent, approaches zero "[13]. Klein invites us to conclude that if Planck had exactly followed Boltzmann's procedure, as Kuhn states, he would then have had to send the energy element to zero.

If Planck did not do it, it means that he was fully aware of the necessity of a different usage, in that case, of Boltzmann's mathematical technique.

Let us consider, finally, the last column of the table, that is 1906, the year of publication of Planck's book *Lectures on the theory of thermal radiation*. In

7. *Idem*, 222.

8. M.J. Klein, A. Shimony, T.J. Pinch, " Paradigm Lost ? A Review Symposium ", *op. cit.*, 432.

9. T.S. Kuhn, BBT, it. tr., 226.

10. *Ibidem*.

11. M. Planck, *La conoscenza del mondo fisico*, Torino, 1942, 92 ; M.J. Klein, " Max Planck and the Beginnings of the Quantum Theory ", AHES, I, 460.

12. M. Planck, " On the theory of Energy Distribution Law of the Normal Spectrum ", in H. Kangro (ed.), *Planck's original Papers in Quantum Physics*, *op. cit.*, 45.

13. M.J. Klein, A. Shimony, T.J. Pinch, " Paradigm Lost ? A Review Symposium ", *op. cit.*, 432.

this book the writings on black body radiation, produced by Planck from 1894 onward, have been organized by himself. We should pay a particular attention to this book for the historiographic usage Kuhn makes of it. In the introduction to *BBT*, in fact, he presents it in the following decisive terms : " only after having studied Planck's exhaustively treated theory in *Lectures*, 1906, I was able to realize that I could then correctly read his first articles on the quantum and that these articles did not postulate or imply the discontinuity of the quantum "[14].

So, by rereading, in a retrospective way, all the articles on black body, Kuhn uses the *Lectures* as an instrument of control of Planck's real convictions. This comparison brings him to the conclusion that " still in 1906, that is, when Planck published his first complete and perfected report on his heat radiation theory, that theory still included all the main elements already developed in the research program he had carried on from 1894 up to all of 1901. Furthermore, these appeared in his text almost in the same order and in a way as to serve the purposes for which they had initially been developed "[15]. In other words, affirms Kuhn, if in his *Lectures* Planck exposed his theory in a completely parallel way to his previous versions he, meanwhile, had not become more aware of the disruptive novelty of quantization[16]. If he had been aware of it, says moreover Kuhn, the sole hypothesis of quanta should have restructured his work.

But the strongest arguments of Kuhn's thesis are some specifications that Planck adds in the Lectures and that did not appear in the 1900-1901 articles. Kuhn affirms that only the omission of similar specifications in the first articles made it difficult to understand what Planck really had in mind[17] at that time. For Kuhn, the " essential clarification "[18] presented by Planck in 1906 is that he intended $nhv \leq \varepsilon \leq (n+1)hv$ and not $\varepsilon = nhv$, as is supported by " standard " interpretation. That is, in 1906 Planck was far from considering the quantization of energy as a hypothesis of his theory. And if this was true in 1906, it could not be otherwise for Kuhn in 1900-1901 : Planck's deduction of the distribution law of black body, concludes Kuhn, had been " fully classical "[19].

According to Klein : " What Kuhn calls the " essential clarification " added to the arguments in Planck's *Wärmestrahlung* may well have been Planck's attempt to get around the discreteness that others were taking more seriously than he had intended "[20]. " Even if one were to accept Planck's alternative

14. T.S. Kuhn, *BBT*, it. tr., 19.

15. *Idem*, 209.

16. *Idem*, 224.

17. *Ibidem*.

18. *Ibidem*.

19. *Idem*, 219.'

20. M.J. Klein, A. Shimony, T.J. Pinch, " Paradigm Lost ? A Review Symposium ", *op. cit.*, 432.

interpretation ", Klein replies, " however, it would not make his theory " fully classical ". His final equation, the distribution law for radiation, does contain the energy element hv, and there is not getting around that nonclassical feature "[21].

PLANCK'S READERS

Let us now turn to another problem of the controversy. Did Planck's first readers notice quantization or not ? The answer to this question is important because it is a sort of spontaneous testimony, we could say objective, given by Planck's contemporaries and depending neither from the Planck's logical coherence hypothesis, which is at the bases of Kuhn's interpretation, nor from the doubt of such coherence, suggested by Klein[22].

Unfortunately, not even this finds Kuhn and Klein in agreement. In fact, while Kuhn affirms that the first witnesses to these events did not see any quantization, Klein affirms the opposite. We have synthetically indicated this contrast in the second column of the table 2.

TABLE 2

Planck's first readers

Authors	Planck's first readers 1901-1906	Lorentz (1903) Ehrenfest (1905 and 1906)	Einstein 1. Light quanta (1905) 2. Reinterpretation of theoretical foundations of Planck (1906)
Kuhn 1978	Substantially prove that there has been no quantization	Lorentz is misled by Planck Ehrenfest is influenced by Lorentz	Einstein announces (1906) the birth of quanta independently from Planck 1.Planck's radiation entropy does not behave the same way as that of the waves but like that of the particles, 2. the necessity of whole multiples of hv
Klein 1979	They prove instead that quantization has been understood.	Lorentz writes of " finite portions " of energy. Ehrenfest refers of Planck's hypothesis of " energy particles " or " energy atoms ".	Einstein could not have been independent from Planck because he was his main reader. It is not clear why, according to Kuhn, quanta had to be born in 1906 and not in 1905.

21. *Ibidem.*

22. *Ibidem.* " In my opinion Kuhn tries too hard to establish the internal consistency of Planck position. He seems unwilling to consider the possibility that Planck himself was not always completely clear about what he was doing ".

Let us consider the testimonial value of the interpretations of Planck's articles by Lorentz in 1903 and by Ehrenfest in 1905, in the second column of the table. For Kuhn, they were " non-standard "[23] readings because they considered a quantization which had already taken place, contrary to what was meanwhile being perceived from the reviews of Planck's articles published in the German and English Scientific magazines. In these magazines, specifies Kuhn, Planck's works were " simply treated as if they were further developing the type of research which he (Planck) had been referring to since 1895 "[24].

Once having tried to bring back Lorentz's position among the " normal " ones, Kuhn wants to convince the reader that the same fate belongs, implicitly, to Ehrenfest's position, for the simple fact that the latter was his follower. But Kuhn must admit that the two scientists (or at least one of them) had seen in Planck's articles the " substance ", we could say, of quantization[25].

Obviously, for Klein, neither Lorentz's words nor Ehrenfest's are anomalous : Lorentz wrote in 1903 about Planck's use of " a certain number of finite portions " of energy. I see this as Lorentz's recognition of what Planck had done in his papers of 1900 and 1901. To maintain his position, however, Kuhn is obliged to say that Lorentz must have been " following Planck's misleading discussion " of his own theory. Ehrenfest, in two analyses of Planck's work published in 1905 and 1906, referred to Planck's hypothesis of " energy particle " or the " energy atoms " and recognized that this hypothesis was " obviously meant to be taken only formally ". Faced with this second " non-standard " reading of Planck, as he calls it, Kuhn attributes it to Lorentz's influence on Ehrenfest "[26]. According to Klein, the picture of Ehrenfest that Kuhn gives us, which is of a pupil who has been influenced by his teacher, is not at all acceptable. On the contrary, for him, who was his biographer, Ehrenfest is " the most critical physicist of his generation "[27].

Let us now look at the fourth column of the table, in which we have placed Einstein and his articles on light quanta of 1905 and on the reinterpretation of Planck's theoretical basis of 1906. It was Einstein, in March 1906[28], who announced the birth of the quantum theory[29], says Kuhn and on this convictions he builds the conclusive part of his thesis. Klein is of a different opinion. He first of all underlines that Einstein was " Planck's most important reader "[30], and for this reason, it is difficult to show in such a clear way, as Kuhn does, his independence in his research program from Planck's works.

23. T.S. Kuhn, *BBT*, it. tr., 236.

24. *Ibidem*, 232.

25. *Ibidem*, 237.

26. M.J. Klein, A. Shimony, T.J. Pinch, " Paradigm Lost ?... ", *op. cit.*, 432.

27. *Ibidem*.

28. A. Einstein, " Zur Theorie der Lichterzeugung und Lichtabsorption ", *Ann. Phys.*, 20 (1906).

29. T.S. Kuhn, *BBT*, it. tr., 289.

30. M.J. Klein, A. Shimony, T.J. Pinch, " Paradigm Lost ?... ", *op. cit.*, 433.

Then, he polemically adds, if we were to attribute quantization to Einstein it would be more correct to do it in reference to light quanta (" that " very revolutionary " idea of his own ")[31], which he introduced in 1905, rather than for the article of the following year. In short, Klein says that what should be noted in Einstein's article, in which Kuhn sees the birth of the quanta theory, is only an analysis of the theoretical basis of Planck's radiation theory. An analysis — underlines Klein — which brings his author to a clarification of the implicit assumptions in such a theory and not to a new theory[32].

CONCLUSIONS

At the end of this comparison we show another synthetic table containing the original quotations of the historians considered. In it, except for Klein's and Kuhn's convictions already examined, we do not find precise positions nor sentences in favor of one or the other.

TABLE 3

Author	Work	Birth of Quanta (original quotations)
Klein 1962	Max Planck and the beginnings of the Quantum Theory	On December 14th 1900, Max Planck presented his distribution law for black-body radiation to the German Physics Society, and the concept of Physics energy quanta made its first appearance in physics[33].
Kangro 1972	Planck's original papers in Quanta	In the years 1900 and 1901 Planck still had no concept of an essentially new hypothesis, later known as the quantum hypothesis[34].
Bellone 1973	The models and the concept of the world from Laplace to Bohr.	The micro-phenomena and Boltzmann's quanta[35].
Kuhn 1978	Black-body theory and the quantum discontinuity, 1894-1912	The concept of discrete energy of the resonator played no role in Planck's thinking since after having written the Lectures (1906). The concepts of light particles and resonators limited to the *nhv* energy entered physics with Einstein's articles of 1905 and 1906[36].

31. *Ibidem.*

32. *Ibidem.*

33. M.J. Klein, " Max Planck and the Beginnings of the Quantum Theory ", *AHES*, I, 459.

34. H. Kangro (ed.), *Planck's original Papers in Quantum Physics*, 1972, 33.

35. E. Bellone, *I modelli e la concezione del mondo nella fisica moderna da Laplace a Bohr*, 1973, 71.

36. T.S. Kuhn, *BBT*, it. tr., 220 and 310.

Klein 1979	Paradigm lost ?	Planck never emphasized the quanta in his papers of 1900-1901, expecting that h would eventually be derived in some more basic ways very likely from the electron theory[37].
Bergia 1981	Statistical Thermodynamics and the Thermal Equilibrium Law for Photons	We would not commit ourselves to any of the two theses, whether it was energy quanta or just h that he (Planck) considered the really new assumption[38].
Galison 1981	Kuhn and the Quantum Controversy	I would like to suggest a third interpretation, drawing on both Kuhn's and Klein's works. In 1900-1901 the question of the continuum vs. discreteness as such, which for us is of such overwhelming interest, was entirely peripheral to Planck's other concern. (This wasnot true for everyone. Ernst Mach, for instance, was interested in this problem). I am not sure if it is meaningful to say that Planck was doing either " classical " or " quantum " physics[39].
Kuhn 1984	Revisiting Planck	Planck was following Boltzmann closely... For Boltzmann the precise size of ε made no difference ... Planck's derivation, in contrast, required that the cell size be proportional to oscillator frequency. With respect to energy, Planck's oscillators (he called resonators) were like Boltzmann's molecules. Planck failed to notice that his arguments were valid only for frequencies such as $h\nu \ll kT$. But that failure was standard at the time. Boltzmann, whom Planck was following, had overlooked the equivalent approximation in his derivation[40].
Tagliaferri 1985	Storia della Fisica Quantistica	Planck's presentation of his black-body law at the meeting of the German Physics Society on December 14th, 1900, seems today, and with good reasons, having represented the moment of birth of quanta physics : however the event did not arise any sensation at the time, and Planck himself was far from realizing the entity of it[41].

37. M.J. Klein, A. Shimony, T.J. Pinch, " Paradigm Lost ?... ", *op. cit.*, 432.

38. S. Bergia, *Statistical thermodynamics and the thermal equilibrium law for photons* (1894-1924), Note di un corso tenuto per la prima Scuola Estiva di Meccanica Statistica della Società Messicana di Fisica, Oaxtepec, 1981.

39. P. Galison, " Kuhn and the Quantum Controversy ", *op. cit.* , 82.

40. T.S. Kuhn, " Revisiting Planck ", *HPSP*, 14, 2 (1984), 232 and 233.

41. G. Tagliaferri, *Storia della fisica quantistica*, Milano, 1985, 16.

It is as if Kuhn's intervention, with *BBT*, somehow mitigated the certainties of the traditional interpretation, but did not have the strength to convert historians to his thesis. Significant in this sense are Bergia's and Tagliaferri's reactions. The historian who, instead, tends to reduce the entity of the difference between Klein's and Kuhn's interpretation is Galison. He maintains, in fact, that they have more points in common that it seems, except of course for the quanta birthdate.

They both agree that Planck was surely not aware of all the consequences resulting from Boltzmann's work. So Galison's suggestion is to interpolate Klein's and Kuhn's works, which reveal themselves wide apart only for localized contrasts, having the good sense to eliminate the historiographic problem of defining what Planck did as classical or not classical. Galison's suggestion derives from the observation that Planck was not among those who critically considered the question of continuum and discrete as for example did Mach in that period. Therefore, according to Galison, it does not make much sense today to read history based on categories which were only " peripheral " to the ideas of his main interpreter. For us, however, this conciliating solution does not capture the novelty that *BBT* has objectively brought both on the historical level, by putting in doubt the quanta birthdate which seemed obvious, and on the historiographical level, by forcing his author to give up his interpretative categories.

If it is true that Galison's solution reconciles the two historians, it is also true that it eliminates the real nucleus of the question : is it mathematics which gives consistency to the historical change of classical physics to the non classical ? By putting the mathematical question in second place it is obvious that the dispute calms down. For us, however, this cannot be. We affirm it because we have investigated on Kuhn's giving up paradigm[42]. Kuhn was faced with the problem of which paradigm would have explained the " continuity " of Planck's work, if the birth of quanta had not been a revolution, and if the problem of which paradigms would have explained the discontinuity of Planck's work if the same event had actually been a revolution. One way or the other the paradigm should have been based on the mathematics of the continuum and of the discrete.

But Kuhn's concept of paradigm was not able to explain this type of situation, nor was it ever experimented in " mathematical " revolutions. So, in Planck's case it was put aside by its own supporter. Nevertheless Kuhn, in *BBT*, does not avoid the mathematical questions connected with Boltzmann's concepts used by Planck, nor does he ignore the technical aspects of mathematics so as to facilitate the reading to a non physicist reader. Kuhn's real difficulty

42. P. Cerreta, " Kuhn's interpretation of Boltzmann's statistical heredity in Planck ", in C. Garola, A. Rossi (eds), *The Foundations of Quantum mechanics*, 1995, 139-146.

derives from the imprecise nature of his concept of paradigm[43]. If he had possessed a concept able to indicate the fundamental mathematical choices, which every scientific theory must make the moment it is conceived, his interpretative scheme paradigm-revolution could have also been used in the case of the birth of quanta. Instead he had to limit himself to the simple narration of the facts, attention, to a narration further entangled for not pointing out the finite aspects of Boltzmann's mathematics who, if we consider his influence on Planck, Ehrenfest and Einstein, is then the real protagonist of the entire story.

Speaking of Boltzmann, examining his contribution to the birth of quanta outside of the Kuhn–Klein contrast, we are surprised by the consideration made by Bellone, in a study which precedes *BBT* by five years. In fact, he clearly speaks of Boltzmann's " quanta ".

Bellone presents them as a mathematical technique independent from physics but, at the same time, dependent from his author's conception of nature. Therefore we can affirm that Boltzmann's " quanta " are an artifice but not a whim and that Planck first and Einstein later inherit with Boltzmann's mathematics the finite concept of quanta, which constitutes the substance of those " quanta ". On the other hand, even if we are not sure of the birth of quanta in physics, we believe that it is legitimate to say that they surely existed in physics before existing as a problem.

But let us go back to Kuhn. Once the paradigm-revolution scheme failed what other way out could he have ? Since that scheme was structured on classical mechanics[44], that is : normal sciences (constant velocities) dominated by paradigms (forces = 0) and revolutions (accelerations) caused by anomalies (forces ≠ 0), Kuhn could have searched for another scheme in a physical theory belonging to the scientific tradition contrary to that of mechanics, for example in thermodynamics.

The " implicit " role Kuhn speaks about, in relation to Planck's behavior in the birth of quanta, could have had an interpretation, as for example the contemporary presence of different phases of a substance in the thermodynamic processes of state changes[45]. But this solution would have imposed a new historiographic model and, consequently, the radical debate of the preceding one.

Kuhn, instead, made an apparently painless choice, that of reducing *BBT* to the simple narration of the events, without indicating how to interpret them, assuming the ambiguous position of a traditional historian of science since being also a philosopher of it constitutes objectively for everybody a problem.

43. P. Cerreta, A. Drago, " Matematica e conoscenza storica. La interpretazione di Kuhn della storia della scienza ", in L. Magnani (ed.), *Conoscenza e Matematica*, Milano, 1991, 353-364.
44. *Idem*, 357.
45. P. Cerreta, " Historiographical Paradigms : Koyré, Kuhn and beyond ", L. Kovacs (ed.), *History of science in teaching physics*, Szombathely, 1995.

Physique quantique et causalité selon Bohm - Analyse d'un cas d'accueil défavorable

Olival FREIRE JR., Michel PATY, † Alberto Luiz DA ROCHA BARROS

Introduction

David Bohm a proposé, au début des années cinquante, de réinterpréter la physique quantique en retrouvant une forme de causalité analogue à celle de la physique classique. Cette proposition théorique, l'activité scientifique de David Bohm et des chercheurs qui l'ont soutenu dans sa tentative, ainsi que l'accueil qu'elle a reçu au sein de la communauté des physiciens posent des questions intéressantes du point de vue de l'histoire des sciences. Pourquoi ces travaux ont-ils reçu un accueil aussi défavorable ? Quels ont été les critères effectifs de choix entre des propositions rivales ? Les avis sur ces questions sont partagés, comme nous le verrons. Nous nous sommes intéressés, dans ce travail, aux aspects scientifiques aussi bien que culturels, dans le sens le plus large, de cet épisode de l'histoire de la physique quantique. Les résultats de notre analyse nous amènent à conclure que cet accueil défavorable s'explique par des raisons strictement scientifiques, à savoir l'absence de résultats nouveaux, capables d'attirer l'attention de l'ensemble de la communauté des physiciens et d'obtenir l'adhésion d'une partie significative d'entre eux. Il sera intéressant de noter, cependant, que l'intérêt effectif de ces recherches " hétérodoxes " dépasse ce résultat négatif ou ce constat d'échec, car des éléments de la théorie de Bohm ont servi à certains approfondissements ultérieurs de l'interprétation de la physique quantique.

David Bohm et le réveil des variables cachées

Tous n'entrerons pas dans les détails techniques du modèle théorique élaboré par Bohm dans son article pionnier de 1952[1]. On peut aujourd'hui trouver ces détails et ceux concernant d'autres modèles de variables cachées dans

---

1. D. Bohm, " A Suggested Interpretation Of The Quantum Theory In Terms Of *Hidden Variables* ", I, II, *Phys. Rev.*, 85 (2), 166-179 ; 180-193.

divers ouvrages[2]. En utilisant ce modèle pour étudier certains systèmes simples, Bohm parvient aux mêmes résultats déjà obtenus par la physique quantique non-relativiste, mais cela lui permet une nouvelle interprétation de la physique quantique.

L'analyse de ce travail de Bohm suscite quelques remarques d'ordre plus général. En premier lieu, le modèle développé s'inscrit dans un cadre épistémologique entièrement étranger à celui de l'interprétation de la complémentarité. Ce n'est pas un hasard : l'objectif de Bohm était précisément d'obtenir une nouvelle interprétation, qui soit à la fois équivalente, du point de vue des résultats, à la physique quantique et capable de rétablir certaines idées du cadre conceptuel de la physique classique. Dans le contexte des débats suscités par son travail, *causal* fut presque toujours synonyme de *déterministe*, au sens du déterminisme de la mécanique classique, mais il ne s'agissait pas pour autant de " récupérer " tout le cadre conceptuel de la physique classique, auquel le " potentiel quantique " qu'il introduit dans son travail était complètement étranger.

En second lieu, Bohm présente comme l'un des avantages de sa tentative la possibilité d'assouplir le modèle originel, tout en restant dans le même cadre conceptuel, pour faire front aux difficultés auxquelles se heurtait la physique théorique à cette époque. Si l'on prend en considération le contexte de la physique au début des années cinquante, l'inadéquation notée par Bohm est associée à trois problèmes : les quantités infinies qui apparaissent quand on quantifie le rayonnement électromagnétique, la quantification de l'interaction nucléaire et les nouvelles particules subatomiques qui venaient d'être découvertes depuis quelques années (mésons π, particules étranges, résonances). Selon lui, la nouvelle approche pouvait s'avérer utile sur ces plans, par exemple moyennant une extension du modèle original. On pouvait penser que le nouvel outillage conceptuel de son approche possède un rôle heuristique, confère un avantage opératoire. C'est donc dans un sens assez large que nous entendrons l'expression " résultats nouveaux " dans notre analyse des démarches des défenseurs du programme causal.

En troisième lieu, comme J.S. Bell le ferait remarquer une dizaine d'années plus tard, le modèle proposé est autant non-local que la théorie quantique dans son formalisme usuel[3]. Le potentiel quantique de la théorie de Bohm dépend de l'ensemble des variables des sous-systèmes qui composent le système étudié, de sorte qu'une perturbation survenue dans l'un de ces sous-systèmes

2. D. Bohm, B.J. Hiley, *The Undivided Universe : An Ontological Interpretation Of Quantum Theory*, London, 1993.

3. J.S. Bell, " On the Einstein-Podolsky-Rosen Paradox ", *Physics*, 1 (1964), 195-200. Repris dans J.S. Bell, *Speakable and unspeakable in quantum physics*, Cambridge, 1987. *Cf.* M. Paty, " La non-séparabilité locale et l'objet de la théorie physique ", *Fundamenta Scientiae*, 7 (1986), 47-87 ; M. Paty, " Sur les variables cachées de la mécanique quantique : A. Einstein, D. Bohm et L. de Broglie ", *La Pensée*, n° 292 (1993), 93-116.

affecte immédiatement les autres sous-systèmes. Dans les termes de Bohm, cette perturbation se propagerait instantanément à tous les composants du système : formulée ainsi, cette propriété reste problématique. Mais on peut la formuler autrement, avec l'inséparabilité quantique à laquelle elle tient : la corrélation a lieu, non par propagation instantanée, mais parce que ces sous-systèmes (et leurs fonctions d'état) sont inséparables, ne formant qu'un unique système descriptible par la mécanique quantique. Soulignons enfin que cette propriété du modèle de Bohm lui a permis précisément de survivre aux expériences de test des " inégalités de Bell ", au titre d'interprétation compatible, tout comme celle de la complémentarité, puisque la propriété soumise au test était la non-localité (ou non-séparabilité locale).

L'ACCUEIL DE L'INTERPRÉTATION CAUSALE : LA CONTROVERSE SUR LE TERRAIN PHILOSOPHIQUE[4]

Il est possible de classer l'ensemble des réponses faites à la proposition de Bohm (qui est aussi un programme), selon quatre groupes à peu près homogènes : l'appui épistémologique, la critique épistémologique, la critique concernant la consistance physique, et, enfin l'adhésion. Cette classification, utile, n'épuise pas la diversité des réponses au programme causal, car il existe d'autres réponses qui n'entrent pas dans ce schème.

E. Schatzmann[5] et H. Freistadt[6] ont soutenu la proposition de Bohm de la manière que nous avons appelée appui épistémologique. Ils ne se prononcent, en effet, dans leurs écrits, que de ce point de vue, sans analyser les détails techniques, mais en valorisant les caractéristiques épistémologiques du modèle, à savoir le rétablissement du déterminisme, ainsi que la position matérialiste qui se tenait aux prémisses philosophiques de la démarche théorique de Bohm. Ils étaient eux-mêmes marxistes, et leurs articles sont parus dans des revues culturelles de cette tendance, non spécialisées dans les problèmes scientifiques, et reflétant les débats de l'époque. La critique de la complémentarité, déclenchée en Union Soviétique à partir de la fin des années quarante, s'inscrit dans le cadre de ce que les historiens ont dénommé *jdanovisme*, une période que Graham qualifie comme étant celle de l'exil de la complémentarité en URSS[7].

4. Pour une analyse plus détaillée de la réception réservée au programme causal, y compris l'analyse des attitudes de N. Bohr, R. Schiller, A. Bohr, E. Schrödinger et M. Born, voir notre étude " La théorie des variables cachées déterministes de David Bohm, alternative à la mécanique quantique, ou le pot de terre contre le pot de fer ", à paraître ; ainsi que O. Freire Jr., *D. Bohm e a controvérsia dos quanta*, [en portugais], *Coleção CLE*, 27, Campinas, Brésil, 1999.

5. E. Schatzman, " Physique quantique et réalité ", *La Pensée*, 42-43 (1952), 107-122.

6. H. Freistadt, " The Crisis in Physics ", *Science and Society*, 17 (1953), 211-237.

7. L.R. Graham, *Science and Philosophy in the Soviet Union*, New York, 1972, 74-80. Voir aussi O. Freire Jr., " Quantum Controversy and Marxism ", *Historia Scientiarum*, vol. 7-2 (1997), 137-152.

Les considérations qui appartiennent à la rubrique des " critiques épistémologiques " de notre classification sont de nature semblable aux précédentes en ce qu'elles mettent l'accent sur les aspects épistémologiques et non sur l'analyse critique des détails techniques de la théorie proposée. La différence est que, cette fois, c'est précisément la récupération du déterminisme et la primauté des images claires des objets dans le continuum de l'espace et du temps qui sont prises pour cibles et critiquées. L'interprétation causale est vue comme un retour en arrière face aux acquis conceptuels de la physique quantique. Mais les arguments de ces critiques épistémologiques ne sont pas les mêmes d'un auteur à un autre.

Prenons le cas de L. Rosenfeld. Résumé, son point de vue était de considérer " la relation de complémentarité comme donnée de l'expérience "[8] et comme partie intégrante de la théorie quantique. Une des conséquences de la complémentarité étant la description probabiliste, Rosenfeld jugeait toute tentative de retrouver le déterminisme comme une entreprise métaphysique. Sa critique épistémologique visait plusieurs cibles : d'un côté, les physiciens soviétiques, comme J. Frenkel et D. Blokhintzev qui critiquaient la complémentarité et soutenaient la primauté des descriptions ondulatoires, d'un autre côté, le modèle corpusculaire de Bohm et sa récupération d'un type de déterminisme analogue à celui de la physique classique. Il s'en prenait en même temps à Heisenberg, en affirmant que " frapper d'interdit la complémentarité sous prétexte qu'Heisenberg est un idéaliste, c'est jeter la graine avec la balle. Autant condamner les *Principia* parce que Newton y met sa dialectique à la sauce de la théologie puritaine ". Les considérations scientifiques et épistémologiques de Rosenfeld étaient appuyées par des arguments plutôt philosophiques concernant le matérialisme et la dialectique, avec des références à F. Engels. S'il poussa " délibérément la discussion vers le domaine philosophique ", c'était parce que, lui semblait-il, " la racine du mal était plutôt là que dans la physique "[9]. W. Heisenberg menait sa critique au nom d'une lutte " contre l'ontologie du matérialisme " — " pour utiliser un terme philosophique plus général ", comme il l'indiquait lui-même —, " [c'est-à-dire] contre l'idée d'un monde objectif réel dont les plus minuscules parcelles existent objectivement, dans le même sens où existent les pierres ou les arbres, que nous les observions ou pas "[10].

8. L. Rosenfeld, " L'évidence de la complémentarité ", in A. George (ed.), *Louis de Broglie - Physicien et Penseur*, Paris, 1953, 43-65.

9. Rosenfeld à Pauli, 20.03.1952, in W. Pauli, *Scientific Correspondence with Bohr, Einstein, a.o.*, Vol. IV, Part I, Springer, 1996, 587. L'acidité de Rosenfeld dans l'argumentation contribua à envenimer l'ambiance de la controverse. Par exemple, il répondit à une lettre de Bohm en lui disant : " j'ai envie de vous répondre que c'est justement parmi vos admirateurs parisiens que je perçois quelques signes préoccupants de mentalité primitive " [Rosenfeld à Bohm, 30.05.1952, Archives " Bohm Papers ", Londres, Birbeck College, dorénavant BP]. Nous remercions le Dr. T. Powell, pour son aide dans nos recherches aux Bohm Papers.

10. W. Heisenberg, *Physique et philosophie*, tr. J. Hadamard, Paris, 1961, 165.

Le physicien japonais T. Takabayasi[11] reconnaissait, quant à lui, malgré ses critiques épistémologiques de la théorie de Bohm, l'utilité d'explorer des modèles différents pour développer la physique théorique. Les critiques du physicien soviétique Fock étaient très proches de celles de Rosenfeld. Elles ne furent publiées qu'après 1957, en dehors de l'Union Soviétique, après la disparition de Staline et la fin de la période du *jdanovisme*[12].

Le cas de M. Schönberg, physicien brésilien, également marxiste, est particulier parce que — tout en maintenant des discussions régulières avec David Bohm à l'Université de São Paulo, où Bohm était alors professeur[13] — il ne publia rien sur le sujet pendant cette période, tout en ayant une position très critique sur les variables cachées déterministes[14].

LA CONTROVERSE SUR LE TERRAIN SCIENTIFIQUE

En ce qui concerne les critiques de nature théorique, on notera tout d'abord qu'aucune ne voyait de conflit entre le modèle de Bohm et les résultats expérimentaux déjà connus. La première, et la plus importante, reconnaissance de la consistance logique de l'interprétation proposée est venue de W. Pauli[15]. Celui-ci a analysé dans le détail la question de l'interprétation proposée par Bohm, y compris sur la première version de l'article de Bohm. Entre cette version et celle publiée finalement en 1952, des modifications ont été portées, qui tiennent compte des critiques de Pauli : par exemple, les références aux anciens travaux de L. de Broglie, ainsi que l'ajout de la deuxième partie de l'article qui concerne le problème de la mesure[16]. Presque toutes les lettres de Bohm à Pauli — sept — ont été retrouvées et sont publiées. Par contre les lettres de Pauli à Bohm, sauf celle que nous venons de citer, ont malheureusement

11. T. Takabayasi, " On the Formulation of Quantum Mechanics associated with Classical Pictures ", *Prog. of Theor. Physics*, 8 (2) (1952), 143-182.

12. V.A. Fock, " On the Interpretation of Quantum Theory ", *Czechosl. Journ. Phys.*, 7 (1957), 643-656.

13. Voir O. Freire, *David Bohm e a controvérsia dos quanta, op. cit.* ; O. Freire Jr., M. Paty, A. da Rocha Barros, " David Bohm, sua estada no Brasil e a teoria quântica ", *Estudos Avançados*, 20, São Paulo, 1994, 53-82.

14. Voir le témoignage de M. Bunge, " Hidden Variables, Separability, and Realism ", *Rev. Bras. Fís.*, vol. spéc. " 70 anos de Mário Schenberg ", 1984, 150-168.

15. Pauli à Bohm, 03.12.1951, Pauli, *op. cit.*, 436-441.

16. " La deuxième version est considérablement différente de la première. En particulier, dans la deuxième, je n'ai pas besoin d'utiliser le 'chaos moléculaire' " (D. Bohm, lettre à W. Pauli, octobre 1951, Pauli, *op. cit.*, 389-393). Dans un premier temps, Bohm n'était pas persuadé de l'antériorité des travaux de L. de Broglie concernant les variables cachées (*idem*). Mais il l'admit très vite et y fit référence dans l'article publié. (Einstein la lui avait indiquée lorsque Bohm lui montra son manuscrit : *cf.* A. Einstein et D. Bohm, lettres, Archives Einstein, cité in : M. Paty, " Sur les " variables cachées " de la mécanique quantique " *op. cit.* ; voir aussi A. Einstein, M. Born, *Briefwechsel* 1916-1955, München, Nymphenburger Verlag, 1969, trad. fr, *Correspondance* 1916-1955, Paris, 1969, 206-207, 221).

disparu[17] ; ce qui nous empêche de reconstituer, dans les détails, l'ensemble de la discussion. Nous pouvons cependant conclure, à partir de l'article publié par Pauli[18], que s'il a finalement conclu à la consistance logique de la tentative de Bohm dans sa version publiée, il a maintenu certaines de ses critiques théoriques et épistémologiques, dont nous parlerons plus loin.

L'un des arguments de la critique théorique du programme causal les plus significatifs par rapport à son développement est celui qui a trait au caractère non relativiste du modèle de Bohm : il ne pouvait prétendre concurrencer que la mécanique quantique non-relativiste. O. Halpern et T. Takabayasi assuraient que le modèle théorique n'était pas susceptible d'être modifié de façon à ce qu'une généralisation relativiste puisse en découler[19]. Pour Pauli, l'absence de traitement relativiste était une preuve de la faiblesse de l'argument de Bohm : " (…) Je ne peux donc pas considérer comme profond un argument qui plaide pour la réforme de la théorie dans le domaine relativiste mais n'envisage que la partie non relativiste de la théorie, qui, elle, est correcte "[20]. Par ailleurs, von Neumann, selon une indication de Bohm lui-même, " [pensait] que [s]on travail est correct et même " élégant " mais il s'attendait à des difficultés lorsqu'on l'étendrait aux spins "[21]. Sensibles à cette critique, Bohm et les partisans de son programme la considérèrent comme un défi à relever.

Une deuxième critique qui eut un impact parmi les adhérents du programme causal fut élaborée par Pauli et, indépendamment, par J.B. Keller[22]. En bref, selon cet argument, on ne peut pas obtenir l'égalité de la fonction qui décrit la particule dans le modèle de Bohm et de la fonction d'onde de la physique quantique, parce que ces deux fonctions sont inscrites dans des cadres conceptuels très différents. Nous analyserons plus loin la voie adoptée par Bohm pour lever cette difficulté.

On retiendra encore une autre critique : l'interprétation proposée par Bohm ne peut être développée que dans la représentation de l'espace et du temps, c'est-à-dire qu'elle n'est pas capable de rendre l'invariance de la théorie quantique dans les transformations unitaires. Cet argument fut soulevé par Pauli, Takabayasi et d'autres, mais c'est Pauli qui lui donna la forme la plus développée. Bohm ne voulut pas en convenir, estimant que si une interprétation alternative doit reproduire les résultats expérimentaux de la théorie usuelle, rien ne

17. D. Bohm, lettre à K. von Meyenn (éditeur de la correspondance de Pauli), 2.12.1983, in Pauli, *op. cit.*, 345.
18. Voir W. Pauli, " Remarques sur le problème des paramètres cachés dans la mécanique quantique ", George, *op. cit.*, 33-42.
19. O. Halpern, " A Proposed Re-Interpretation of Quantum Mechanics ", *Phys. Rev.*, 87 (1952), 389 ; Takabayasi, *op.cit.*
20. W. Pauli, lettre à D. Bohm, 3.12.1951, Pauli, 96, 436.
21. D. Bohm, lettre à M. Phillips, s/d [Probablement 1952], BP.
22. Pauli (1953), *op. cit.* ; J.B. Keller, " Bohm's Interpretation of the Quantum Theory in Terms of " Hidden " Variables ", *Phys. Rev.*, 89 (5) (1953), 1040-1041.

l'oblige toutefois à retrouver les mêmes grandeurs mathématiques utilisées pour l'obtention des résultats[23]. Mais cette réponse n'était que partielle, parce qu'elle ne prenait pas en compte la question, soulignée par Pauli et qui relève de la relativité, d'une asymétrie dans la théorie ne trouvant pas de contrepartie dans l'expérience.

Ajoutons, à propos de Pauli, que ses critiques théoriques n'étaient pas indépendantes de considérations d'ordre épistémologique ou philosophique. La critique d'une asymétrie dans la représentation sans contrepartie dans l'expérience est un argument plutôt épistémologique — il renvoie à celui d'Einstein pour la relativité restreinte[24] —, mais de tels critères d'ordre épistémologique étaient, pour un physicien comme Pauli, partie intégrante de ce qu'il considérait comme appartenant à des " raisons physiques " ; par contre, il renvoyait à la " métaphysique " des arguments qui appartenaient plutôt au domaine de la philosophie[25]. Pauli n'exposait pas ses idées proprement philosophiques dans ses articles scientifiques, mais on les trouve dans sa vaste correspondance : elles sont structurées, selon Laurikainen qui en a fait l'analyse, autour de l'idée que " l'esprit et la matière, en tant qu'éléments de base de la réalité, doivent être considérés comme deux éléments complémentaires "[26].

Dernière remarque sur la défense de la complémentarité contre le programme causal, soutenue par Pauli, Rosenfeld et Heisenberg : leurs conceptions philosophiques sous-jacentes n'étaient pas les mêmes. Dans la controverse entre Rosenfeld et Heisenberg, Pauli était plutôt du côté du second ; c'est ainsi qu'il lui écrit : " Malheureusement, Rosenfeld veut monopoliser le thème de la complémentarité (…), j'aimerais au moins veiller à ce que Rosenfeld ne joue pas son rôle explicite de " racine carrée de Bohr multiplié par Trotski ", et qu'il n'orne pas son article de banalités sur le matérialisme "[27].

23. D. Bohm, " Comments on an Article of Takabayasi Concerning the Formulation of Quantum Mechanics with Classical Pictures ", *Prog. Theor. Phys.*, 9, 3 (1953), 273-287.

24. *Cf.* M. Paty, *Einstein philosophe*, Paris, 1993.

25. O. Freire est redevable à O. Darrigol pour des éclaircissements sur ce point.

26. K.V. Laurikainen, *Beyond the Atom. The Philosophical Thought of Wolfgang Pauli*, Berlin, 1988, xi. Au moment même des discussions plutôt scientifiques qu'il avait avec Bohm, Pauli écrivait : " je ne suis pas surpris que catholiques et communistes en France [il se réfère, probablement à De Broglie, à vrai dire agnostique mais plutôt conservateur, et à Vigier] se soient unis contre la complémentarité (laquelle inclut l'indéterminisme). Les deux sont, voyez-vous, psychologiquement liés à une attente eschatologique, mais il est d'une importance mineure que l'on espère la réalisation de cette attente dans cette vie ou après celle-ci (…). Où en arriverions-nous si nous subordonnions le bouleversement attendu (la fin du monde pour les uns, la fin du capitalisme pour les autres) à un sondage tout probabiliste. " (W. Pauli, lettre à M. Fierz, 6.1.1952, Pauli, 1996, 499-502).

27. W. Pauli, lettre à W. Heisenberg, 13.5.1954, in W. Pauli, *Correspondance* (1953-1954), à paraître. Nous remercions le prof. K. von Meyenn pour nous avoir obligeamment communiqué une copie de cette lettre.

LES ADHÉSIONS AU PROGRAMME CAUSAL

L'adhésion la plus importante au programme causal eut lieu en France, autour de Louis de Broglie et Jean-Pierre Vigier. De Broglie, qui avait développé ces mêmes idées avant 1927 — théorie de l'onde pilote —, les avait abandonnées entre-temps en se ralliant aux partisans de la complémentarité. Une collaboration réunit Bohm, Vigier et de Broglie, après que ce dernier se fut reconverti à ses anciennes idées, et s'élargit à Takabayasi et à Terletskii, ainsi qu'à de jeunes physiciens, parmi lesquels F. Fer, G. Lochak, J.A. Andrade e Silva, P. Hillion, M. Thiounn, F. Halbwachs et Ph. Leruste.

Cependant la vulgarisation en France du programme causal s'accompagna d'une lecture excessivement philosophique, voire idéologique, qui l'assimilait au matérialisme dialectique. Malgré les critiques que les philosophes et des physiciens soviétiques firent à la complémentarité pendant cette période, on ne relève pas de leur part d'adhésions significatives au programme causal. C'est seulement plus tard, en 1959, que s'établit une coopération entre des physiciens soviétiques et français autour des recherches par Louis de Broglie d'une approche non-linéaire de la mécanique quantique dans la suite de son ancienne théorie de la double solution.

Remarquons en outre que Bohm, qui était lui-même marxiste dans la décennie des années 50, espérait de la part des physiciens marxistes un soutien plus actif au programme causal. Il se plaignait de l'absence de soutien de la part du physicien marxiste nord-américain Phil Morrison[28], ainsi que de la part des physiciens soviétiques : " Il y a des philosophes à Moscou qui critiquent l'interprétation usuelle, cependant ils n'ont pas d'influence sur les physiciens. (…) Il est décevant qu'une société orientée vers une nouvelle direction ne soit pas encore capable d'avoir une influence significative sur les manières dont les gens travaillent et pensent ", écrivait-il à un correspondant[29].

Une autre adhésion, peu connue dans la littérature historique sur le sujet, fut celle de Mario Bunge, le futur philosophe des sciences, alors jeune physicien argentin venant de soutenir son doctorat de physique. Selon Bunge[30], " aussitôt que l'article de Bohm est paru je lui ai écrit. J'ai fait certaines objections (…). Sa réponse a été : vous posez trop de questions pour qu'on puisse y répondre de façon satisfaisante dans une lettre. Pourquoi ne venez-vous pas pour une discussion en tête-à-tête ? (…) Je l'ai acceptée et je suis arrivé à São Paulo en avril 1953. " Les questions de Bunge portaient sur le côté le plus délicat du programme causal, à savoir la question d'une généralisation relativiste.

28. D. Bohm, lettre à M. Phillips, s/d, BP.
29. D. Bohm, lettre à M. Phillips, 18.3.1955, BP.
30. M. Bunge, communication écrite à O. Freire Jr., 1.11.1996.

EINSTEIN, FEYNMAN ET D'AUTRES

Critique de la complémentarité, Einstein était aussi critique des variables cachées, qui ne lui paraissaient pas aller assez au fond des choses et rester trop classiques. Son attitude théorique et épistémologique vis-à-vis du programme des variables cachées a été analysée ailleurs[31]. On ne peut bien comprendre sa position qu'en prenant en compte son propre programme de développement de la physique théorique[32]. Il ne pensait pas que l'on puisse aller loin si l'on se contentait de reformuler la physique quantique en partant d'elle — ce que faisait Bohm — et espérait de son côté la solution des difficultés de la théorie des quanta en même temps que celles du projet d'unifier la théorie du champ basée sur le continuum spatio-temporel. Une théorie " complète " du champ continu et de la source de champ éclairerait, pensait-il, par des relations de contrainte, les problèmes conceptuels et théoriques de la physique quantique. Malgré sa sympathie pour le non conformisme et la pénétration théorique de D. Bohm, il critiquait sa tentative, tout en l'encourageant à continuer de rechercher une théorie alternative.

En ce qui concerne R. Feynman, son attitude face au programme causal fut tout d'abord d'attention, voire de sympathie[33]. Il séjourna au Brésil, à Rio de Janeiro, pendant la période brésilienne de Bohm à l'Université de São Paulo. Des discussions entre Feynman et Bohm eurent pour témoin le physicien brésilien J. Leite Lopes[34]. Bohm était très heureux de ses discussions avec Feynman. Il rapporta à H. Loewy : " Feynman a été convaincu qu'il s'agit là d'une possibilité logique, et que cette interprétation peut mener à des choses nouvelles "[35].

Bohm discuta de sa théorie et de son interprétation avec d'autres physiciens pendant son séjour brésilien. En juillet 1952, il participa à un colloque scientifique international qui se tint au Brésil et y exposa son idée et quelques-uns de ses développements. Lors du débat qui suivit son exposé, les physiciens qui y participèrent manifestèrent une attitude d'expectative. H.L. Anderson, D.W. Kerst, M. Moshinsky et J. Leite Lopes demandèrent à Bohm comment on pouvait établir une différence entre sa façon de voir et l'interprétation usuelle ; il leur répondit qu'il fallait développer davantage son programme théorique, et développer de même les possibilités expérimentales, pour y aboutir. Il rencontra surtout des attitudes sceptiques, comme celle de A. Medina, voire de fran-

---

31. M. Paty, " Sur les " variables cachées " de la mécanique quantique ", *op. cit.* ; M. Paty, *Einstein, les quanta et le réel*, à paraître.

32. Voir M. Paty, " The Nature of Einstein's Objections to the Copenhagen Interpretation of Quantum Mechanics ", *Found. of Phys.*, 25 (1) (1995), 183-204.

33. Voir R.P. Feynman, " The Present Situation in Fundamental Theoretical Physics ", *Anais Acad. Brasil. Ciênc.*, 26 (1) (1954).

34. R. Feynman avait l'intention d'écrire " quelques articles sur l'interprétation quantique de Bohm, pour les publier au Brésil ", voir J. Leite Lopes, " Richard Feynman in Brazil : personal recollections ", *Quipu*, 7 (3) (1990), 383-397.

35. D. Bohm, lettre à H. Loewy, [s/d, prob. 1952], BP.

che contestation comme celle de I.I. Rabi, qui considérait l'interprétation causale comme incapable de fournir une perspective de développement pour la physique[36].

LES DÉVELOPPEMENTS DU PROGRAMME CAUSAL

L'activité de Bohm et de ses collaborateurs au cours des années cinquante s'organisa autour de deux pôles de préoccupations. Le premier était de nature strictement scientifique : il concernait la recherche d'une justification conceptuelle du modèle original, ainsi que la généralisation relativiste de ce dernier et la possibilité de traiter des champs et des particules. Le second correspondait à une tâche plus épistémologique et philosophique : il s'agissait de fonder le choix d'une description causale, autrement dit déterministe, en montrant qu'elle était plus fondamentale qu'une description probabiliste comme celle de la mécanique quantique courante. La portée de l'objection soulevée par Pauli et Keller, rapportée plus haut, ne pouvait être sous-estimée, comme l'a bien reconnu J.P. Vigier dans une déclaration récente : " C'était aussi un des problèmes décisifs que Bohm n'avait pas traité dans ses papiers de 1952 "[37]. Dans un premier travail, Bohm annonça une preuve générale qui devait faire l'objet d'un article à paraître dans les *Anais da Academia Brasileira de Ciências*[38]. Contrairement à l'annonce, cet article ne parut jamais. Et la résolution de la question posée n'aboutirait finalement qu'avec la coopération entreprise avec Vigier[39].

L'obtention d'une interprétation causale relativiste était une exigence inscrite dans la logique même du développement du programme initial de Bohm. Sans son obtention, on ne pourrait pas parler d'une équivalence complète entre les deux interprétations, ou programmes, celui de la causalité et celui de la théorie quantique ordinaire. Le programme causal se devait de répondre à ce défi[40]. Nous ne discuterons pas ici de la possibilité théorique d'obtenir ou non cette formulation relativiste, ni des développements tentés dans cette direction depuis les années quatre-vingts jusqu'à aujourd'hui. Nous nous en tiendrons à constater comme une matière de fait — un fait d'histoire — que, dans la période étudiée de la réception du programme causal, ses partisans n'ont pas réussi à bâtir une théorie causale relativiste. Le résultat le plus élaboré dans

36. *Proceedings of New Research Techniques in Physics* (Rio de Janeiro & São Paulo, July, 15-29, 1952), Rio de Janeiro, 1954.

37. J.-P. Vigier, entrevue avec O. Freire Jr., 27.1.1992.

38. D. Bohm, " Proof that Probability Density Approaches $[\Psi]^2$ in Causal Interpretation of the Quantum Theory ", *Phys. Rev.*, 89 (2) (1953), 458-466.

39. D. Bohm, J-P. Vigier, " Model of the Causal Interpretation of Quantum Theory in Terms of a Fluid with Irregular Fluctuations ", *Phys. Rev.*, 96 (1) (1954), 208-216.

40. On trouve des preuves de la valeur que Bohm attribuait à la solution de ce problème dans son rapport adressé au département de physique de l'Université de São Paulo (FFLCH-USP, 1954, microfilm 816/51).

cette direction fut l'obtention de l'équation de Pauli — qui, comme on le sait, n'est pas encore relativiste —, succès obtenu par Bohm en collaboration avec deux autres physiciens, le brésilien Jayme Tiomno et le nord-américain Ralph Schiller[41].

Les recherches en vue d'étendre le programme causal de Bohm à la classification du grand nombre de nouvelles particules qui étaient alors en train d'être découvertes constituent l'un des efforts les plus importants des protagonistes de ce courant de la physique. Il reste cependant grandement méconnu, comme il le fut par les physiciens des particules de l'époque, et les historiens de la physique eux-mêmes l'ignorent en général — même s'ils évoquent la tentative causale de Bohm, comme on va le voir. Ces recherches se développèrent à partir du milieu des années cinquante, avec Bohm lui-même, T. Takabayasi, et le groupe de l'Institut Henri Poincaré constitué par L. de Broglie, J.-P. Vigier, P. Hillion et F. Halbwachs, entre autres. L'idée directrice de cette approche, telle que la formulaient Bohm et Vigier, était de traiter une particule subatomique comme une structure étendue dans l'espace-temps de Minkowski, abandonnant de cette façon la représentation de ces particules comme des points dans cet espace — telle qu'elle subsiste dans la théorie quantique ordinaire[42]. Les développements de cette idée permettaient de rapporter les différents degrés de liberté de la *particule-structure-étendue* à ses nombres quantiques. Le résultat le plus avancé dans cette voie reste sans doute la classification des particules qui reproduisait celle proposée en 1954 par Nishijima et Gell-Mann[43]. Il n'est pas besoin d'entrer dans les détails de ces travaux pour constater l'esprit de compétition qui animait les tenants du programme causal vis-à-vis de la voie plus courante[44]. Au même moment, un autre programme parvenait à une grande puissance explicative et prédictive : M. Gell-Mann et G. Zweig formulaient en 1963 leur modèle des quarks, qui devait être appelé au succès qu'on connaît, prolongé plus tard par d'autres et aboutissant à ce qu'il est convenu d'appeler aujourd'hui le modèle standard de la physique des champs et des particules.

L'activité de David Bohm pendant cette période ne se limita pas à ces travaux. Mentionnons les essais poursuivis en vue de fonder, sur le plan épistémologique, la supériorité d'un programme de variables cachées à descriptions déterministes[45] et, dans une autre direction, la découverte de l'effet Aharonov-Bohm.

41. D. Bohm *et al.*, " A Causal Interpretation of the Pauli Equation (A & B) ", *Nuovo Cimento*, Suppl. vol. I (1), 48-66 & 67-91.

42. D. Bohm, J-P. Vigier, " Relativistic Hydrodynamics of Rotating Fluid Masses ", *Phys. Rev.*, 109 (6) (1958), 1882-1891.

43. L. de Broglie *et. al.*, " Rotator Model of Elementary Particles Considered as Relativistic Extended Structures in Minkowski Space ", *Phys. Rev.*, 129 (1) (1963), 438-450.

44. J.-P. Vigier, lettre à D. Bohm, 17.5.1962, BP.

45. D. Bohm, *Causality and Chance in Modern Physics*, London, 1957.

CONCLUSION. L'ABSENCE DE RÉSULTATS NOUVEAUX

De l'évocation de cette activité intense nous ne retiendrons pour l'instant que la conclusion suivante : le programme causal n'est pas parvenu à manifester la fécondité attendue ; il aboutit tout au plus à reproduire les résultats de la physique quantique non relativiste déjà connus. Les tenants des variables cachées n'ont pas obtenu de résultats capables de démarquer leur théorie, d'un point de vue empirique, par rapport aux autres développements de la physique théorique depuis la naissance de la théorie quantique, et n'ont pas obtenu de résultats nouveaux dans le sens large indiqué au début de cet article.

Tel est sans doute l'essentiel de la conclusion de notre étude. L'histoire de la connaissance scientifique, et de manière spécifique celle de la physique, nous enseigne sur de nombreux exemples que l'un des traits caractéristiques de son mouvement et de l'entraînement de nouvelles conceptions est, précisément, la prédiction de résultats inédits. Sur ce point, Bohm et ses partenaires n'ont pas réussi. Et l'on est en droit de penser que c'est bien l'absence de prédictions inédites qui a été l'une des raisons les plus fortes, voire la principale, d'une réception si défavorable.

Parmi les indications qui confortent cet argument, on retiendra le témoignage de Mario Bunge, qui poursuivit le programme causal pendant la décennie étudiée : "Toutefois, comme le temps s'est écoulé et que la nouvelle formulation n'a pas abouti à obtenir des prédictions nouvelles, j'ai commencé à avoir des doutes". Et, poursuit Bunge — qui était, à l'époque déjà, porté vers l'épistémologie, ce qui ne l'empêchait pas, bien au contraire, de raisonner en physicien —, "une théorie qui ne fournit pas de résultats expérimentaux nouveaux ne vaut pas plus que celle qu'elle prétend remplacer. C'est pourquoi j'ai perdu tout mon intérêt pour les variables cachées "[46].

Des physiciens de grand renom ont examiné l'hypothèse des variables cachées et la théorie de Bohm. La majeure partie d'entre eux l'a refusée, en s'appuyant sur des arguments variés. Elle a bénéficié de l'appui scientifique d'un groupe très actif et, en dehors de ce groupe, de soutiens plutôt épistémologiques. Cependant J.T. Cushing a avancé dernièrement l'idée que l'interprétation causale a été refusée parce que les physiciens ne l'auraient pas étudiée ; suivant son "argument de contingence", les physiciens du début des années cinquante avaient déjà adhéré à une interprétation[47], celle de la complémentarité, ce qui les aurait empêchés d'en entrevoir une autre. Les éléments qui ressortent de la présente étude plaident pour une autre conclusion, pratiquement inverse. Si l'on suivait la logique de l'argument de Cushing, et si on le prenait comme critère décisif pour comprendre la concurrence entre différents pro-

---

46. M. Bunge, Lettre à O. Freire Jr., 12.2.1997.

47. J.T. Cushing, *Quantum Mechanics. Historical Contingency and the Copenhagen Hegemony*, Chicago, 1994, 144.

grammes scientifiques, on devrait conclure qu'un programme qui a déjà reçu l'adhésion d'une communauté de scientifiques ne peut pas subir de défaite, être abandonné et remplacé par un autre. Mais la leçon de l'histoire de la physique depuis la fin du XIXe siècle est tout autre : la physique a connu des changements importants, malgré des conceptions bien ancrées. Il est juste, cependant, de reconnaître que Cushing ne considère pas de manière systématique que la contingence historique soit le seul critère de choix entre des théories scientifiques. Comme il l'indique lui-même, elle ne devient importante que dans certaines conjonctures critiques[48].

D. Peat a exposé à son tour des thèses proches de celles de Cushing, en supposant l'existence, parmi les physiciens de l'époque, d'une " conspiration du silence " à l'égard de la théorie de Bohm. Son analyse est cependant insuffisamment étayée du point de vue documentaire, c'est-à-dire historique[49], bien qu'il ait largement consulté la correspondance personnelle de Bohm : il n'a pas pris en compte, par exemple, les articles publiés que nous avons cités. Peat estime que, parmi les physiciens de l'Institute for Advanced Study de Princeton, des considérations d'ordre politique auraient joué, dans le rejet à la théorie de Bohm, un rôle plus important que celles d'ordre scientifique. Rappelons cependant que, en matière de réception de nouvelles théories physiques, si des critères non rationnels peuvent jouer un rôle significatif sur le court terme, par contre sur le long terme ce sont des critères plus objectifs qui tendent à prévaloir[50].

---

48. " It is only at certain critical junctures that they may become important " (J. Cushing, Lettre à O. Freire Jr., 17.07.1998). D´autre part, Cushing a pris ses distances par rapport à l'analyse de D. Peat évoquée ci-dessous (*cf. Physics Today*, 50 (1997), 77-78).

49. F. David Peat, *Infinite Potential. The Life and Times of David Bohm*, Addison-Wesley, 1996, 133-135.

50. O. Freire est redevable à une subvention de la CAPES et désire exprimer sa reconnaissance à Mme C. Kelle pour son aide en français dans une première version du manuscrit.

Notes prises par Louis de Broglie lors des cours de Paul Langevin au Collège de France sur la théorie des quanta

Chieko Kojima

Les notes prises par Louis de Broglie au cours de Paul Langevin sur la théorie des quanta se trouvent aux Archives de l'Académie des Sciences[1]. Selon ces notes, Langevin donna une série de cours pendant les mois de mai et juin 1919 et pendant quelques mois, de 1924 à 1927 au Collège de France. Comme il y a peu d'occasions d'étudier la théorie des quanta en France[2], on peut considérer ces notes comme des documents importants pour connaître l'état de l'enseignement de la théorie des quanta à cette époque.

Nous examinerons d'abord le contenu du cours de 1919, puis son influence sur de Broglie et la gestation de ses idées sur l'onde de matière. Quant au cours de 1924 à 1927, nous tenterons un commentaire historique sur son contenu et sur le rapport entre le cours de Langevin et la théorie de de Broglie.

LE COURS EN 1919

La valeur des notes comme document historique

L'existence du cours de Langevin est connue depuis longtemps et est mentionnée dans plusieurs livres, en particulier dans sa biographie. Mais le contenu

---

1. A partir de 1991, peu après la mort de L. de Broglie, ses papiers et sa bibliothèque commencèrent d'être classés et rangés aux Archives de l'Académie des Sciences et dans la Bibliothèque de la Fondation L. de Broglie. Ce travail fut achevé en 1993. On trouvera des détails sur les archives de de Broglie dans les articles suivants : G. Lochak, " Le testament de Louis de Broglie pour ses papiers scientifiques et sa bibliothèque ", *Ann. de Fond. L. Broglie*, vol. 18, n° 4 (1993), 355-357 ; C. Demeulenare-Douyère, " Les archives de Louis de Broglie ", *loc. cit.*, 359-361 ; A.S. Guénoun, G. Lochak, " La bibliothèque de Louis de Broglie ", *loc. cit.*, 363-367.

2. D. Pestre, *Physique et physiciens en France 1918-1940*, EAC, 1984, 104-119.

n'en était pas connu concrètement car Langevin ne le publia pas[3]. Récemment, en fondant sur les notes prises par de Broglie, une étude rapporte en bref que Langevin était bien informé des progrès de la théorie des quanta[4]. Cependant, on dit souvent que la France était isolée des centres de recherches sur la théorie des quanta (Danemark et Allemagne) et que l'étude des quanta y restait stagnante[5]. On ne connaît, en général, pour toutes recherches sur la théorie des quanta effectuées par des Français, que celles de de Broglie et de L. Brillouin. Mais outre ceux-ci, d'autres physiciens français s'y intéressaient, tels E. Bloch, L. Bloch, J. Becquerel, E. Bauer, M. Brillouin, M. de Broglie et Langevin bien sûr, qui fut le premier d'entre eux à faire un cours sur la théorie des quanta[6]. Il est du reste remarquable que ce cours fût donné sitôt après la guerre. Étant donné que, pendant la guerre, on ne pouvait avoir directement aucune information étrangère, du moins par l'intermédiaire des revues françaises[7], les étudiants et les chercheurs français devaient attendre avec impatience le cours de Langevin qui fréquentait beaucoup de physiciens étrangers. Ils en ont donc sans aucun doute subi l'influence[8].

Le contenu du cours

Les notes prises en 1919 ont 17 pages, intitulées *Résumé du cours de M. Langevin mai juin 1919*. Il n'y a pas de dates, mais ces notes ont du être prises par de Broglie pendant deux mois. Nous en donnons ci-dessous les points essentiels, mais on ne saurait évidemment affirmer qu'il s'agit de la totalité du cours de Langevin car il est possible que de Broglie ait sélectionné les sujets qui l'intéressaient. Nous ne prétendons pas parler de toute la substance du cours de Langevin, mais seulement du reflet qu'en donnent les notes prises par de Broglie. Voici donc les principaux thèmes :

Théorie de Bohr :

La théorie de Bohr en 1913 s'explique simplement. Quand l'atome se trouve dans un état quantique, seule une suite discontinue de valeurs d'énergie

---

3. Le cours de Langevin est mentionné dans les ouvrages suivants : L. de Broglie, *Savants et Découvertes*, 1951, 262-265 ; M. Jammer, *The Conceptual Development of Quantum Mechanics*, 1966, 246 ; A. Langevin, *Mon père*, 1971, 87 ; J. Mehra, *The Historical Development of Quantum Theory*, vol. 1, part 2, 1982, 580 ; *cf.* note 2, 55 ; B. Bensaude-Vincent, *Langevin*, Belin, 1987, 161, 164 ; G. Lochak, *Louis de Broglie*, 1991, 75.

4. O. Darrigol, " Strangeness and soundness in Louis de Broglie's early works ", *Physis*, (1993), 314.

5. *Cf.* note 3, J. Mehra, *op. cit.*, 578-581.

6. Le cours d'E. Bloch, sur la théorie des quanta, ne commença en Sorbonne qu'en 1926. *Cf.* note 2, D. Pestre, *op. cit.*, 104. Et celui de L. de Broglie à l'Institut H. Poincaré débuta en 1928. Voir M.A. Tonnelat, *Louis de Broglie*, Seghers, 1966, et *cf.* note 3, G. Lochak, *op. cit.*, 147.

7. Ainsi, de 1915-1919, les sommaires d'articles étrangers ont disparu du *Journal de Physique*.

8. Becquerel, Bauer, L. Brillouin et F. Perrin suivaient le cours de Langevin, *cf.* note 2, D. Pestre, *op. cit.*, 119.

d'un électron est possible, et selon les calculs de la différence d'énergie en cas de transition quantique, on obtient la loi de Balmer[9].

Théorie de Sommerfeld :

D'abord, la série de Balmer est acquise dans le cas de l'ellipse keplerienne par deux conditions de quantification, celles de la direction radicale et azimutale, puis la structure fine s'exprime en introduisant la relativité. Cette teneur correspond, au fond, à l'article de Sommerfeld de la fin de 1915[10]. Après avoir critiqué les calculs de Sommerfeld avec lesquels le choix des variables et des limites d'intégration est insuffisant, Langevin juge nécessaire d'introduire la fonction de Jacobi comme les travaux de P.S. Epstein[11] et K. Schwarzschild[12].

Théorie et fonction de Jacobi :

Eu égard aux études d'Epstein et de Schwarzschild en 1916, qui établissent le rapport entre la condition de Sommerfeld et la fonction d'Hamilton-Jacobi, Langevin considère la condition de quantification comme suit : si la fonction de Jacobi se présente sous la forme d'une somme de fonctions de chacune des variables indépendantes, on doit écrire l'intégrale est un multiple de la constante de Planck. Dans ce cas-là, il est nécessaire que l'équation d'Hamilton-Jacobi soit sous une forme particulière, ce qu'on appelle des variables séparables, pourtant Einstein sut mettre la théorie sous une forme plus générale en 1917[13]. Langevin souligne que la condition générale d'Einstein

$$\int \Sigma_i p_i dq_i = nh$$

est donc très satisfaisante puisqu'elle ne dépend pas du choix des variables.

Phénomène de Zeeman :

Étant tirée de l'équation d'une particule électrique dans un champ magnétique, la fonction d'Hamilton se transforme en variables séparables de r, θ, ϕ en utilisant les coordonnées polaires ; s'obtiennent trois conditions de quantification d'où l'effet Zeeman ordinaire s'explique. C'est un procédé de quantification spatiale qui ne diffère pas essentiellement de celui de Debye en 1916[14].

9. N. Bohr, " On the Constitution of Atoms and Molecules ", *Phil. Mag.*, 26 (1913), 1-25, 476-502, 857-875.

10. A. Sommerfeld, " Zur Quantentheorie der Spekrtrallinien ", *Ann. d. Phys.*, (4) 51 (1916), 1-94, 125-167.

11. P.S. Epstein, " Zur Theorie des Starkeffectes ", *Ann. d. Phys.* ; 50 (1916), 489-520 ; " Zur Quantentheorie ", *loc. cit.*, 51 (1916), 168-188.

12. K. Schwarzschild, " Zur Quantenhypothese ", *Sitz. d. preuss. Akad.* (1916), 548-568.

13. A. Einstein, " Zum Quantensatz von Sommerfeld und Epstein ", *Verh. d. D. Physik. Ges.* (1917), 82-92.

14. P. Debye, " Quantenhypothese und Zeeman-Effekt ", *Phys. Zeits.*, 17 (1916), 142-153.

Explication des cas de dégénérescence :

Dans le cas de dégénérescence, la trajectoire fermée a un nombre de dimensions moindre que celui des domaines de la fonction de Jacobi ; alors si un système à f degrés de liberté est dégénéré d'ordre s, on doit avoir que f-s conditions de quantification. Langevin considère qu'il faut faire abstraction de l'appareil analytique employé et chercher à serrer de plus près la réalité physique pour élucider les cas de dégénérescence.

Hypothèse adiabatique :

A propos de l'hypothèse adiabatique de P. Ehrenfest, Langevin dit que, pendant une transformation adiabatique, la trajectoire se déforme lentement et que si, au début de l'opération, la trajectoire était stable, elle le sera encore à la fin[15]. Il montre cette propriété pour le pendule. En modifiant très lentement la longueur du fil et l'accélération de la pesanteur, on ne change pas le rapport entre l'énergie E et la fréquence du pendule, c'est-à-dire E/ν est un invariant adiabatique[16]. Puisqu'il utilise le mot " hypothèse adiabatique "[17], Langevin semble se référer à l'article d'Ehrenfest de 1916[18], mais il n'en parle pas en détail.

Les sujets que Langevin traita se conforment principalement aux recherches jusqu'en 1917, et roulent sur les problèmes de la stabilité des états quantiques, notamment les études analytiques sur les conditions de quantification pour définir les niveaux quantiques, l'hypothèse adiabatique en tant que manière de trouver les conditions de quantification dans un système modifié, la théorie de la structure fine et l'effet Zeeman. Mais Langevin ne dit rien sur l'idée du principe de correspondance de Bohr[19], ainsi que sur les travaux qui concernent les transitions quantiques[20]. Sur ces points, le cours de Langevin ne contient pas toutes les recherches de cette époque sur la théorie des quanta, mais on ne saurait lui reprocher son ignorance de certaines informations, parce que même si les études sur le principe de correspondance et les transitions quantiques fini-

15. La trajectoire stable signifie la stabilité des états quantiques.

16. Langevin mentionne que c'est Einstein qui a le premier démontré ce problème pour le pendule. Il est probable qu'il pense à la discussion entre Lorentz et Einstein au congrès Solvay en 1911. *Théorie du rayonnement et les quanta*, Rapports et discussions de la réunion tenue à Bruxelles du 30 octobre au 3 novembre 1911, Paris, 1912, 450.

17. Le terme d'hypothèse adiabatique *Adiabatenhypothese* a été employé pour la première fois par Einstein en 1914. A. Einstein, " Beiträge zur Quantentheorie ", *Verh. d. D. Phyk. Ges.*, 16 (1914), 820-828, voir 826.

18. P. Ehrenfest, " On adiabatic change of a system in connection with the quantum theory ", *Proc. Amsterdam Akad.*, 19 (1916), 576-597.

19. N. Bohr, " Om Brintspektret ", *Fysisk Tidsskrift* , 12 (1914), 97-114.

20. N. Bohr, " On the Quantum Theory of Line Spectra ", *D. Kgl. Danske Vidensk. Selsk. Sdrifter, Naturvidensk. og. Mathem. Afd.*, 8 Raekke, IV.1, Nr. 1-3 (1918-22) ; H.A. Kramers, " Intensities of Spectral Lines ", *D. Kgl. Danske Vidensk. Selsk. Sdrfter, Naturvidensk. og. Mathem. Afd.*, 8 Raekke, III.3 (1919), 1-103.

rent par contribuer énormément au développement de la théorie des quanta, elles n'étaient pas encore connues que d'une minorité autour de Bohr. Cela étant, on peut dire que, étant donné les conditions historiques, le cours de Langevin était une riche source d'informations sur la théorie des quanta tout de suite après la première guerre mondiale. Toutefois, une question demeure : Langevin ne parle pas des recherches d'Einstein concernant la nature du rayonnement[21]. Or, dans l'article intitulé *Quelques récents progrès de la physique*, écrit par L. Bloch en 1918[22], la note d'Einstein de 1917 sur le rayonnement[23] est citée en référence. Comme Langevin avait lu cet article de Bloch, il devait nécessairement connaître celui d'Einstein[24]. Quant aux autres travaux d'Einstein, également, on n'imagine pas qu'ils eussent échappé à Langevin qui aurait dû les remarquer, étant un familier de l'auteur. Il me paraît probable que les recherches d'Einstein sur la nature du rayonnement étaient inacceptables pour Langevin, comme pour la plupart des physiciens, et que c'est la raison pour laquelle il ne les traita pas dans son cours.

L'influence sur de Broglie :

À propos de l'hypothèse des quanta de lumière

La conception de l'onde matérielle de de Broglie en 1923[25] est née du problème du dualisme de la lumière. Il est bien connu que de Broglie acceptait l'hypothèse des quanta de lumière, ce qui n'était le cas de presque aucun de ses contemporains, et que cette hypothèse joua un rôle essentiel dans sa théorie. D'après l'opinion courante, ce serait sous l'influence de son frère, Maurice de Broglie[26] que Louis de Broglie aurait approuvé l'hypothèse des quanta de lumière. Certains indices suggèrent, plus généralement, qu'il y aurait eu, en France, une atmosphère favorable à cette hypothèse[27]. Mais selon des paroles prononcées par Langevin au troisième congrès Solvay en 1921[28], d'après le

21. A. Einstein, " Über einen die Erzeugung und Verwandlung des Lichtes betreffenden heuristischen Gesichtspunkt ", *Ann. d. Phys.* (4), 17 (1905), 132-148 ; " Zum gegenwärtigen Stand des Strahlungsproblems ", *Phys. Zeits.*, 10 (1909), 185-193 ; " Quantentheorie der Strahlung ", *Phys. Zeits.*, 18 (1917), 121-128.

22. L. Bloch, " Quelques récents progrès de la physique 1914-1918 ", *Revue générale des sciences* (mars 1918), 166-175 ; (avril 1918), 198-208.

23. *Cf.* note 21, " Quantentheorie der Strahlung ", *Phys. Zeits.*, 18 (1917), 121-128.

24. Dans le rapport de la société française de physique, Langevin cite l'article de Bloch qu'il qualifie d'excellent résumé.

25. L. de Broglie, " Onde et quanta ", *Comptes Rendus*, 177 (1923), 507-510.

26. Les travaux de M. de Broglie et son appui à l'hypothèse des quanta de lumière se trouvent en détail dans : B. Wheaton, *The Tiger and the Shark*, Cambridge, 1983, 263-283.

27. Voir note 3, J. Mehra, *op. cit.*, 580, et note 26, B. Wheaton, *op. cit.*, 263. Si l'ambiance n'était pas générale, c'était celle du laboratoire de M. de Broglie. Voir note 3, G. Lochak, *op. cit.*, 76.

28. *Atomes et électrons, Rapports et discussions du conseil Solvay tenu à Bruxelles du 1er au 6 avril 1921*, Paris, 1923, 124.

livre de L. Brillouin en 1922[29] et les souvenirs de L. de Broglie[30], il semblerait plutôt qu'à Paris, comme ailleurs, les physiciens aient eu généralement une opinion négative au sujet de l'hypothèse des quanta de lumière[31].

Le cours de Langevin semble confirmer ce point de vue, puisqu'on n'y trouve pas un mot sur les quanta de lumière. Soulignons encore une fois que Langevin ne dit rien dans son cours des recherches d'Einstein sur le rayonnement et que l'idée des quanta de lumière ne semble donc pas avoir rencontré son accord. En somme, pour ce qui est de l'acceptation des quanta de lumière, il y a peu ou pas d'influence du cours de Langevin sur de Broglie.

LES COURS DE 1924 À 1927

L'existence du cours de Langevin en 1919 était assez connue. Par contre, les cours de 1924 à 1927, on n'en a presque jamais parlé jusqu'à maintenant. Comme c'était l'époque de la création de la mécanique quantique, les historiens des sciences ne s'y sont pas intéressés parce que le cours de Langevin n'y contribua pas directement. À cette époque, en France, de Broglie avait soutenu sa thèse sur l'onde matière[32] et Langevin la connaissait puisqu'il en avait été rapporteur[33]. En considérant cette histoire fameuse, nous montrerons une attitude contradictoire faite par Langevin, contre la théorie de de Broglie.

Les périodes de cours

Première série :

année	mois	nombre
1924	décembre	4
1925	janvier	4
1925	février	1
1925	mars	4
1925	mai	2
total		15

29. L. Brillouin, *Théorie des quanta et l'atome de Bohr*, Paris, 1922, 108-109.

30. L. Broglie se souvient que Langevin n'était pas favorable aux quanta de lumière. *Cf.* note 3, L. de Broglie, *op. cit.*, 262-263.

31. *Cf.* note 4, O. Darrigol, " Strangeness and soundness in Louis de Broglie's early works ", *op. cit.*, 320-321.

32. L. Broglie, " Recherches sur la théorie des quanta ", *Ann. de Phys.* (10), 3 (1925), 22-128.

33. Le rapport de Langevin sur la thèse de de Broglie est reproduit dans : L. Broglie, *Recherches sur la théorie des quanta*, Paris, 1992, 131-134.

Deuxième série :

année	mois	nombre
1925	décembre	3
1926	janvier	5
1926	février	6
1926	mars	1
total		15

Troisième série :

année	mois	nombre
1927	janvier	6
1927	février	7
1927	mars	5
total		18

Le contenu des cours

Examinons maintenant le contenu des cours en les résumant brièvement. Comme de Broglie mettait la date de chaque cours, le contenu de ses notes est probablement très proche du contenu réel de l'ensemble des exposés. N'oublions pas, cependant, que nous ne donnons qu'un résumé des notes prises par de Broglie à ce cours.

PREMIÈRE SÉRIE (1924-1925)

Au premier cours, après avoir indiqué " Difficulté due au rayonnement ", Langevin donne des titres brefs tels que " Action d'une onde sur l'atome ", " Absorption d'énergie de Bohr ", " Loi de fréquences ", " Principe de correspondance de Bohr ", " Rayonnement d'Einstein ". Plus loin, après la question " La discontinuité s'étend-elle au rayonnement ? ", on trouve une note brève " Bohr critique non ". Pour l'hypothèse des quanta de lumière, il y a " Bohr et moi (de Broglie) ". Ensuite, il commence par parler de la théorie électronique du rayonnement, de Lorentz. Il s'agit de l'interaction entre le rayonnement et l'électron en tenant compte de la relativité.

A la fin de janvier 1925, Langevin expose le point de vue de Lorentz sur l'effet Zeeman, pour l'atome de Thomson[34]. Puis il décrit l'expérience de Rutherford, les déviations brusques des rayons a comme fondement de l'atome de Bohr[35]. Il y revient au début de mars et expose cette expérience en détail.

34. Le modèle de Thomson est mentionné comme image électrique et l'atome et la sphère.

35. E. Rutherford, " The Scattering of a and b Particles by Matter and the Structure of the Atom ", *Phil. Mag.* (6) 21 (1911), 669-688.

À cet endroit, on ne peut pas savoir ce qu'est l'atome de Bohr, car Langevin ne parle que de l'instabilité des trajectoires électroniques dans le cadre de la théorie classique.

Même si l'on trouve des expressions concernant la théorie des quanta telle que " Difficulté de la loi du rayonnement noir " ou " Loi de Planck ", c'est en fait l'équation de Lagrange, les principes de Maupertuis et de Hamilton en mécanique analytique qui sont minutieusement exposés, comme fondements de la dynamique. Après l'exposé général, Langevin applique la méthode analytique au mouvement de l'électron avec trois degrés de liberté sur la trajectoire de Kepler, en utilisant la relativité, et il calcule les intégrales d'action pour les coordonnées polaires. En posant, d'après la théorie des quanta, que les mouvements possibles sont ceux pour lesquels les intégrales d'action sont multiples entiers de la constante de Planck, il obtient l'énergie quantifiée de l'électron. En outre, il décrit le cas où il existe un champ magnétique, c'est-à-dire l'effet Zeeman.

On voit, d'après les intertitres de cous de 1924-1925, que Langevin concentre son attention sur la nature du rayonnement, mais il exprime aussitôt des doutes au sujet de l'hypothèse des quanta de lumière. Pour le cours de 1919, j'étais arrivée à la conclusion que si Langevin ne disait rien de la théorie d'Einstein sur la nature du rayonnement, c'est qu'il refusait tout simplement les quanta de lumière. On voit qu'à la fin de 1924, la discontinuité du rayonnement reste toujours non crédible à ses yeux. En effet, Langevin considérait le rayonnement, dans son cours, comme uniquement constitué d'ondes électromagnétiques classiques. Mais la situation était devenue différente. J'ai déjà cité un petit commentaire de Langevin sur l'opinion de Bohr qui critiquait les discontinuités du rayonnement. Les sens des quelques mots " L'hypothèse des quanta de lumière — Bohr et moi (de Broglie) ", semble être : le premier la dénie et le second l'affirme. Langevin expose donc deux avis contraires — Bohr contre Einstein et de Broglie — à égalité. Or on sait qu'il fut membre du jury de la thèse de de Broglie, soutenue en Sorbonne le 25 novembre 1924 (juste avant ce cours), et qu'il en appréciait l'originalité dans son rapport. Il semble donc que ce soit à la suite de cette thèse, qui développait l'hypothèse des quanta de lumière, que Langevin aurait commencé à changer d'avis. En outre, le 16 décembre 1925, tout de suite après le commencement du cours, il reçoit la fameuse lettre d'Einstein[36] dans laquelle celui-ci considère la thèse de de Broglie comme étant d'une grande valeur. Finalement, Langevin prit en considération les quanta de lumière qu'il avait ignorés jusqu'à là. Pourtant, dans son cours, il ne toucha ni à l'interprétation du rayonnement, par de Broglie, ni à la discontinuité du rayonnement. Il en est de même pour les titres mentionnés au premier cours comme le " Principe de correspondance de

36. La partie de ce manuscrit dans laquelle Einstein donne son appréciation sur de Broglie est reproduite dans note 33, L. de Broglie, *op. cit.*, 136.

Bohr ", dont il ne parle pas. Quant à la théorie des quanta, il la traita au mois de mai seulement. Il est possible qu'il fit exprès de choisir d'autres problèmes avant la théorie des quanta pour éviter des répétitions du cours du 1919. En tout cas, le cours de 1924 à 1925 donnait peu de nouvelles idées sur la théorie des quanta, développées depuis 1919.

DEUXIÈME SÉRIE (1925-1926)

Le cours commença au mois de décembre 1925 par le magnétisme. Au premier cours, on voit des mots comme " Loi de Curie ", " Traitement statistique de Langevin ", " Magnéton de Weiss ", " Théorie d'Ehrenfest ", " Théorie de Thomson " et " Pas de magnétisme des quanta ". Outre cela, Langevin traitait la précession de Larmor, l'aimantation à saturation de Kamerlingh Onnes, etc. Tout relevait du magnétisme classique et, à la fin de janvier, il n'avait toujours pas parlé de la théorie des quanta. Ce n'est qu'après que commence le discours sur la quantification, avec l'exposé de l'expérience de Stern et Gerlach[37] et l'application à certains métaux, comme Ag, Cu, et Au, montrant que le phénomène est bien en accord avec la théorie de la quantification azimutale, selon laquelle le moment magnétique est quantifié dans certaines directions.

A partir du mois de février, Langevin développe, d'après A. Sommerfeld[38], l'idée qu'il est nécessaire d'introduire deux nombres quantiques, c'est-à-dire le nombre principal n et le nombre azimutal k pour déterminer les séries spectroscopiques, et qu'il faut avoir le nombre interne j pour les multiplets. Il donne des tableaux pour connaître la valeur des nombres internes j, par exemple, en même temps qu'une valeur de k (terme s), $j = 0$ pour le singulet, $j = 1$ pour le triplet $j = 2$ et pour le quintuplet, etc.

Il donne aussi des tableaux pour les nombres internes j avec lesquels on peut obtenir les déplacements de raies selon la règle de Runge[39] dans le cas Zeeman. Puis il raconte l'étude de A. Landé qui cherchait les nombres quantiques pour la raie D de Na[40]. Suivent encore des tableaux montrant les nombres quantiques pour les effets Paschen-Bach. En mars, Langevin parle de l'expérience de E. Beck[41], concernant les mesures d'Einstein-de Haas sur le rapport gyromagnétique.

37. O. Stern, W. Gerlach, " Der experimentelle Nachweis der Richtungsquantelung im Magnetfeld ", *Ann. d. Phys.*, 9 (1922), 349-355.

38. A. Sommerfeld, " Allgemeine spektroskopische Gestze, insbesondere ein magnetooptischer Zerlegungassatz ", *Ann. d. Phys.*, 63 (1920), 221-263.

39. C. Runge, " Über die Zerlegung von Spektrallinien im magnetischen Felde ", *Phys. Zeits.*, 8 (1907), 232-237.

40. A. Landé, " Über den anomalen Zeemaneffekt ", *Phys. Zeits.*, 5 (1921), 231-241 et 7 (1921), 398-405 ; " Termstruktur und Zeemaneffekt der Multipletts ", *loc. cit.*, 15 (1923), 198-205 et 19 (1923), 112-123.

41. E. Beck, " Zum experimentellen Nachweis der Ampèreschen Molekularströme ", *Ann. d. Phys.*, 60 (1919), 109-148.

Le cours de 1925 à 1926 tourne donc autour du magnétisme. Dans la première moitié, Langevin parle de la théorie classique, comme dans le cours de
1924 à 1925, ainsi que du magnétisme qui est sa spécialité. Dans la seconde
moitié, il explique les déterminations des nombres quantiques pour la séparation des raies par effet Zeeman. Historiquement, en 1925, l'effet Zeeman ano-
mal fut expliqué par Uhlenbeck et Goudsmit en introduisant l'idée de spin[42]
mais Langevin ne le dit pas. À propos du spin, Langevin mentionne l'hypothèse de Compton sur le pivotement des électrons. Cela devait correspondre à
l'étude sur les rayons x par Compton en 1921, où il pensait que les électrons
tournaient[43]. L'explication de l'effet Zeeman était dans le cours de 1919, en
étant liée au nombre magnétique. Dans le cours de 1925 à 1926 Langevin
prend en considération les études de Sommerfeld[44] et Landé sur le nombre
interne et l'effet Zeeman faites dans les années '20.

TROISIÈME SÉRIE (1927)

Dans le cours en 1927, nous voyons d'abord nature du rayonnement, on
trouve des expressions comme " Einstein, quanta de lumière-Raison très forte "
par exemple. Langevin parle du calcul des fluctuations d'énergie dans le rayonnement par Einstein[45] et indique qu'on y trouve deux termes. Étant donné que
l'un s'obtient par la théorie corpusculaire et l'autre par la théorie électromagnétique, il insiste sur une synthèse indispensable. Jusqu'à la fin du cours, en
janvier, il calcule la densité d'énergie dans le rayonnement noir et traite de la
démention de la loi de Rayleigh, ainsi que du résonateur de Planck. Dans le
cours de février, Langevin parle beaucoup de statistique et indique la statistique de Bose-Einstein[46]. Après quoi il revient au problème de la nature du
rayonnement, expose la théorie des quanta de lumière d'Einstein et la probabilité de passage entre les divers états possibles. Finalement, il passe à l'effet
Compton[47], où l'on trouve des collisions élastiques relativistes entre électrons
et quanta de lumière.

42. G.E. Uhlenbick, S. Goudsmit, " Ersetzung der Hypothese vom unmechanischen Zwang
durch eine Forderung bezüglich des inneren Verhaltens jedes einzelnen Elektrons ", *Die Naturwi-
senschaften*, 13 (1925), 953-954.

43. A.H. Compton, " The magnetic electron ", *Jour. Franklin Inst.*, 192 (1921), 144-145.

44. A. Sommerfeld, " Über die Deutung verwickelter Spektren (Mangan, Chrom, usw.) nach
der Methode der inneren Quantenzahlen ", *Ann. d. Phys.*, 70 (1923), 32-62 ; " Zur theorie der Mul-
tiplettes und ihrer Zeeman effekte ", *loc. cit.*, 73 (1924), 209-277.

45. Voir note 21, " Zum gegenwärtigen Stand des Strahlungsproblems ", *Phys. Zeits.*, 10
(1909), 185-193.

46. N.S. Bose, " Planck's Gesetz und Lichtquantenhypothese ", *Zeits. f. Phys.*, 26 (1924), 178-
181.

47. A.H. Compton, " A Quantum Theory of the Scattering of X-rays by Light Elements ",
Phys. Rev., 21 (1923), 483-502.

L'essentiel du cours de 1927 est la théorie corpusculaire du rayonnement, c'est-à-dire les quanta de lumière d'Einstein. Nous avons déjà vu que pendant le cours de 1919, Langevin n'a pas touché à la théorie du rayonnement d'Einstein et que, dans le cours de 1924-1925, il doutait encore fortement de la théorie corpusculaire du rayonnement. Grâce à cela, nous pouvons connaître le changement d'opinion de Langevin au sujet des quanta de lumière.

En 1919, il niait l'hypothèse ; de 1924 à 1925, il ne pouvait plus l'ignorer, probablement sous l'influence de la thèse de de Broglie ; en 1927, il l'admettait entièrement. C'est probablement l'expérience sur l'effet Compton, dont Langevin parle en détail dans son cours, qui fut l'une des raisons définitives qui lui ont fait accepter la théorie des quanta de lumière[48].

En France, les premiers physiciens qui acceptèrent, dès en 1922, la théorie corpusculaire de la lumière furent Maurice de Broglie mais on voit que Langevin, pendant longtemps, ne voulut pas l'accepter et ce n'est qu'en 1927 que la théorie du rayonnement d'Einstein entra pour la première fois dans son cours.

L'esprit de mesure de Langevin contre la théorie de de Broglie

Langevin ne traitait ni de la mécanique quantique ni de la thèse de de Broglie dans son cours. Mais il parla, en 1927, de la statistique de Bose-Einstein. Il raconta comment Einstein avait calculé, en 1925, les fluctuations de l'énergie d'un gaz idéal selon cette statistique et comment il avait montré dans cette étude que la fluctuation était composée d'un terme qui s'obtient par la distribution de Maxwell et d'un autre qui correspond à l'interférence des ondes[49] : comme Langevin l'exposa dans son cours, on peut donc être certain qu'il connaissait l'article d'Einstein. Or c'est dans cet article qu'Einstein souligna pour la première fois l'importance de lier une onde à un corpuscule, en citant de Broglie. En outre, c'est cet article qui provoqua l'intérêt de Schrödinger pour la thèse de de Broglie[50]. Et malgré cela, Langevin ne dit rien sur la mécanique ondulatoire. Cela d'autant plus curieux qu'il avait émis un jugement positif sur la thèse de de Broglie et que de Broglie lui-même assistait à son cours.

Pour Langevin, l'idée de l'onde matérielle paraissait sans doute encore plus audacieuse que celle des quanta de lumière. Il avait dû obstinément tenir cette onde pour une simple hypothèse jusqu'à ce qu'il ait connu l'expérience de dif-

---

48. H. Konno indique qu'en 1924, l'effet Compton n'était pas encore l'expérience définitive qui prouvait l'existence des quanta de lumière pour les physiciens qui s'opposaient aux quanta de lumière. H. Konno, " Bohr et des quanta de lumière ", *LIBER*, n° 10, Beppu Univ., 1989, 1-16.

49. A. Einstein, " Quantentheorie des einatomigen idealen Gases ", *Sitzsb. preuss. Acad. Wiss.* (1925), 3-14.

50. Le 23 avril 1926, Schrödinger écrivit une lettre à Einstein dans laquelle il le remercia d'avoir attiré son attention sur la thèse de de Broglie, grâce à la référence (49). K. Pribram, *Schrödinger, Planck, Einstein, Lorentz, Briefe zur Wellenmechanik*, 1963.

fraction des électrons faite en 1927 par Davisson et Germer[51], puis celle de J.P. Thomson[52]. Pourtant, bien que Langevin ne crût pas à l'existence de l'onde matière, il avait contribué au départ de la mécanique ondulatoire en aidant de Broglie à nourrir ses réflexions. Après tout, c'est à travers le cours de Langevin que de Broglie était remonté à Einstein[53]. Certains témoignages, comme celui de P. Kapitza[54], par exemple, portaient à croire que Langevin avait fortement soutenu la théorie de de Broglie. Mais d'après les notes prises par de Broglie à son cours, il semble qu'il n'en parlait pas. Il serait donc intéressant de revoir le jugement que Langevin portait sur la thèse de de Broglie et la raison pour laquelle il l'envoya à Einstein. Ce problème sera examiné en une autre occasion, dans le contexte plus général de l'accueil fait à l'idée de de Broglie.

51. C.V. Davisson, L.H. Germer, " Diffracton of a Electron by a Crystal of Nikel ", *Phys. Rev.*, 30 (1927), 705-740.

52. G.P. Thomson, " The Diffraction of Cathode Rays by Thin Films of Platinum ", *Nature*, 120 (1927), 802.

53. Le détail de cette histoire se trouve dans note 3, G. Lochak, *Louis de Broglie*, 1992, 108-110.

54. *Collected papers of P. Kapitza*, vol. III. (1967), 210-211.

SPATIAL QUANTIZATION AND THE DISCOVERY OF THE BOHR MAGNETON

Tomoji OKADA

W. Pauli introduced the Bohr magneton in 1920. He calculated it on the basis of Bohr's atomic theory. But, why did it take seven years to be introduced the Bohr magneton after the Bohr theory was presented ? In the present study I will show that the reason why Pauli may be called the discoverer of the Bohr magneton.

WEISS' MAGNETON

Though the view that every paramagnetic substance has a definite magnetic molecular moment was old established among physicists in the late 19th century and was elaborated in particular by W. Weber, the conception that the atomic magnetic moment is a multiple of a magneton was originally introduced empirically by P. Weiss in 1911. Weiss' assumption was deduced from a number of detailed measurements, which seemed to show that this ratio between the magnetic moment of atoms or molecules of different substances is equal to the ratio between small entire numbers. The value of this elementary moment per mol, the grammagneton is, according to Weiss, 1123.5 cgs units. The magneton is obtained by dividing the grammagneton by Avogadro's number, and is 16.40×10^{-22} cgs units. The assumption immediately forced itself on physicists that Weiss' magneton was probably connected with the elementary quantum of action h. The connection was already pointed out by Gans, Abraham and indirectly Einstein at the discussion of Weiss' theory on the 83rd meeting of German Scientists and Physicians (*Naturforscherversammlung*) in Karlsruhe[1]. Then, Gans gave a simple calculation of the magnetic moment due to a rotating electron, whose kinetic energy according to Planck's theory are

---

1. P. Weiss, " Über die rationalen Verhältnisse der magnetischen Momente der Moleküle und das Magneton ", *Phys. Zs.*, 12 (1911), 935-952.

integral multiples of energy quantum where ν is the frequency of revolution. By applying Planck's theory to the kinetic energy rotating electrons,

$$\Sigma \frac{mr^2\omega^2}{2} = ph\frac{\omega}{2\pi} \quad (p = \text{an integer}),$$

where ω is the angular velocity, ν identifies $\frac{\omega}{2\pi}$ and the magnetic moment μ is as follows :

$$\mu = \Sigma \frac{er^2}{2}\omega = p\frac{h\frac{e}{m}}{2\pi}$$

The magnetic moment derived in this way however, was approximately ten times larger than the experimental value given by Weiss. P. Langevin in his report to the 1st Solvay Congress in Brussels in 1911 gave a calculation using the form of the theory concerning an aperiodic system presented by A. Sommerfeld[2].

BOHR'S THEORY ON MAGNETISM

In 1913, Bohr proposed the theory on the constitution of atoms and molecules, the Trilogy, which involved the assumption of the universal constancy of the angular momentum of the electrons. At the end of the third part of Bohr's theory, Bohr stated : " again, since on the ordinary electrodynamics the magnetic moment due to an electron rotating in a circular orbit is proportional to the angular momentum, we shall expect a close relation to the theory of magnetons proposed by Weiss "[3].

After Bohr's theory was presented, the magneton was connected with Bohr's atomic model. Using Bohr's assumption, the magnetic moment due to a rotating electron occurs not as an arbitrary quantity but as only a certain discrete value. However, the value for the magneton derived by Weiss was not obtained. Bohr expressed himself in the first manuscript on magnetism in 1913 : "Assuming that every atom of a certain substance contains a single electron rotating in a circular orbit with angular momentum $h/(2\pi)$ and denoting the number of atoms in a gram-atom by N, we get for the total magnetic moment in a gram-atom of the substance M=Neh/πcm. Introducing Ne = $2.894 \cdot 10^{14}$ and the values for e/m and e/h given in the note on p. we get M = $0.561 \cdot 10^4$. The value for the grammagneton calculated by Weiss is $1123.5 = \frac{1}{5}5618$. This value, inside the uncertainty due to experimental errors in the entering constants, is equal to exactly one fifth of that calculated from the assumed value of the angular momentum of the electrons "[4].

2. P. Langevin, M. de Broglie (eds), *La Théorie du Rayonnement et les Quanta*, Paris, 1912.

3. N. Bohr, " On the constitution of atoms and molecules. Part 3. Systems containing several nuclei ", *Phil. Mag.*, (6) 26 (1913), 857-875.

4. N. Bohr, " § 5. Influence of a magnetic field ", 6A. First Manuscript on Magnetism (1913), *Niels Bohr Collected Works*, vol. 2, in U. Hoyer (ed.), Amsterdam, New York, Oxford, 1981, 254-255.

Besides Bohr, S.B. McLaren pointed out the connection between the magneton and Bohr's assumption. He sent letters to *Philosophical Magazine*[5] and *Nature*[6] respectively. He wrote to the former : " In the discussion on the Theory of Radiation at the British Association Meeting just concluded, Dr. Bohr's postulate of a natural unit of angular momentum was very prominent. The unit actually exists and is to be found in "[7].

McLaren identified the natural unit of angular momentum with the angular momentum of the magneton, but did not calculate the magneton. In 1914, according to McLaren's suggestion, H.S. Allen obtained the magnetic moment using the Bohr theory. He published a letter in *Nature*, which appeared in the issue of 5 February and wrote : " Suppose that an electron (charge e, mass m) is moving in a circular orbit (radius a) with angular velocity ω. Then its angular momentum is $(ma)^2\omega$, and the magnetic moment of equivalent simple magnet is $\frac{1}{2}(ea)^2\omega$. Thus the magnetic moment is equal to some constant multiplied by he/m. Taking Bohr's value for the angular momentum, we obtained as the magnetic moment 92×10^{-22} E.M.U. "[8].

S.D. Chalmers published a letter to Nature two weeks later and showed that the value of the magnetic moment per gram-atom is :

$$n\frac{e}{m}\frac{h}{4\pi}\frac{R}{k} ,$$

where n is the number of such electrons per atom, and R and k the constants of the gas theory, so that R/k is the ratio of the gram atom to the atom[9]. He obtained n·5617.1. On the assumption of the universal constancy of the angular momentum of the electrons, the value for the magneton due to a rotating electron was derived by Bohr himself, Chalmers and Allen respectively, between 1913 and 1914. In *The Electron Theory of Matter*, O.W. Richardson stated :

$$M_0 = \frac{e}{m}\frac{h}{4\pi}$$

is nearly six times as large as the value of the magneton found by Weiss. He wrote in the footnote : " Since this was written I have learned from a conversation (July 1913) with Dr. Bohr, who had made similar calculations, that a more exact experimental value of the magneton makes this ratio exactly five "[10].

Bohr was interested in the magnetism and the magneton. He tried to interpret paramagnetism, but finally dispensed with his work on a theory of magnetism. However, in the third manuscript on magnetism in 1915, he wrote :

5. S.B. McLaren, " The magneton and Planck's universal constant ", *Phil. Mag.*, (6) 26 (1913), 800.

6. S.B. McLaren, " The theory of radiation ", *Nature*, 92 (1913), 165.

7. *Idem*, 800.

8. H.S. Allen, " Atomic models and X-Ray spektra ", *Nature*, 92 (1914), 630-631.

9. S.D. Chalmers, " The magneton and Planck's constant ", *Nature*, 92 (1914), 687.

10. O.W. Richardson, *The Electron Theory of Matter*, second ed., Cambridge, 1916.

" As long as we have no definite ideas as to the origin of the paramagnetic properties it seems not possible to explain the simple numerical relation between the angular moment of an electron rotating in a circular orbit with angular momentum and the moment of the magneton of Weiss. As pointed out by Chalmers, the value of the first is inside the limit of experimental error exactly 5 times the value of the latter "[11].

Since Bohr's considerations on magnetism were not published, they did not influence the investigations on magnetism, but they illustrate the difficulties of the investigations on magnetism.

The magneton, derived by Chalmers and others is essentially the same as the Bohr magneton introduced by Pauli in 1920. They did not look for the Bohr magneton, because they tried to interpret the magneton proposed by Weiss. It is interesting that an accidental relationship between the value for the magnetic moment on Bohr's assumption and the value for Weiss' magneton had an influence on the theory of magneton. They paid attention to the relation that the former was almost exactly five times larger than the latter. But, Pauli approached the magneton in a different way.

THE BOHR MAGNETON

At the beginning of the report to the 86th meeting of German Scientists and Physicians in Bad Nauheim in 1920, Pauli declared that it had been a long time since it was known that there was a discrepancy between the quantum theory of the magneton and the observation[12]. He first introduced the fundamental unit of the magnetic moment which was given by the equation

$$\mu_B = \frac{\eta h}{4\pi} L$$

where η is the specific charge of an electron, namely,

$$\eta = \frac{e}{mc}$$

and L is Loschmidt's number. Its numerical value was 5584 cgs units. He had a strong conviction concerning the existence of the magnetic moment calculated from the assumption of the angular momentum of the electrons, and distinguished it from the magneton that Weiss introduced. Then he called it *das Bohrsche Magneton* (the Bohr magneton). Pauli stated why the obtained number was not integral multiples of the Bohr magneton in substances. To answer this question, he proceeded to take spatial quantization into consideration. As a pupil of Sommerfeld at Munich, Pauli had learned the rule of spatial quantization by the studies of Sommerfeld, Epstein and Landé respectively. Concerning spatial quantization, Pauli had already pointed it out in the previous

11. N. Bohr, " Magnetic Phenomena ", 4C. Third Manuscript on Magnetism (1915), *N. Bohr Collected Works*, vol. 2 (1981), 263-265.

12. W. Pauli, " Quantentheorie und Magneton ", *Phys. Zs.*, 21 (1920), 615-617.

investigation on the diamagnetism of monatomic gases[13]. A magnitude of the diamagnetic susceptibility per gram-atom computed by Pauli was to be :

$$\chi_A = \frac{\eta}{6c} L \overline{\Sigma e R^2}$$

where R is the distance of an electron from the nucleus, while the summation is to be extended over all electrons in the atom and the bar means an average with respect to time. It was derived in the following way. By taking into account the Larmor precession impressed upon the atom by an external magnetic field, the magnetic moment per atom m in the opposite direction to the field was obtained,

$$m = \frac{1}{2c} \overline{\Sigma e r^2} \omega = \frac{n}{4c} H \overline{\Sigma e r^2}$$

where r is the distance of an electron from the axis through the nucleus to be parallel to the field. The z-axis of the co-ordinate system x, y, z were put in the direction of the field and were the cosines of the angles between the z-axis and the principal axes ξ, η, ζ and so,

$$Z = \xi \alpha_1 + \eta \alpha_2 + \xi \alpha_3 ,$$

$$\overline{\Sigma e R^2} = \Sigma e \xi^2 + \Sigma e \eta^2 + \Sigma \zeta^2 ,$$

$$\overline{\Sigma e r^2} = \overline{e R^2} - \overline{e z^2} = \overline{e R^2} - (\Sigma e \xi^2 \alpha_1^2 + \Sigma e \eta^2 \alpha_2^2 + \Sigma e \zeta^2 \alpha_3^2)$$

By averaging over all directions of the atom, namely,

$$\overline{\alpha_1}^2 = \overline{\alpha_2}^2 = \overline{\alpha_3}^2 = \frac{1}{3} ,$$

he obtained the equation, and :

$$m = \frac{\eta}{4c} H \overline{\Sigma e r^2} = \frac{\eta}{6c} H \overline{\Sigma e R^2} ,$$

where this η is the specific charge of an electron, namely, $\eta = \frac{e}{mc}$. Thus he derived χ_A .

When he derived χ_A from m, a significant remark was made. He wrote in the footnote as follows. Then, all directions were assumed as equally probable. This assumption probably caused an error in the numerical factor of the final formula on account of spatial quantization. But, in this investigation, by treating all directions as equally provable, he obtained :

$$\overline{\Sigma e r^2} = \frac{2}{3} \overline{\Sigma e R^2} ,$$

and derived χ_A from *m*. And another remark was made at the beginning of the derivation, he expressed his idea on the cause of absence of the paramagnetism of monatomic gases. Pauli was interested in the paramagnetism at that time.

Until then the hypothesis of spatial quantization in general was used for the study of the quantum theory of spectra, but it seemed to Pauli that the hypoth-

13. W. Pauli, " Theoretishe Bemerkung über den Diamagnetismus einatomiger Gase ", Z. Phys., 2 (1920), 201-205.

esis of spatial quantization was rather a substantial phenomenon than a rule of calculation.

From the point of view of spatial quantization, Pauli tried to demonstrate the existence of the Bohr magneton. According to Langevin's theory, the molar susceptibility χm was given by :

$$\chi_m = \frac{\mu^2}{3RT} \quad \text{and} \quad \mu = \sqrt{3RC} ,$$

where C was Curie's constant $C = \chi_m T$.

Pauli derived the actually existing total magnetic moment M per mol from the distribution function for the direction of the magnetic axis :

$$M = \chi_m H = \mu \frac{\mu H}{RT} \overline{\cos^2 \theta} ,$$

Where θ is the angle between the direction of the magnetic axis and the external field. When θ can be taken continuously all values, we obtained the Langevin's numerical factor :

$$\overline{\cos^2(\theta)} = \frac{1}{3} .$$

But, from the point of view of spatial quantization, this was not accepted. He took the equation,

$$\cos\theta = \pm\frac{k}{n}, k = 1, 2, \dots n ,$$

and derived the average $\overline{\cos^2(\theta)}$ instead of $\frac{1}{3}$:

$$\overline{\cos^2(\theta)} = \frac{1}{3}\frac{(n+1)(2n+1)}{2n^2} .$$

He stated that the calculated value according to the equation was not the true magnetic moment in substances. He called μ the apparent magnetic moment and introduced p, the apparent number of the magnetons, by the relation :

$$p = \frac{\sqrt{3RC}}{\mu_B} .$$

Pauli derived the formula as the function of n, the true number of the magnetons :

$$p = n\sqrt{3\overline{\cos^2\theta}} = \sqrt{\frac{(n+1)(2n+1)}{2}} .$$

Pauli applied this formula in the case of the gases (known to be paramagnetic) NO and O_2, and obtained one and two Bohr magnetons respectively :

For n=1, $p = \sqrt{\frac{1}{3}} = 1.732$ observation   NO   1.8

For n=2, $p = \sqrt{\frac{15}{2}} = 2.739$ observation O_2 2.8

Thus, Pauli demonstrated the existence of the Bohr magneton.

Conclusion

R. de L. Kronig wrote at *The Turning Point* : " A by-product of Bohr's investigations was the recognition of a quantum magnetic moment, now known as the Bohr magneton "[14].

The Bohr magneton certainly was a by-product. But, why did it take seven years before the Bohr magneton was introduced as the unit of the magnetic moment after the Bohr theory was presented ? It was because Weiss' magneton was regarded as fundamental. Pauli declared that Bohr's magneton did exist while Weiss' magneton did not. I conclude that Pauli did not just introduce the Bohr magneton, but really discovered the existence of the Bohr magneton.

14. M. Fierz, V.F. Weisskopf (eds), *Theoretical Physics In the Twentieth Century : A Memorial Volume to Wolfgang Pauli*, New-York, 1960.

THE ESTABLISHMENT OF QUANTUM PHYSICS IN GÖTTINGEN 1900-1924.
CONCEPTIONAL PRECONDITIONS — RESOURCES — RESEARCH POLITICS

Arne SCHIRRMACHER

The name of Göttingen in the context of 20th century science is for most historians of this field closely associated with one of the major scientific revolutions, the establishment of quantum theory and quantum mechanics as a part of it. As self-evident as it may seem that Göttingen is one of the places where quantum physics developed, it is, however, not so straightforward to arrange the various specific Göttingen contributions to quantum theory such that they combine into a satisfactory story. We will hence ask first of all, whether between 1900 and 1924 a line of local developments can be found at all that covers at least a considerable part of this period. (We do not discuss here the final short episode of the construction of a new mechanics, called quantum mechanics, as the emphasis is on the preceding shift of focus establishing the foundations for it.) The perspective of conceptional development, for instance, turns out to be of limited expedience. In presenting a case study (or rather the sketch of it) we will argue that the analysis of research politics is a particularly suitable perspective for exhibiting driving forces for local scientific development.

In the early years of quantum theory, right after the turn of the century there were but few contributions to this field from Göttingen scientists. Walter Ritz' combination principle was of some importance, put forward in his dissertation in 1903 and was more prominently presented in a paper of 1908. Max Abraham, who obtained his doctorate with Planck at Berlin in 1897, where he remained his assistant until 1901 and who had witnessed Planck's discovery of the radiation law, tried himself to contribute to the theory of black-body radiation in 1904 in a *Festschrift* on the occasion of Boltzmann's 60th birthday. This, however, was just another solitary publication of a Göttingen scientist in the first decade of the 20th century[1]. Paul Ehrenfest was an influential figure in the history of quantum theory and he spent some time in Göttingen, however, without being able to gain a position or influence[2]. More prominent work was done by Walter Nernst and Johannes Stark. Nernst developed his heat theorem while preparing to leave for Berlin. Stark arrived at his discovery only after he had left Göttingen, having taken with him the idea from Woldemar Voigt, the leading theoretician there[3]. As a consequence, none of these scientists and their work can serve as an example to make Göttingen a particular fruitful environment open to embark on the field of quantum theory.

A greater continuity can be found in the case of Max Born. In turning to Thomson's atom for his Habilitation lecture and in attending Einstein's Salzburg talk in 1909, he recognized the quantum question and contributed to it constantly ; first with Rudolf Ladenburg on black-body radiation, then with Theodore von Kármán in papers on specific heat (that came out at the same time as Peter Debye had formulated his more suggestive theory) and finally from 1911 on with papers alone and one with Richard Courant. Born, however, hardly had the standing to define a research program for the Göttingen physicists and from 1915 to 1921 he wasn't present at all.

Both Born, then at Berlin, and Debye who just had come to Göttingen, focused during the war independently on the question of what results would come from Bohr's atom if taken seriously. Working with Alfred Landé and Erwin Madelung — so to speak at a Berlin outstation of Göttingen physicists in war duty — Born used Bohr's atoms as building blocks for the constitution of crystals while Debye was working with his Swiss student Paul Scherrer and guided by similar ideas. They finally arrived at a most welcome method for diffraction of X-rays at crystal powder though not at Bohr's electron rings as initially hoped for. Debye also brought in the quantum for the Zeeman effect (in parallel with Arnold Sommerfeld) while at Göttingen. After the war he left for better living conditions to Switzerland. During the war years the quantum as the key to the atomic structure of matter somehow became firmly the Göttingen *credo* which, after Born and Franck had filled the physics vacuum in 1921, opened a road towards quantum mechanics.

1. Ritz had originally formulated his combination principle in spectroscopy in his thesis in 1903 (" Zur Theorie der Serienspektren ", *Annalen der Physik*, 12 (1903), 264-310), however, only some years later it appeared more prominently in print as " Über ein neues Gesetz der Serienspekten ", *Physikalische Zeitschrift* , 9 (1908), 521-529 ; M. Abraham, " Der Lichtdruck auf einen bewegten Spiegel und das Gesetz der schwarzen Strahlung ", *Festschrift für L. Boltzmann*, Leipzig, 1904. Abraham did his doctorate with Planck and was his assistant from 1897 to 1901 and hence witnessed the work leading to his law.

2. *Cf.* M. Klein, *Paul Ehrenfest,* vol. 1, *The making of a theoretical physicist*, Amsterdam, 1970.

3. J. Stark, *Erinnerungen eines deutschen Naturforschers*, A. Kleinert (ed.), Mannheim, 1987, 22.

Having told the story this way, it becomes questionable what a local perspective would lead to. It might just confirm the view that the only sensible way to approach the historical development of quantum theory is a conceptual one that focuses on the discussions in the journals (unrelated to a local context) possibly enriched by some celebrated conferences and meetings. Everything else becomes part of the ingenuity of the single researchers. The only context would then be the cognitive one of the personal profile of knowledge and world views. A wider context of the creation of knowledge referring to particular local circumstances would get out of sight.

To evade this conclusion we suggest to exploit a number of indicators for scientific change in order to reconstruct the local situation in which research fields are created and altered. By understanding scientific activity as investments of resources while de-emphasizing " pure genius " and inherent logical structure of scientific theory, a local story of the Göttingen establishment of quantum theory becomes feasible. We will call this scientific entrepreneurship *research politics* as it comprises decisions to direct or re-direct resources in a way that favors or encumbers research in a certain field, irrespectively whether these resources are financial, personal, regarding the public perception or even the relevance for exploitable technology, etc. In this sense looking for research politics is at the same time a kind of an economical or resource-oriented history of science, for it asks what resources have been invested to what anticipated end. These expectations and hopes, however, do often not agree with the successes the investments lead to, a fact hard to handle from a viewpoint targeted at a conceptual development. In short, we will argue for the thesis that a sound historical account of the development of quantum physics cannot properly be given without dwelling on these kinds of research politics.

RESOURCES AND RESEARCH POLITICS

To characterize the research politics involved in the establishment of quantum theory in Göttingen we analyze the following set of indicators :

1. Changes in physics faculty. — Is there a decisive pattern in the choice of new personnel ? Who was instrumental in the decisions ? What where the original intentions ?

2. Shift of focus of leading researchers. — Was there an obvious change of the way in which researchers spend their time on new topics ? How did they use their subordinate personnel ? Did groups of researchers change their discussion topics ?

3. Spending funds. — Is there a direct monetary support for a research field to be found ?

As we cannot discuss these points extensively here, we will rather give three clear examples on the basis of which we will put forward a thesis to be discussed at length elsewhere[4].

An example for a change in the physics faculty towards the quantum : the Riecke succession :

" The succession of Eduard Riecke, holding the experimental physics chair until 1915, was a clear instance for turning the interest towards physicists that stood for quantum physical research. Riecke, who had come to Göttingen in 1870, became professor in 1873 and succeeded his teacher as full professor in 1881 "[5]. He and his long-time colleague Woldemar Voigt did not separate their research fields and equipment but demonstrated great harmony running the institute together and sharing its facilities. As Riecke tended more to the experimental side Voigt taught theory.

Not much can be found about Riecke's attitude to modern physical theory ; as to his views on the future of the quantum there is, however, one remark of significance. In a letter to Stark Riecke wrote in October 1911, that : " ... I do not consider relativity principle and quantum theory as definite forms in which we can put our physical knowledge ; but physics will be quite a step further, when everything has been depleted that can be learned from these principles or concepts "[6].

In Voigt's eyes, Riecke stood for a similar modest and conservative research program of precise measurements as his own : " And where he performs experiments, it is usually never a question of pioneering into undeveloped fields but doing measurements under the guidance of theory "[7].

When Riecke finally asked for retirement due to ill health in the fall of 1914, he did not fight for a specific successor nor for a specific field, but merely required that a " fresh person in the middle of his development " should take over his position. Already in December 1914 the faculty presented a list to the ministry who favored Wilhelm Wien. Wien was besides Lorentz the only other renowned supporter of Planck's theory by 1910 and constantly contribut-

4. A. Schirrmacher, " Establishing the Quantum in Göttingen. Hilbert's Investments in Physics 1909-1919 ", to appear.

5. For literature on Riecke see S. Goldberg, " Voigt, Woldemar ", in C.C. Gillispie (ed.), *Dictionary of Scientific Biography,* vol. XIV, New York, 1970-1980, 61-63, 18 vols, in the following cited as *DSB* ; C. Jungnickel, R. McCormmach, *The Intellectual mastery of nature : Theoretical Physics from Ohm to Einstein,* vol. 2, *The now mighty theoretical physics 1870-1925,* Chicago, 1986.

6. Riecke to Stark, Oct. 13, 1911, Sammlung Damstädter, cited after R. Tobies, " Albert Einstein und Felix Klein ", *Naturwissenschaftliche Rundschau* , 47 (1994), 345-352, 348.

7. W. Voigt, " Eduard Riecke ", *Chronik der Georg-August-Universität zu Göttingen,* vol. 1915, Göttingen, 1916, 6-8, here 7.

ing to the discussion on quantum physics[8]. It appears, however, that Riecke's chair was never officially offered to Wien[9]. To the ministry it may have seemed in vain to negotiate with Wien the would-be successor to Röntgen in Munich. As early as one year in advance the simultaneous retirement of Riecke and Voigt had been agreed on and since then it was planned to find a single new director of outstanding quality[10]. The second candidate was Friedrich Paschen of Tübingen, who met in particular this requirement of being able to combine experiment and theory in a way Voigt and Riecke had performed collectively[11].

Paschen's research in his early career at Hanover stood for competition with the Berlin group working on black-body radiation, viz. Rubens, Lummer, Pringsheim, and in particular Wien. As Paschen derived the same law as the latter and communicated it to him before its publication it might well have been called the Paschen-Wien law[12]. Paschen was in several respects a Berlin-independent physicist dealing with quanta and spectra as Paul Forman has pointed out : " In striking and curious contrast with the Berlin experimentalists, who were literally enraged at him, throughout his work on the black-body radiation problem Paschen the pure experimentalist showed himself to be more than ready to enlist experiment in the service of theory "[13].

Paschen's relation to Göttingen goes back to a collaboration with Carl Runge on spectroscopy. It was also the influence of the Göttingen student Walter Ritz who spent the winter 1907/08 in Tübingen, that made him look for and find the " Paschen series ". The Paschen-Back effect of 1912 again was based on Ritz conceptions, and " was immediately seized upon as potentially one of the most revealing clues to atomic structure and the mechanism of emission of spectral lines "[14]. In 1914 Paschen began to work on " Bohr's helium lines ", an occupation that should distract him from hurrying to the colors and became further of utmost importance after in November 1915 Sommerfeld

8. Cf. T.S. Kuhn, Black-body theory and the quantum discontinuity, New York, 1978, 202ff. Publishing on the laws of black-body radiation almost on a yearly basis from 1893 to 1901 and from 1907 to 1915, Wien clearly represented experimental as well as theoretical expertise on quantum matters.

9. Ministry to Göttingen Curator, July 2, 1915, writes that appointing Wien was " hopeless ". Geheimes Staatsarchiv Preußischer Kulturbesitz Berlin, in the following cited as SPK, Rep. 76 V a, Sekt. 6, Tit. IV, Nr. 1, vol. XXIV, 181.

10. Curator to Minister, Apr. 18, 1914. Idem, 69-70.

11. For Paschen's view of the relation between experiment and theory cf. Paschen to Sommerfeld Nov. 14, 1904, Archives Deutsches Museum HS 1977-28/A, 253.

12. Cf. H. Kangro, " Das Paschen-Wiensche Strahlungsgesetz und seine Abänderung duch Max Planck ", Physikalische Blätter, 25 (1969), 216-220. Compare also Heinrich Kayser's critical view on Wien's work in his Erinnerungen in M. Dörries, K. Hentschel (eds), Munich, 136 : " Through " Wien's radiation law " he became a great man and he was supported by the fact that about at the same time Paschen took great pains over deducing the same law experimentally. "

13. P. Forman, " Friedrich Paschen ", DSB, vol. X, 345-353.

14. Ibidem

wrote to him inquiring about data for his theory thus starting a fruitful collaboration[15].

Paschen considered the Göttingen offer seriously and securing working conditions in spectroscopy was a central point to him. As Wien he saw resources inappropriately distributed on the experimental and theoretical sides, e. g. the new diffraction grating bought with support of the *Göttinger Vereinigung* in 1911 had come to Voigt's facilities. Under the condition of a new allocation of rooms and that " instruments for spectroscopy " would be transferred to him, Paschen signed an agreement with the Prussian ministry to accept the Göttingen offer. When he tried again to improve the offer Elster, the Berlin official in charge, declared that Paschen " couldn't make up his mind " and asked for a new list of candidates making Hilbert and Debye hurry to Berlin[16]. Having asked too much, Paschen stayed in Tübingen on a lower income than the one Göttingen had offered[17]. According to the third choice of the first list, it was then the turn of Stark " first " and Zeeman " second. " But it was added : " We can, however, not suppress certain doubts in other respect [than their scientific abilities] against them "[18].

In December 1915 Wien took over the initiative to solve the Göttingen problem of the full professorship in experimental physics as he saw it " in the general interest of our science " : The position could become very important for the " future development of the German physics " or it could go down to " entire insignificance ", he wrote to the ministry : " [I]f no really productive person [*Kopf*] comes, all the younger workers in particular that gather there like hardly at any other university, would not be properly guided and especially the many inspirations that come there like nowhere else from the mathematical and theoretical-physical side would remain unused. Naturally also the response will be absent that should come from the side of experimental physics and should act on theoretical physics and mathematics and which is particularly desirable for Göttingen. Since the mathematical developments there currently predominate the experimental ones to such an extent, that they became, as one might say, almost autocratic against their own will "[19].

15. *Ibidem* ; letters Paschen to/from Sommerfeld at Archive Deutsches Museum, Munich, *Nachlaß* Sommerfeld papers ; F. Paschen, " Bohr's Heliumlinien ", *Annalen der Physik*, 50 (1916), 901-940.

16. *Vereinbarung* of Paschen with Elster, June 19, 1915. Paschen to Elster and Debye to Elster June 23, 1915. Paschen to Elster June 27, 1915. Elster to Curator and Elster to Voigt July 2, 1915. Telegram Hilbert and Debye to Elster July 6, 1915. *SPK*, Rep. 76 V a, Sekt. 6, Tit. IV, Nr. 1, vol. XXIV, 307-338.

17. Göttingen offered 8400 M basic salary, Tübingen 6500M. *Vereinbarung, idem.* Rep. 76 V a, Sekt. 6, Tit. IV, Nr. 1, vol. XXIV, 307-309 ; P. Forman, *DSB*, vol. X, 345-347.

18. Dekan to Minister, Dec. 24, 1914. *SPK*, Rep. 76 V a, Sekt. 6, Tit. IV, Nr. 1, vol. XXIV, 124-126v.

19. Letter of W. Wien to O. Naumann, director in the Ministry of Culture, Dec. 4, 1915, *idem*, 341-342.

This unequivocal assessment points to two distinctive characteristics of the Göttingen physics development in the 1910s. First, the guiding role of mathematics for the physics development as a source of inspiration for theory is noticed. Here Wien's term " autocratic " might be read as turning to criteria of inner consistency and notions of simplicity that motivated expectations for physical relations. Second, it draws attention to the fact that not only unfamiliar mathematical reasoning and content but also a special group of " younger workers ", e. g. mathematicians, infiltrated physics in Göttingen. Thus Wien's comments both acknowledge the extraordinary " driving power " of young talent and foreshadow, however depreciatingly, theories like the later Göttingen matrix mechanics. Wien went on picturing an alarming scenario : " In my opinion the appointment of a young physics mediocrity ... would be the worst. Then physics in Göttingen would be paralyzed for more than a generation. (...) It is my conviction that this would occur when one of those from some sides particularly recommended gentlemen, viz. Franck, Pohl, Edgar Meyer would be appointed at Göttingen. (...) [I] ... can only regret that the appointment of Stark, whom I consider despite his personal shortcomings by far the most appropriate candidate, seems for personal reasons impossible. But if the appointment of Stark really is excluded, it will still be better to take a not quite so young physicist who can offer positions to younger researchers than to call one who is completely inexperienced in organizational matters and who eventually will leave the imprint of mediocrity on the Göttingen institute for four decades "[20].

position	list of the Göttingen faculty
no vacancy 1914 (Voigt 1915 anticipated)	**Debye**
Riecke 1914	1. W. Wien - Würzburg 2. Paschen - Tübingen 3. zuerst Stark - Aachen, zuzweit Zeeman - Amsterdam <u>new list 1915</u> 1. E. Meyer - Tübingen, 2. **Pohl**, Berlin, and P.P. Koch - München [Franck, Schweidler, Geiger, Grüneisen for job talks]
Simon 1919	1. M. Wien 2. Gaede <u>new list</u> 1. Rüdenberg, engineer Siemens and PD TH Berlin 2. Barkhauesen, Dresden 3. Möller PD Hamburg or **Reich**, PD Göttingen
Debye 1920	1. **Born** - Frankfurt, 2. Madelung - Kiel, 3. Lenz - München

20. *Ibidem.*

The Göttingen faculty was finally supported in their decision against Stark by the ministry after they found out that even strong supporters of Stark did not like to have him in their own laboratory[21].

At this time the ministry explicitly asked for the opinion about two other candidates not mentioned by the Göttingen faculty. This is an interesting case that demonstrates how differently candidates might have been chosen. In proposing Wolfgang Gaede from Freiburg the ministry shows that it was by no means clear by 1915 that quantum physicists were superior choice while proposing the Berlin *Privatdozent* Robert Pohl, who had explicitly been excluded by Wien, indicates that the close interaction of theory and experiment was not seen necessarily worth preserving[22].

Robert Pohl was nominated second on the new list of July 1915, Edgar Meyer first and Peter Paul Koch third. When the dean of the Göttingen faculty reported on the selection procedure and the candidates' interviews that only could have been arranged with difficulty, all three physicists were characterized as being interested and competent in the field of atomic physics that became closely related to the quantum after Bohr's theory. As the candidates should represent " pure physics in the sense of W. Weber and E. Riecke " and show off " especially the by the latter so successfully pursued and highly topical fields of molecular physics and radioactivity " to its best advantage, Meyer qualified by his work on " radioactive oscillations " that allowed to determine the number of atoms per gram atom and won the lead by his work on the photoelectric effect that allowed him to " penetrate even deeper into the atomistic phenomena "[23]. Pohl having a " gift for precision physics " in turn was said to open with his work on the selective photo effect " a new avenue to the solution of questions about the structure of atoms that are currently in the center of interest "[24]. Even Koch, who according to his teacher Sommerfeld was neither a theoretical nor a mathematical physicist " but only a brilliant physical technician "[25] was considered on the grounds of his work on specific heats and the Zeeman effect, although the Göttingen candidate Simon (like Max Wien and Jonathan Zenneck) was disqualified for being a " technical physicist " instead of a " pure " one ; concerning Gaede only doubts on his appropriateness for the position were mentioned[26].

At this point we can safely state that at least a coincidence of a shift of focus towards quantum physics and the reorganization process of the Göttingen physics staff is unmistakable. It appears that work in this field was the best

21. *Cf.* Lummer's attitude in letter from O. Naumann, director in the Prussian Ministry of Culture, to W. Wien, Jan. 15, 1916, *idem*, 366-367.

22. Elster to Curator, July 2, 1915. *Idem*, 181.

23. Dean to ministry Dec. 18, 1915. *Idem*, 348-354.

24. *Ibidem*.

25. Sommerfeld to Wien, June 1, 1916. Archive Deutsches Museum Wien papers, box 010.

26. *Cf.* note 25.

qualification for a position in Göttingen after 1911. All younger staff was considered only by their prospective abilities in the fields of quantum and atomic physics. A closer look at the lists of candidates for the main physics chairs especially at times of reorganization in 1914 and 1920/21 interestingly shows that researchers in the field of quantum physics, in particular in the first list, and atomic physics, in particular in the second, are not only first but also often the only choice. No case was found were advocates of the quantum had to compete with other research fields ; classical fields like those Gaede stood for and that had been still represented by Riecke and Voigt had ceased to play a role.

The long-standing wish to replace Riecke by Wilhelm Wien can be seen as a sign for a turn towards accepting quantum physics as Wien's name and work is inseparably linked to the quantum. As all candidates of the list from December 1914 were important figures in a development that finally led to quantum mechanics, it is fair to assume that decidedly candidates in this field were chosen. Debye, finally, was clearly a representative of quantum physics and his appointment was meant to strengthen this topic at Göttingen. He engaged in quantum research both theoretically and experimentally. His replacement with Born and Franck in 1921 can thus be seen as a continuation of a research program rather than an outset of a new one. By 1915 work on quantum physics or interest into the quantum structure of the atom was indispensable for candidates of the physics faculty. The shift of interest away from Voigt's and Riecke's research programs and in particular their pessimism about quantum theory was already completed at this point. Neither Riecke's wish for a " fresh person " nor Voigt's request that the physics institute under Debye should live up to the standards set in the middle of the 19th century by Franz Neumann give any indication that they were in any way influential in this shift of focus. Who else could have been ? The " personal " full professor Wiechert may have been to some extent, the applied physicists Simon and Prandtl were definitely not. We cannot but consider — as already mentioned at various points — the mathematicians and their leading figure David Hilbert.

Examples for investments in physics : discussion topics in the Mathematische Gesellschaft, *and Hilbert's assistants*

" The first indicator for the involvement of mathematicians in physics matters we would like to present are the discussions in the *Mathematische Gesellschaft*. It turns out that for the period under consideration a particular high percentage of talks presented to this congregation of selected mathematicians and members of the philosophical faculty dealt not with mathematics but rather with physics topics "[27].

---

27. *Cf. Jahresberichte der Deutschen Mathematiker-Vereinigung*, 1908-1917. Only talks on research topics were counted, not considered are general reports on literature, conferences, etc. like those Klein regularly gave at the beginning of a term.

Between winter term 1908/09 and summer term 1916, two terms without discussions on physics in the *Mathematische Gesellschaft* at all, physics topics became a major concern as they roughly occupied half of the time ; in summer 1915 they even dominated.

While the spending of time and thought in the *Mathematische Gesellschaft* is a non-monetary indicator, the appointment of assistants already involves funds. Hilbert had a regularly paid assistant from 1905 on, before so-called *Privatassistenten* like Max Born in 1904 were compensated by private contact with the grand scientist. Until 1912 Hellinger, Haar, Courant, Behrends, and Hecke worked for Hilbert by writing down and helping to prepare lectures as well as doing some teaching on their own. When in 1912 Hilbert was granted a second assistant this position was intended for a different purpose. While Hecke remained Hilbert's mathematics assistant until the war, the other position was filled with " physics assistants ", first with Paul Ewald and later with Alfred Landé. Similar as for the physics investments of the *Mathematische Gesellschaft*, Hilbert spent roughly half his funds available on physics assistants, however, of a special profile. Both Ewald and Landé had been in Göttingen before and had had contact with mathematics, and they had been educated later by Sommerfeld in Munich.

Landé is a particularly good example of what Hilbert obviously was seeking for. In an interview he recalls : " I went to Göttingen already a convinced quantum theorist "[28], and describes his duties : " Every morning and afternoon I had to report to Hilbert on new literature in quantum mechanics [NB : quantum physics is meant], on ideas about the behavior of solid bodies at low temperature, on spectroscopy, and the like "[29].

The fact that a mathematician spent part of his financial means in the borderland to a neighboring discipline rather than for central mathematical questions may not be too surprising. Hilbert's actions, however, went much further. Not only that he employed researchers of a standing the physics institute should have been striving for ; moreover the physics assistant not only equalled the even higher qualified mathematics assistant in financial terms, he also was ranked more important. Hilbert wrote to the Ministry in spring 1914 : " For the forthcoming budgetary year I have employed my past 2. assistant Dr. Landé (theoretical physics), who has become indispensable for the preparation of my theoretical physics lectures, as 1. assistant and also an increase of his remuneration form 800 Marks to 1200 Marks appeared necessary to me ".

The mathematical assistant had only a narrow escape from financial degradation, as Hilbert cleverly proceeds : " My past 1. assistant Dr. Hecke, *Privatdozent* for mathematics, will dedicate his assistant service to me one more year

28. A. Landé, interview, Archive for the History of Quantum Physics, microfilm, 1962, session I, 7.

29. *Idem*, 5.

and thus shall become my second assistant. Since Dr. Hecke so far received 1200 Marks and gave invaluable service, I propose to appropriate for the forthcoming budgetary year as an exception 1.200 Marks instead of 800 Marks, that usually my second assistant gets "[30].

This exceptional instance shows a clear turn of Hilbert's investments from fostering mathematics in previous years to taking over physics.

Another field of great importance for the understanding of Hilbert's role for the reshaping of the Göttingen physics research is his teaching. It happens that while Voigt needed to give lectures on standard higher mathematics for his physics students, Hilbert felt free to lecture about his current interests in courses with standard titles, e. g. blackbody radiation is treated in his course on mechanics in summer 1911[31]. Between 1911 and 1914 Hilbert lectured about kinetic theory of gases, theory of radiation, molecular theory of matter, electron theory, electromagnetic oscillations and other physics topics.

An example of redirecting funds, or how Fermat's last theorem becomes a matter of quantum physics

A last example for both the mathematicians' investments in physics and Hilbert's leading role is the spending of extra funds like those of the Wolfskehl foundation. When the Jewish amateur mathematician Paul Wolfskehl from Darmstadt died in 1906 he had decreed by will that 100.000 Marks of his assets, the many years' salary of a professor, should become a prize to be donated to the person who would prove or disprove Fermat's last theorem. This was, as one might recall, on number theory, *i.e.* far away from any application or relevance for empirical sciences. It was up to the Göttingen Royal Society of Sciences to form a commission for setting up procedures and deciding about the award. It consisted of a physician Ernst Ehlers (one of two secretaries of the Society), Hilbert, Klein, Minkowski (after his death Landau) and Runge. Obviously, Hilbert was the head, as he signed for all reports and was identified as such[32], all accounts on Wolfskehl support identify Hilbert with decisions, especially while Klein was ill from winter 1911 on and not fit to work for some time[33]. It turns out that only a very small fraction was actually awarded for the purpose of Wolfkehl's foundation. In the first year of operation less than a third

30. Letter of Hilbert to Oberregierungsrat Ludwig Elster in the Prussian Ministry of Culture, April 6, 1914. *SPK*, I. HA Rep. 76, Nr. 591, 210.

31. The lectures, notes taken by Hecke, can be found like many others and even seven more on mechanics in the Mathematisches Seminar at Göttingen.

32. According to Günter Frei, Hilbert was president of the prize commission, see G. Frei (ed.), *Der Briefwechsel David Hilbert - Felix Klein (1886-1918)*, Göttingen, Vandenhoeck & Ruprecht, 1985, 136 ; *cf. also* " Bericht der Wolfskehlstiftung ", *Jahresberichte der Deutschen Mathematiker-Vereinigung*, 1909f. ; I. Runge, " Carl Runge und sein wissenschaftliches Werk ", *Abhandlungen der Akadademie der Wissenschaften in Göttingen, math.-phys. Kl.*, III Folge, Nr. 23, Göttingen, 1949, 149.

33. G. Frei, *op. cit.* ; Runge, *op. cit.*, 152.

of the available interest was spent for works on the Fermat problem of a Mün-
ster mathematician. No further appropriate spending has been found until 1919
when a book on the Fermat problem earned 1.500 Marks.

The money was instead misappropriated to win leading scientists for lecture
series. While in 1909 the first 2.500 Marks were spent to have Henri Poincaré
come to Göttingen, in 1910 H.A. Lorentz followed lecturing " On the development of our conceptions of the ether " including a discussion of Planck's radiation formula. In 1912 Sommerfeld was richly paid for two talks on quantum
theory in Hilbert's class. In 1913 the so-called *Gaswoche*, a conference with
talks of Planck, Nernst, Debye (for Einstein who declined to come), Lorentz,
Sommerfeld, and von Smoluchowski was organized. The summer term of 1914
brought Debye to Göttingen as a guest professor supported by Wolfskehl
money. To keep him 2.000 Marks were yearly subsidized to the regular profes-
sorial salary until 1916. In 1915 Wolfskehl money was spent to pay young
physicists to give job talks in Göttingen for the Riecke succession. Later Mie,
Born, Ehrenfest, Planck and others were invited.

The last remark also shows how the different examples of investing time or
thought (*Mathematische Gesellschaft*), personnel (positions for professors and
assistants), and money (Wolfskehl funds) we presented here are connected.

Spending of Wolfskehl funds

Apr. 22-29, 1909	**Poincaré**	six talks on integral equations and relativity, 2.500 M.
Oct. 24-29, 1910	**Lorentz**	" On the developments of our conceptions of ether ", discusses Planck's radiation formula
1911	**Zermelo**	5.000 M. for his works in set theory and as a grant to allow recovering from illness
July 1912	**Sommerfeld**	1.000 M., lectures on quantum theory in Hilbert's class
Apr. 21-26, 1913	**Planck, Nernst, Debye, Lorentz, Sommerfeld, von Smoluchowsky**	Congress, Gaswoche on " the kinetic theory of matter and electricity " 4.800 M. spent (800 M. each)
summer term 1914	**Haar**	lectures on cosmogony ; 2.000 M. paid by Wolfskehl funds
summer term 1914	**Debye**	guest professor for theoretical physics ; 1.000 M.
winter 1914/15 until summer 1916	**Debye**	to raise professorial salary 2.000 M.
in summer 1915	**Pohl, E. Meyer**	job talks of experimental physicists for Riecke position
June 1915	**Born, Sommerfeld, Einstein**	talk in *Mathematische Gesellschaft*

in winter 1915/16	C. Schäfer, Koch, Franck, Sch- weidler, C. Müller	job talks of experimental physicists for Riecke position
spring 1916	Smoluchowski	lectures in mathematical physics
June 4-6, 1917	Mie	talks on Einstein's theory of gravitation and matter
June 25-29, 1917	Hecke	lectures on mathematics
Dec. 11, 1917	Born	talk on liquid crystals in *Mathematische Gesellschaft*
[1918]	[Ehrenfest invited]	refused to come
May 14-17, 1918	Planck	lectures on the current state of quantum physics (in the end without payments from the Wolfskehl fund)
Dec. 16-19, 1918	Driesch	talks on " organic causality "
1919	Bachmann	for book Das Fermatproblem 1.500 M.

THE ROLE OF CONCEPTUAL PRECONDITIONS

Judging from his research interests Voigt might appear as one of the more receptive physicists of his generation to quantum ideas at Göttingen since he was interested in spectroscopy, did research on the Zeeman effect and it was also he who suggested to Stark to consider the splitting of spectral lines in the electric field. Also hierarchically he was at the leading position to steer the course of research work[34]. In addition he was well-informed about the quantum physical development. He was among the first who cited Planck's theory in a textbook in 1904 as a " noteworthy combination of probability considerations with the theory of the emission of waves by electric resonators[35] ". He presented the formula and acknowledged its experimental adequacy but did not enter any discussion of its conceptual implications. When his disciple Drude went further in the second edition of his textbook on optics[36] this will not have eluded his attention, but again did not evoke second thoughts as neither did Einstein's 1909 Salzburg talk he had witnessed.

Why is it then that we found Hilbert, the mathematician, defining essentially the research program in theoretical physics and not Voigt ? An analysis of their writings shows — which we cannot give in more detail here — that it is due to radically different ways of organizing knowledge. Roughly speaking, it is

---

34. W. Voigt, *Thermodynamik*, Leipzig, 1904, 2 vols. Cited after Kuhn 82, 135f. " Most of its closing chapter deals with such standard topics as Kirchhoff's law and the diplacement law ; ... By a most noteworthy combination of probability considerations with the theory of the emission of waves by electric resonators, M. Planck arrives at a formula which satisfies experiment in the entire region that gas been investigated. " Planck's law is then presented, and the experimental determination of the two constants discussed. In a thirty-two-page chapter, " Thermodynamics of Radiation ", nothing more is said about Planck's work, 135 f., citation on 355 in original.

35. *Cf.* S. Goldberg, " Voigt, Woldemar ", *DSB*, vol. XIV, 61-63.

36. P. Drude, *Optics*, 2^e ed., Leipzig, 1906, 512-519 ; *cf.* R. McCormmach, *Night thoughts of a classical physicist*, New York, 1982, 197.

the difference between phenomenology combined with a firm belief in the fruitlessness of imagining atomistic mechanisms out of reach of experimental verification on the one side and on the other the conviction that a certain axiomatic and reductive thinking is the general method for all sciences hence negating any *ignorabimus* right away.

Voigt's presentation of the body of knowledge on crystal properties in his 1910 textbook clearly provides most economical and mathematically attractive descriptions of the phenomena but shuns any commitment to explanation. This is, however, done deliberately. He was aware of the reductive and explanatory power of molecular thinking but judged the chances low to achieve progress by this conception. This can be seen as a cognitive restriction.

Hilbert in turn told his students in his lecture on radiation theory that it were " above all the atomic theory, the principle of discontinuity, that becomes clearer and clearer these days and is not anymore a hypothesis but, like the teachings of Copernicus, an experimentally proven fact "[37]. He convinced the persons in charge in the ministry of culture that mathematics and physics were about to become a single field. He wrote : " And when I should name a such a specific problem [Aufgabe] that can only be solved by mathematicians and physicists combined, then it is the understanding [Ergründung] of the structure of the atom : a great problem, that inaccessible until recently now is the focus of all scientific thought… "[38].

It appears here, and many more examples could be given, that Hilbert had a rather clear vision about the fruits that could be harvested in the borderland field between mathematics, physics and chemistry. Having been successful with his axiomatic program in mathematics and in a number of applications in various fields[39], Hilbert saw a methodological axiomatics as a key for the quantum riddle with the threat by the possibly inconsistently added quantum hypothesis. Possibly he dreamt of an identification of the simple rules governing the atomistic world and underlying all macroscopic phenomena with the axioms of physics that would result in a explanatory power outshining any phenomenological masterpiece.

Hilbert almost saw his vision come true in the beginning of 1915 when Debye met his expectations. In the Hilbert *Nachlaß* a draft for a letter to the ministry is preserved that reads with corrections : " Debye is proves to be the Newton of chemistry molecular physics and we got now in particular due to

---

37. Lecture notes by Hecke, " Strahlungstheorie " summer term 1912, Mathematisches Institut Göttingen, 2.

38. Letter of Hilbert to H. Andres Krüss in the Prussian Ministry of Culture in Berlin concerning the establishment of a *Gastprofessur*, Oct. 3, 1913, SPK, Rep. 76 V a, Sekt. 6, Tit. IV, Nr. 1, vol. XXVII, 158-162, duplicate in Cod. Ms. D. Hilbert, *Handschriftenabteilung* Staats- und Universitätsbibliothek Göttingen, in the following cited as SUB, Folder 494, Nr. 9, 23-27.

39. *Cf.* Hilbert's course " Logische Prinzipien des mathematischen Denkens " summer term 1905 and its discussion in L. Corry, " D. Hilbert and the axiomatization of physics (1894-1905) ", *Archive for History of Exact Sciences*, 51 (1997), 83-198.

his latest discoveries from around Christmas [1914] the long in vain sought-after and in far distance believed foundation of a new mathematical chemistry. Thus Debye has become true compensation for Minkowski both in personal and in scientific respect "[40].

In both years 1915 and 1916 in which Hilbert was asked to nominate scientists for the physics Nobel prize he proposed Debye.

As physical theory later turned out to be much more complex than Hilbert and, albeit to a lesser extent, also Debye, Born, Sommerfeld and others had envisaged, it was nonetheless Hilbert's vision and forceful investment of his resources to this end that was a decisive factor for the reorientation of the Göttingen physics in the decade between 1909 and 1919.

In closing, two remarks are to be added :

In our discussion we started by somehow dismissing the conceptional view and arrived after a study of the investments of resources at analyzing the role of cognitive preconditions. This should not be seen as circular as the two concepts are quite different. The cognitive preconditions are themselves resources. They are inherited (education) or habits proven useful, they are driving ideas not unveiled truths.

As it may be a common insight at our times that the creation of new knowledge is the result of combining pieces of knowledge considered unrelated before, for instance by exploring disciplinary borderland problems, on might ask whether we can historically identify patterns for it. Can the example of this paper serve to describe a mechanism for scientific change ? It might be a helpful vision to think so, but it won't come true. Further study, however, will probably identify a broader development in which mathematical input or investment turns out as a decisive *transforming power* in the development of 20th century physics.

ACKNOWLEDGEMENTS

Results communicated in this talk are part of a joint research effort of a working group at the Max-Planck-Institute for the History of Science, Berlin, that discussed the emergence of quantum physics research at its centers Berlin, Munich, Göttingen and Copenhagen comparatively. I would like to thank in particular Jürgen Renn for support, inspiration, and fruitful criticism at the various stages of this research.

40. From a draft of a letter of Hilbert to Geheimrat Ludwig Elster in the Prussian Ministry of Culture, Jan. 25, 1915, Cod. Ms. D. Hilbert, *SUB*, Folder 466, Nr. 1.

PART SIX

PARTICLE PHYSICS

THE SOCIO-HISTORICAL CONSTRUCTION OF THE DISCOVERY

OF THE π-MESON

Ana Maria RIBEIRO DE ANDRADE

INTRODUCTION

This is the story of the process which led Cesar Lattes, Giuseppe Occhialini, Cecil Powell and the Bristol University group to the discovery of the p-meson in cosmic rays in 1947. It tells us how World War II propitiated the encounter of those physicists with emphasis on the role played by Lattes. It points out that, besides Lattes and Occhialini's earlier experience with cosmic rays and hard work at the Bristol laboratory, success was due to the technical improvement of Ilford nuclear emulsion plates. This study exemplifies how historico-sociological knowledge can help to understand the complexity of scientific activity.

THE π-MESON DISCOVERERS WERE DOING DURING WORLD WAR II

Trying to detect elementary particles predicted theoretically, Lattes[1] was investigating an advanced subject. He was working at the USP (Universidade de São Paulo, Brazil) with a slow-meson-triggered Wilson cloud chamber he had built in collaboration with Ugo Camerini and others. Using professor Occhialini's method, they were investigating cosmic rays, then considered part of nuclear physics. This aroused the interest of Gleb Wataghin[2] and the theoretical and experimental group at USP. The interest resulted from compatibility with the theories of quantum electrodynamics, which they endorsed, and

---

1. Lattes (Brazil, 1924) : undergraduate student (1939-43) ; teacher and researcher at the Universidade de São Paulo (1944-1949 ; 1960-1967), University of Bristol (1946-1947), Radiation Laboratory of Berkeley (1948-1949), Centro Brasileiro de Pesquisas Físicas (1949-1955), Universidade do Brasil (1949-1967), Institute for Nuclear Studies of Chicago (1955-1956), University of Minnesota (1956-1957) and Universidade Estadual de Campinas (1967-1984).

2. See : Videira, Bustamante, " Gleb Wataghin en la Universidad de São Paulo : un momento culminante de la ciencia brasileña ", *Quipu*, 10 (1993), 263-284.

research could be done in conditions competitive with the work of European and American physicists, since cosmic rays are available everywhere, including in the so called peripheral countries.

Occhialini's[3] presence in the group — with his rare intuition — contrasted with his contempt for mathematical erudition. He was a superb experimentalist in cosmic rays and a magnetic personality. He definitely brought forward the experimental focus. He developed a technique to use two Geiger counters in coincidence that automatically recorded the particle passage triggering a photographic camera that registered the vapour track left by the particle as it crossed the cloud chamber.

With the Brazilian government at war with the axis powers in 1942, antifascist physicist Occhialini didn't want to go back to Italy. He left USP, went to live inconspicuous as a mountain guide and worked at the Biophysics Department at the Universidade do Brasil (Rio de Janeiro), but not for long. In 1945 Occhialini arrived in England by invitation from the British government to join the British Atomic Energy team. But the policy changed after Arizona bomb and foreigners were excluded[4]. His many qualities won him an invitation from the H.H. Wills Laboratory at the University of Bristol to join Cecil Powell[5] group. Powell didn't take part in the war efforts. Pacifist and considered to be on the left, he preferred to lead a modest research project on neutron spectroscopy.

Occhialini met Powell working on neutron-proton scattering at around 10 MeV. Occhialini's unique ability to create and perfect research techniques helped Powell to convince C. Waller — chemist of Ilford Ltd, a photographic materials industry — to prepare plates with a silver density around six times higher than that used by them in nuclear physics. Many attempts were necessary before the plates acquired the desired density, without increasing the background residues, the undesirable grains, which masked the tracks of protons and other particles under study.

THE ALLIANCE OF THE THREE PHYSICISTS IN BRISTOL

Lattes was impressed by Occhialini's positive prints of photomicrographs of protons and α-particles obtained in a new concentrated emulsion just produced

3. Occhialini (Italy, 1907-1993) : undergraduate student (1929) ; improved the Wilson Chamber with P. Blackett (1931) ; teacher and researcher at the Arcetri Laboratory at the Università di Firenze (1930-1937), Universidade de São Paulo (1938-1942), University of Bristol (1945-1948), Université Libre de Bruxelles (1948-1949), Università di Genoa (1950-1951), Centro Brasileiro de Pesquisas Físicas (1952), Università di Milano (1952-1993) and MIT (1960).

4. A.M. Tyndall, *A history of the department of physics in Bristol, 1876-1948*, Bristol, 1956, 30. [mss, Bristol Library].

5. C. Frank Powell (England, 1903-69) : a former C.T.R. Wilson student at Cavendish Laboratory ; researcher (1928- ?) and director (1954- ?) at the H.H. Wills Laboratory at the University of Bristol ; Physics Nobel Prize, 1950.

experimentally by Ilford. These high silver concentration plates showed to be powerful and adequate for the study of cosmic rays. He immediately wrote to Occhialini inquiring about the possibility of going to Bristol himself and enclosed pictures of the slow-meson triggered cloud chamber.

In January 1946, after having seen a γ-ray photograph by Lattes, Occhialini advised Powell that he should join the Bristol group. He observed that the improvement of photographic emulsions was important for scientific discoveries. However, it would be difficult to find adhesions among junior physicists in England and Bristol's attractions in the area were the theoretical physicists Neville F. Mott and H. Frölich. Those circumstances helped Occhialini to convince Powell to invite Lattes[6]. Later, Ugo Camerini was also invited.

The Iron Steel Federation, Anglo-Iranian Oil, the Electrical Research Association, the Diamond Corporation, Eastman Kodak, the Royal Society and the Department of Scientific and Industrial Research (DISR) — which supported the H.H. Wills Laboratory — gave Lattes a grant. Lattes left Brazil on a cargo ship, with a ticket bought by the Getúlio Vargas Foundation (Rio de Janeiro). After forty days he arrived in a cold, isolated town, where the post-war menu consisted of a slice of bread and a bowl of soup. It was then the winter of 1946[7].

Lattes found Powell and Occhialini working on n-p scattering using the common photographic emulsions, such as Powell himself had done long before. Despite the fact that Powell had a conservative attitude towards scientific work and in spite his apathy[8], he granted ample freedom of work and initiative to his subordinates. That allowed Lattes to pursue his interest and he chose to open different fronts[9].

Whereas WWII favoured the meeting of these three physicists who pursued the production of scientific knowledge rather than taking part in the war effort in their countries, the great battle to mobilize heterogeneous elements and to find mesons in nature started when Lattes met Occhialini.

BRING NATURE TO THE LABORATORY

According to Powell's plan, Lattes' first experiment was to determine the level of radioactivity in samarium, a rare earth metal. He took time to study

6. Lattes, interview to the author in 1996 ; Occhialini, " Cesar Lattes : the Bristol years ", in Bellandi, Chinellato, Pemmaraju (eds), *Topics on cosmic rays*, vol. 1, Campinas, 1984, 6 ; H. Muirhead, " Encounters with Giulio Lattes ", in Bellandi (ed.), *loc. cit.*, 14. See also Marques (ed.), *Cesar Lattes 70 anos : a nova física brasileira*, Rio de Janeiro, 1994.

7. Tyndall, *op. cit.* (fn. 4) ; Letter from Lattes to Leite Lopes on 21 April 1946 (Archive Leite Lopes) ; Bellandi, *op. cit.* (fn. 6), vol. 2, annex ; Lattes, " Entrevista ", *Ciência Hoje*, 19 (1995), 14.

8. R. Fowler, interview to C. Vieira in Bristol on 4 March 1997. She was the first microscope physicist at the H.H. Wills Lab and now she is P.H. Fowler's widow.

9. Letter from Lattes to Leite Lopes, *op. cit.* (fn. 7) ; Lattes, *op. cit.* (fn. 7).

and develop the technique of measurement in emulsions. Investing in his future, Lattes was trying to develop his skills in order to be able to do later what he liked best : research on cosmic rays. He worked intensively in calibrating Ilford's new emulsions plates, in order to obtain the range-energy relation. He kept in contact with Ilford Ltd. and convinced C. Waller that the fading image problem might be solved by modifying the emulsions composition. Ugo Camerini — the other Brazilian physicist in Bristol — also collaborated in the investigation of fading in emulsions, following the guidance of Johnny Williamson from the Chemistry Department[10].

In Cambridge, studying reactions produced by the 1 MeV deuteron beam of the Cockroft-Walton accelerator, Lattes found another area of interest. He was interested in light targets and insisted in determining the range-energy relation for α-particles, protons and deuterons in the new nuclear emulsion plates (called C_2), a process that, as he anticipated, would soon be adopted[11]. In the same experiment he placed C_2 and B_1 borax-loaded. Lattes, Peter Fowler and Pierre Cuer — Powell's last research students — managed not only to establish the range-energy proton relation through the analysis of traces on those plates but also to make an important correction : the relation between the range in the air and in emulsion is not constant.

1st cosmic ray experiment : Observatoire du Pic du Midi (2,850m)

Determined to attenuate the occurrence of *fading* in concentrated emulsions, Lattes and Occhialini concluded that it would be necessary either to reduce the time of plate exposure or to detect cosmic rays in high altitudes. As Occhialini was spending holidays on the Pyrenees, they decided to take some plates (C_2 and B_1) to the Pic du Midi Observatory for an exposure of about one month[12]. All the plates were calibrated, that is, a range-energy relation had already been determined, but some were loaded with borax, others were not. The hypothesis was that the anti-fading action of borax would keep the images protected for a longer time, as opposed to those without borax where fading would cause a loss in detection power in about one week[13].

In January 1947, Occhialini processed the plates and wrote a note to Nature showing the advantages of the new plate (Table 1, article 1). Lattes' name was omitted from the list of authors, although he was the one who had the idea of adding borax to the plates. At any rate his hypothesis was confirmed : the emulsions with borax had more events than the others, which showed a high incidence of fading. The anti-fading action of borax allowed to register a num-

10. Muirhead, *op. cit.* (fn. 6), 14.

11. Letter from Lattes to Leite Lopes, *op. cit.* (fn. 7) ; Lattes, " My work in meson physics with nuclear emulsion ", in Bellandi (ed.), *op. cit.*, vol. 1 (fn. 6), 2.

12. The support is registered, e. g., in Table 1, article 5.

13. Lattes, *op. cit.* (fn. 11) ; and Muirhead, *op. cit.* (fn. 6), 14.

ber of events and minute details. The vision given by the borax-loaded plates mobilised all the laboratory forces. A few days later, a young microscope technician of their small team, Marieta Kurz, came across a strange event : two " double " mesons [π–μ decay] were found ![14]

Mass measurements were of two sorts. Occhialini and Lattes started by refining the technique of grain counting and energy balance on secondary tracks in the observed reactions. Hugh Muirhead, a post-graduate student — later assisted by students David King, Yves Goldschmidt-Clermont and David Ritson — dealt with the problem by using multiple Coulomb scattering. Put together, those methods were sufficient for the Bristol group to be sure that Yukawa's and Anderson's mesons were there (Table 1, articles 5 and 6)[15]. Particle physics, so far subordinated to nuclear physics, was about to be formally recognised as an independent field.

TABLE 1 – PUBLISHED ARTICLES ON THE π -MESON CONSTRUCTION

1. Powell, Occhialini, " Multiple disintegration process produced by cosmic rays ", *Nature*, 159 (1947), 93-94.
2. Powell, Occhialini, " Nuclear disintegrations produced by slow charged particles of small mass ", *Nature*, 159 (1947), 186-90.
3. Lattes, Fowler, Cuer, " A study of nuclear transmutations of light elements by the photographic method ", *Proceedings of Physical Society*, 59 (1947), 883-900.
4. Lattes, Fowler, Cuer, " Range-energy relation for protons and α-particles in the Ilford *Nuclear Research* Emulsions ", *Nature*, 159 (1947), 301-302.
5. Lattes, Occhialini, " Determination of the energy and momentum of fast neutrons in cosmic rays ", *Nature*, 159 (1947), 331-332.
6. Lattes, Muirhead, Occhialini, Powell, " Process involving charged mesons ", *Nature*, 159 (1947), 694-697.
7. Lattes, Occhialini, Powell, " Observations on the tracks of slow mesons in photographic emulsions ", *Nature*, 160 (1947), 453-456, 486-492.
8. Lattes, Occhialini, Powell, " A determination of the ratio of the masses of π and μ mesons by the method of grain-counting ", *Proceedings of the Physical Society*, 61 (1948), 173-183.

2nd cosmic ray experiment : Andes/ Chacaltaya (5,600 m)

How could the Bristol group guarantee their interpretation of the phenomenon, if the number of analysed events did not allow the statistical reduction of errors in each of the methods used for mass measurement ?

14. Lattes, *op. cit.* (fn. 11), 2-3.

15. Lattes, *op. cit.* (fn. 11), 2 ; Lattes, *op. cit.* (fn. 7), 14 ; Muirhead, *op. cit.* (fn. 6) ; Marques, *op. cit.* (fn. 6), 33 ; Archive Leite Lopes : letters from/to Lattes.

Lattes resorted to the Geography Department to find out whether there was an accessible, protected place in the Andes for the exposure of the borax-loaded plates. They located a 5,600 m high meteorological station 20 km away from La Paz, Bolivia. Lattes left immediately, since any delay could result in the Bristol group being surpassed by the group at the Imperial College of Science and Technology. If the latter found out that borax was a potential ally, the battle would be lost to the group surrounding D.H. Perkins, who exposed plates at an altitude of about 9,000 m on Royal Air Force planes, detecting a few events.

As the spokesman for that group of twenty young scientists and technicians, Powell was in charge of convincing Prof. Tyndall, the director of the H.H. Wills Laboratory, to obtain funding from the British government and industries for the journey. It was easy. The discovery of subatomic particles meant a broader understanding of nuclear forces, growing possibilities in terms of military and political advantage for the promoting countries, and favourable expectations for the shareholders of companies directly involved with the application of science. Lattes took off on 7 April, 1947 to Rio de Janeiro[16]. From there he went to Bolivia.

From La Paz, in the company of the Spanish physicist Ismael Escobar, he reached one of the meteorological stations. Despite the discomfort hardships found at 5,600 metres of altitude — precarious lodging, natural dangers, low temperature, and scarce oxygen — Lattes placed the piles of plates so that they would expect about 100,000 more cosmic particles than at the Pic du Midi[17].

One month later on his return to Brazil, at Ismael Escobar's house, Lattes found out that the altitude at Chacaltaya had allowed him to detect two complete double mesons on the developed plate, two π-μ. Despite stains caused by the impurity of local water, it was possible to detect track with a range of about 600 microns — typical of the meson. Lattes wired Powell and agreed to complete plate analysis in Bristol.

Back in Bristol, about 30 π-mesons were found in the developed plates. After those results, Lattes set out to obtain meson mass relation through grain counting[18]. The result confirmed their first experiments in Pic du Midi.

These experiments were based upon a number of factors : the experience with cosmic rays accumulated both by Occhialini and Brazilian physicists ; Occhialini's intuition ; Lattes' capacity to improve the detection method ; the firm alliance with representatives of other institutions and groups, established mainly by Powell[19]. Success was guaranteed by a handful of multiple and

16. *Bristol Evening World*, 9 April 1947.

17. Lattes, *op. cit.* (fn. 7) ; Aguirre, " Cesar Lattes y el desarollo de la ciencia en Bolivia ", in Marques (ed.), *op. cit.* (fn. 6), 101-102 ; Aguirre, Medio siglo de ciencia energia nuclear Bolivia, La Paz, Fund. Simón Patiño, 1996.

18. Lattes' measurement calculations are kept at the Wills Memorial Library.

19. A good indicator of connections is the list of acknowledgements found in the articles.

interconnected factors, such as expertise and varied administrative, scientific and technical competence. They represented the result of combining Occhialini's experimental physics skill, Lattes' clarity of thought, strong theoretical background, Powell's experience in Nuclear Physics using photographic plates, and the intense work done by the H.H. Wills Laboratory small team. Those English microscope technicians and physicists " had not known war actively and were charged with complexes and frustrations but grimly decided to grasp the chance to show their mettle in civilian scientific work ", remembered Occhialini[20].

The construction of the π-meson slowly and continuously overcame controversy. Colleagues needed to be systematically persuaded : it must be said that one year prior to the meson discovery, they were trying to combat scepticism over the application of photographic plates to deal with problems of nuclear physics[21]. Lattes and some research students also insisted on the same point before another problem. Lattes and Camerini had analysed with precision meson disintegration products, showing to the group that the total energy produced was larger than what was consistent with the mass accepted for what was known as mesotron. They aligned theoretical reasons and provisory arguments based on Conversi, Pancini and Piccioni's work[22].

TIME OF CONTROVERSY

In the laboratory, the tasks assigned to the protagonists of the μ-meson discovery were over. The question now was how to convince peers in the other laboratories of what they had seen and what they believed it to be. And, in general, other physicists did not entirely believe in the finding. At Berkeley, USA, they hardly knew how to distinguish the two types of meson. It seemed difficult to make any tactical alteration in the pattern, which consisted of discussions with colleagues before publishing findings in prestigious journals so that other physicists could read about the discovery. The process of the meson discovery was documented in six different articles published in *Nature*, besides two articles in *Proceedings of the Physical Society* (Table 1). They struggled to interpret those observations convincingly, as they had not yet faced the test of debate and controversy.

The search for consensus started in Manchester in late June and at the *Conference on Cosmic Rays and Nuclear Physics* (Dublin, 5-12 July 1947). The work of the Bristol group — presented by Powell, a gifted speaker — justified, interpreted and presented conclusions raised from experiments performed at

20. Occhialini, *op. cit.* (fn. 6), 7.

21. Powell, Occhialini, Livesey, Chilton, *Journal Sci. Ins.*, 23 (1946).

22. Occhialini, *op. cit.* (fn. 6), 8. Letter from Lattes to Leite Lopes on 16 July 1947 (Archive Leite Lopes).

Pic du Midi and Chacaltaya, comparing results obtained between the exposure at high altitudes to those found using the Wilson chamber. The Dublin meeting was crucial for the announcement of the existence of two mesons, reinforcing its scientific character after the controversy was overcome. Both Hans Bethe, known for the theory of processes of creation of pairs of particles, and Robert Marshak offered their help, lending the manuscript of an unpublished article of theirs about the hypothesis of two mesons[23]. Christian Møller and Abraham Pais also considered the possibility of a relation between different types of particles of intermediate mass. There is also a reference note to Ernest Gardner's article, published in *Physical Review*, which deals with mesons. Specialists such as Walther Heitler, C. Møller, Fröhlich, Jánossy and others made recommendations and suggestions which were incorporated before the publication of parts one and two of the work in the October issue of *Nature*. These and the other physicists gathered in Dublin contributed to the strengthening of the case of mesons within the debate (Table 1, article 7).

At the *Birmingham Symposium* the results were again presented. Lattes found it difficult to talk about the disintegration of π-μ, since scientists were still discussing Pancini, Piccioni and Conversi's results on the average life of the μ-meson. There were still many American physicists who remained sceptical. Lattes reacted by resuming intensive investigation on the new discovery, refining calculations to facilitate its validation, while Powell, as the responsible of Nuclear Physics projects at the Bristol laboratory, had to travel to Copenhagen, Krakow and Sweden, as the group's spokesman. He sent Lattes the following news : " I have given two lectures here on our results and everybody seems to agree that they constitute the most important advance in physics in the past few years. It is a very satisfactory [?] that you have been so closely associated with a substantial contribution, especially because you have worked so hard and have made such a valuable contribution to the development of our methods "[24].

In fact, John Wheeler personally assured that evidence produced by the Bristol group had been universally accepted[25]. Little by little, things were becoming easier. Lattes went to the École Polytechnique de Paris. In December 1947, he took part in a seminar of the Physics Society of Denmark and in the Institute of Theoretical Physics of Copenhagen (later renamed the Niels Bohr Institute of Physics). Lattes also visited Bohr in his residence. He found Bohr enthusiastic about the discovery. From Copenhagen, Lattes reached Lund, in southern Sweden[26].

23. Published as Bethe, Marshak, " The two-meson hypothesis ", *Physical Review*, 72 (1947). Sakata's work (1942) was known late after the end of ww II.

24. Letter from Powell to Lattes in 1947 (Archive Leite Lopes).

25. Letter from J. Wheeler to Leite Lopes on 3 November 1947 (Archive Leite Lopes).

26. Lattes, *op. cit.* (fn. 7), 15 ; Bellandi, *op. cit.*, vol. 2 (fn. 6), annex.

In 1947, Powell and Occhialini published their results in a remarkable atlas *Nuclear Physics in Photographs*[27].

CONCLUSION

Occhialini and Lattes did not wait for the acclamation of results in Bristol, which concentrated around Powell in 1950, after his endeavour over the projection of his own name[28]. Lattes surprised many, including Niels Bohr, when he decided to leave Bristol. In an apparent whim, he exchanged the H.H. Wills Laboratory for Berkeley Radiation Laboratory with the intention of trying to detect artificially produced mesons at the 184-inch cyclotron. Lattes doubted that the machine had sufficient energy to produce π-mesons. Nevertheless, fifteen days after his arrival in the USA, artificial mesons were detected by Cesar Lattes and Ernest Gardner, using Ilford C_2 and C_3 nuclear emulsions and Eastman NTB[29]. Actually π-mesons, that had been undetected from November 1946 to early February 1948, were produced in the 380 MeV Berkeley accelerator.

Also in 1948, Occhialini went to the Université Libre de Bruxelles and devised in collaboration with Connie Dilworth and Ron Paine the method for developing thick emulsions uniformly (Ilford G5). This emulsion of increased sensitivity made it possible to observe the μ-e decay directly.

Both artificial meson detection and the method of developing thick emulsions can be the objects of additional socio-historical studies. Perhaps it can help us to clarify why Occhialini and Lattes were not granted the Nobel Prize in 1950 for their central scientific contribution to the π-meson discovery and detection.

ACKNOWLEDGEMENTS

To professors Maria and Ramiro Muniz, Alfredo Marques and Osvaldo Pessoa Jr.

27. Powell, Occhialini, *Nuclear Physics in Photographs*, London, 1947.

28. See Powell letters to N. Bohr and Rosenfeld Papers (Niels Bohr Archive).

29. Gardner, Lattes, " Production of mesons by the 184-inch Berkeley cyclotron ", *Science*, 107 (1948), 270-271. At that time, it was the usual practice to list authors in alphabetical order.

Fields versus Particles in the Formation of Gauge Theory

Seiya Aramaki

The attempt to understand the interactions between various elementary particles in a unified way basing upon the gauge principle had met the stumbling-block of the problem of masses of intermediate bosons. The breakthrough was made originally by overlooking deliberately the mass problem thereby attaining a unified and renormalizable theory of the electromagnetism and weak interaction. It is pointed out that there was a conceptual change of the picture of elementary particles, the change that the field is more fundamental than the particle so that the mass of particle is not the primary object but some consequence of the complex interaction of underlying fields. The resurgence of the quantum theory of fields in the early 1970s was thus realized by departing from the traditional wave-particle dualism. A comparison shows that while there was found a faith to the field view point in this case, the faith was required only for theory itself in the formation of the renormalization theory in the late 1940s because there existed no theory competing with the field one.

The so-called gauge theory in particle physics was formed first between 1967 and 1971 as a unified theory of electromagnetic and weak interactions. The gauge theory of strong interaction (QCD), then, was contemplated after the discovery of asymptotic freedom in 1973.

In the course of this formation of gauge theory the hardest barrier was the problem of mass of vector mesons because the intermediate bosons in weak interactions were expected to have large masses in order to realize the short range of forces in contrast with the strict vanishing of the mass by the requirement of gauge principle. Although finally this problem was solved after the advent of the Higgs-Kibble mechanism in the spontaneous breakdown of symmetry, the early formation of gauge theory was made by the neglect of this problem.

In 1957 Schwinger proposed a unified theory of electromagnetism and weak interaction by requiring the invariance under the isotopic spin gauge transformation, already introduced by Yang and Mills. Namely, he got the concept of a spin one family of bosons, comprising the massless, neutral, photon and a pair of charged particles. In doing this, he was guided by the heuristic principle that the coupling between fields is described by simple algebraic functions of the field operators in which only dimensionless constants appear. This principle came from the fact that present quantum field theory contains no intrinsic standard of length so that the mass constants of individual fields are regarded as phenomenological manifestations of the unknown physical agency. Thus he deliberately neglected the existence of mass term in the fundamental Lagrangian which destroys the gauge invariance of theory.

Schwinger's viewpoint was faithfully followed by his student Glashow. In 1959 Glashow insisted the renormalizability of vector meson interaction when theory has a partial symmetry in the sense that the Lagrangian without mass term is invariant under a symmetry transformation. Then in 1961 he proposed a synthesis of electromagnetism and weak interaction by introducing an additional neutral vector boson to the triplet of Schwinger, and arrived at the S U (3) X U (1) symmetry. This was the first prediction of the neutral current which was to be found in 1973 at CERN. In this work the masses of vector bosons were his principal stumbling block, but following to Schwinger, he overlooked them deliberately and made a breakthrough. If he was stumbled at the mass problem, he would not be able to go further beyond his teacher. In this context, Schwinger's philosophy must be re-evaluated, even if he himself could not succeeded in realizing his idea.

In 1963 at Trieste he expressed his view that placed the field concept above the particle concept. He said that the then prevailing viewpoint assumes the particles as further unanalyzable objects in contrast with the field viewpoint which regards the particles as the result of interplay of dynamics of the fundamental fields. For him, the nonzero mass of weak boson was not the primary entity but some phenomenological manifestation of complex interactions. In this way he denied the traditional wave-particle parallelism in quantum mechanics.

The field theory in modern physics was first introduced by Faraday and its mathematical formulation by Maxwell led to the discovery of the electromagnetic wave. After the emergence of Einstein's gravitational theory, Weyl attempted to extend the Riemannian geometry by replacing its global parallelism with the local one, thus introducing the gauge field in 1918. He wanted to identify the gauge field as electromagnetic field and to obtain a unified theory of gravitation and electromagnetism. But it failed. When quantum mechanics was formed in 1925, Weyl's gauge field was found to be electromagnetic field accompanying to the phase transformation of particle field.

In 1954 Yang and Mills proposed the gauge invariant theory of isotopic spin transformation in order to extend the gauge principle into strong interaction. In their work the necessity to localize the isotopic spin symmetry instead of the global symmetry was stressed. This called the non-abelian gauge theory into physics at the first time.

So, the gauge principle which requires the invariance of theory under the gauge transformation and determines the form of interaction between the fundamental fields was born in the attempt to accomplish a thorough penetration of field concept in relativity and quantum theory. In this sense, the superiority of field concept over the particle concept had the same historical origin as the superiority of the interaction in contact over the action at a distance. The intermediate meson theory in weak interaction itself also was nothing but the product of the attempt in resolving the direct Fermi interaction into the interaction of particles in the intermediary field, through which the gauge theory entered into the weak interaction. Therefore, a conceptual change was needed in the traditional wave-particle dualism, in the formation of gauge theory. When the renormalization theory in quantum electrodynamics was invented in 1947, the faith to the theory won the victory against the disbelief. The theory at that time was quantum field theory with divergence difficulty as the stumbling block. There was in practice no competing theory. In the case of the gauge theory, there was a powerful competing theory like the S-matrix theory so that this time the struggle between the field and particle concepts became explicit and unavoidable. The resurgence of the field theory with spontaneous breakdown of symmetry and contractive decline of the S-matrix theory in particle physics in 1970s show the superiority of the interaction in contact over the action at a distance as well as the superiority of considering fundamental entity over the phenomenological ephemera.

The emergence of gauge theory of strong interaction after the discovery of asymptotic freedom shows the same story. The appearance of the unobserved objects such as quarks and gluons was absolutely impossible in the S-matrix theory because it should be defined in terms of observable quantities only. The S-matrix theory which intended especially to study the strong interactions had to give the priority to the field theory.

Finally, I should like to add the remark that the recent development of measurement theory in quantum mechanics also suggests the field concept more fundamental than the particle concept.

THERMIONIC EMISSION, SPACE CHARGES, AND ELECTRONICS TECHNOLOGY

Walter KAISER

ELECTRON GAS THEORY AND THERMIONIC EMISSION

In 1898, Eduard Riecke in Göttingen attempted to amalgamate the qualitative attempts towards a theory of conductivity made since Ampère and Wilhelm E. Weber (who was Riecke's teacher) and to build up a coherent mathematical theory. Treating the barely well known electrons in bulk matter analogously to an ideal gas was a rather courageous undertaking. Most important for the justification of his new approach of an electron gas was the paradigm of the theory of electrolysis and experimental results in the field of gas discharge[1]. With regard to experiment, Riecke's theoretical expressions remained, however, much too general[2].

Actually, the breakthrough of electron gas theory of metals came only two years later, when Paul Drude, former student of Woldemar Voigt and then professor in Leipzig, published his two papers on the electron theory of metals in *Annalen der Physik*[3].

The typical methodological problem of the transfer of a successful theoretical model to a completely different field of experience was even more manifest in the work of Drude. He tried to justify his application of the kinetic

---

1. E. Riecke, " Zur Theorie des Galvanismus und der Wärme ", *AP*, 66 (1898), 353-389, 545-581, especially on 352-356, 569-572 ; E. Riecke had already given a kinetic treatment of conductivity and diffusion in elektrolytes. See E. Riecke, " Molekulartheorie der Diffusion und Elektrolyse ", *ZPC*, 6 (1890), 564-572.

2. E. Riecke, " Zur Theorie des Galvanismus und der Wärme ", *AP*, 66 (1898), 353-389, 545-581, 379-381 ; For an evaluation see E. Riecke, " Über die Elektronentheorie des Galvanismus und der Wärme ", *JRE*, 3 (1906), 24-47, 32-34 ; and R. Seeliger, " Elektronentheorie der Metalle [1921] ", *EMW*, 5, 2 (Leipzig, 1904-1922), 777-878, 784-785.

3. P. Drude, " Zur Elektronentheorie der Metalle ", *AP*, 1 (1900), 566-613 ; *AP*, 3 (1900), 369-402.

theory of an ideal gas to electrons in solid matter referring to successful intermediate steps. These intermediate steps were Henricus van't Hoff's kinetic theory of osmotic pressure as well as Walther Nernst's theory of concentration cells in electrolysis[4].

From these paradigms of a successfully extended kinetic theory of gases, Drude also conceived of the possibility of a full transfer of the model of kinetic theory of gases to the carriers of metallic conduction. The crucial point was the adoption of Boltzmann's equipartition theorem (including the numerical value of the " universal constant " a), assigning each degree of freedom a kinetic energy of $1/2mv^2$, that is, $1/2m_1v_1^2 + 1/2m_2v_2^2 + \dots + 1/2m_nv_n^2 = a T$ (where T is the absolute temperature, indices 1-n denote the degrees of freedom)[5].

Drude's calculations were based on a general dual mechanism of conduction. For the carriers Drude admitted arbitrary integer multiples of the elementary charge. Using a diffusion equation from Boltzmann's " Lectures on gas theory "[6] Drude derived an expression for the flow of heat carried by the movement of electrons through a temperature gradient. On the other hand, due to collisions between electrons and metal atoms, which he conceived as deleting the electron's memory of its earlier movements and thus causing a spatially homogenous mean velocity[7], he calculated the constant drift velocity of electrons in an electric field. For single charged positive or negative carriers the ratio of the expressions for conduction of heat and electrical conductivity proved to be independent from the typically " kinetic " properties (mean free path, concentration, or number of carriers, velocity of carriers). Therefore, Drude was able to derive a theoretical expression for the famous empirical

4. J. Henricus van't Hoff was very clear about the analogy of the microphysical explanation of the pressure of a gas with that of the osmotic pressure. See J.H. van't Hoff, " Die Rolle des osmotischen Druckes in der Analogie zwischen Lösungen und Gasen ", ZPC, 1 (1887), 481-508, on 482-483. A kinetic theory of the osmotic pressure is due to Boltzmann. See Ludwig Boltzmann, " Die Hypothese van't Hoffs über den osmotischen Druck vom Standpunkt der kinetischen Gastheorie ", ZPC, 6 (1890), 474-480. For the theory of electrolytes see Walther Nernst, " Zur Kinetik der in Lösung befindlichen Körper ", ZPC, 2 (1888), 613-637, and " Die elektromotorische Wirksamkeit der Ionen ", ZPC, 4 (1889), 129-181. See also E. Riecke, " Zur Theorie des Galvanismus und der Wärme ", AP, 66 (1898), 353-389, 545-581, 352-356, 569-572.

5. P. Drude, " Zur Elektronentheorie der Metalle ", AP, 1 (1900), 566-613 ; AP, 3 (1900), 369-402, 572. The physicists of the time considered the use of the gas constant as the decisive idea in Drude's theory. See Arnold Sommerfeld's lecture notes for a chapter on " Electron theory of metals and some related statistical questions " in the summer semester 1908 [1912 ?] ; A. Sommerfeld, [Chapter of a ?] Lecture course entitled " Elektronenth[eorie] d[er] Metalle und verwandte statistische Fragen ", Sommerfeld-Nachlaß, reproduced in AHQP, Microfilm 21,8. See also E. Riecke, " Ueber das Verhältnis der Leitfähigkeiten der Metalle für Wärme und für Elektricität ", AP, 2 (1900), 835-842, 835 ; E. Riecke, " Die jetzigen Anschauungen über das Wesen des metallischen Zustandes [Lecture…1908] ", PZ, 10 (1909), 508-518, 509.

6. P. Drude, " Zur Elektronentheorie der Metalle ", AP, 1 (1900), 566-613 ; AP, 3 (1900), 369-402, 573.

7. W. Schottky, " Erlanger Halbleitervorlesungen ", I. Teil, " Elektronentheorie, September/Dezember 1947 an der Universität Erlangen ", Schottky Papers, Microfilm, Reel N° 4, Lehrstuhl für Geschichte der Technik der RWTH Aachen.

Wiedemann-Franz law[8] : $k/c=4/3$ $(a/e)2T$; where k is the conductivity for heat, c is the electrical conductivity ; according to spherical particles as well as for translational states, a equals $3/2$ R ; R is the gas constant, e is the elementary charge. Thus, the electron gas theory of metals achieved a remarkable early success. Drude's theory explained an important property of solid matter with help of a basic thermodynamic constant — which had a distinct microphysical meaning — and with help of a microphysical quantity in electricity. *Vice versa*, physicists could deduce the value of a constant in the theory of gases from the electric behavior of metals[9].

The agreement of Drude's expression for the Wiedemann-Franz law with measurements of Wilhelm Jaeger and Hermann Diesselhorst at the *Physikalische Technische Reichsanstalt* in Berlin was especially impressive[10]. In turn the experimental confirmation of the theoretically derived Wiedemann-Franz law was new evidence for the outstanding importance of the gas constant, or the Boltzmann constant. Therefore, it is not surprising that Max Planck — who always thought in terms of universal constants — called the constant a $(= 3/2$ $R)$ " Boltzmann-Drude constant "[11].

The Hall effect with its different signs of the observed electric fields would have provided good arguments for maintaining the model of two elementary carriers with different signs. Except in the deflection of opposite moving charges in the transverse magnetic field the effect was barely comprehensible. Nevertheless, physicists aimed at a greater simplicity of the theory. J.J. Thomson considered only negative " corpuscles " as carriers and Arthur Schuster deliberately abandoned dual conductivity models[12]. Above all, Hendrik Antoon Lorentz concentrated on a metallic conduction exclusively based

8. P. Drude, " Zur Elektronentheorie der Metalle ", AP, 1 (1900), 566-613 ; AP, 3 (1900), 369-402, 577-578.

9. See H.A. Lorentz, " The methods of the theory of gases extended to other fields [1909] ", LCP, 8 (The Hague, 1935), 159-182, 179.

10. W. Jaeger, H. Diesselhorst, " Wärmeleitung, Electricitätsleitung, Wärmecapacität und Thermokraft einiger Metalle ", SB (1899), 719-726 ; Jaeger and Diesselhorst were members of the divison for electric measuring at the PTR. F. Kohlrausch, then president of the PTR, presented their paper as an experimental supplement to his own paper entitled " Über den stationären Temperaturzustand eines von einem elektrischen Strome erwärmten Leiters ", *loc. cit.*, 711-718. For an evaluation see M. Reinganum, " Theoretische Bestimmung des Verhältnisses von Wärme- und Elektricitätsleitung der Metalle aus der Drude'schen Elektrontheorie ", AP, 2 (1900), 398-403, 399 and 403 ; N. Bohr, " Studies on the electron theory of metals ", BCW, [291]-[393], [339].

11. M. Planck, " Über die Elementarquanta der Materie und der Elektrizität ", AP, 4 (1901), 564-566. For a discussion of the guiding role of Planck's constant h in the development of quantum theory see A. Hermann, *Frühgeschichte der Quantentheorie (1899-1913)*, Mosbach, 1969, 28-35 ; A. Hermann, *M. Planck. In Selbstzeugnissen und Bilddokumenten*, Reinbek bei Hamburg, 1973, 26-31. *Cf.* also E. Warburg, " Wahlvorschlag für Paul Drude... ", in C. Kirsten, H.-G. Körber, H.-J. Treder (eds), *Physiker über Physiker, Wahlvorschläge zur Aufnahme von Physikern in die Berliner Akademie 1870 bis 1929...*, vol. 1, Berlin, 1975, 163-164, 164.

12. J.J. Thomson, " Some speculations as to the part played by corpuscles in the physical phenomena ", *Nature*, 62 (1901), 31-32 ; A. Schuster, " On the number of electrons conveying the conduction currents in metals ", PM, [6] 7 (1904), 151-157, 157.

on negative electrons[13], in spite of his doubts[14] and regarding Drude's objections concerning galvanomagnetic effects[15].

Another achievement with long lasting influence was the more precise statistical approach. Riecke and Drude based their calculations on mean velocities. Lorentz assumed that the particles in his electron gas possessed the Maxwell-Boltzmann distribution of velocities. With the addition of a small term, he was able to introduce the action of an electric field and the influence of a temperature gradient (and the influence of abrupt shifts in the case of contact phenomena) into the distribution function. The solution of the one-dimensional Boltzmann transport equation $df/dv_x X + v_x df/dx + df/dt = b - a$ for the modified distribution function and in the stationary case furnished equations for heat conduction and for electrical conductivity[16]. (X is a component of the electric field, f is the velocity distribution function, v_x is the velocity component in the direction of the x-axis, $b - a$ is the collision term, " collisions " are only encounters of electrons and metal atoms). The result was another expression for the Wiedemann-Franz law. Lorentz's calculations led to a numerical factor (8/9) which was different from Drude's (4/3). Therefore, the improvement of the principles of the theory came with a less precise agreement with experimental results[17].

Basic for the present paper is a new chapter of electron gas theory which was written around 1910. Physicists involved in electron gas theory, introduced the supplementary model of an electron vapor, building up *above* a metal surface, thus explaining the phenomena of thermoelectricity and the emission of

13. H.A. Lorentz, " Le mouvement des électrons dans les métaux ", *Archives Néerlandaises des Sciences exactes et naturelles*, [2] 10 (1905), 336-371 ; reprinted in *LCP*, 3 (The Hague, 1936), 180-214, 180.

14. In 1884 H.A. Lorentz pointed out that any theory of the Hall effect must assume an asymmetry in the behavior of " positive and negative electricity ". See H.A. Lorentz, " Le phénomène découvert par Hall et la rotation électromagnétique du plan de polarisation de la lumière ", *LCP*, 2 (The Hague, 1936), 136-163, 141-142. In 1903 Lorentz still assumed different carriers in order to explain the different signs of the Hall effect. See H.A. Lorentz, " Weiterbildung der Maxwellschen Theorie. Elektronentheorie [1903] ", *EMW*, 5, 2 (Leipzig, 1904-1922), 145-280, 222. Lorentz's approach illustrates also the uncertainty about the nature of the positive electricity. He questioned e. g. the mere absorption and the creation of energy due to the generation and the recombination of material positive and negative particles in contact phenomena, thus violating the second law of thermodynamics. H.A. Lorentz, " Le mouvement des électrons dans les métaux ", reprinted in *LCP*, 3 (The Hague, 1936), 180-214, 214, 206-208. See also H.A. Lorentz, " Ergebnisse und Probleme der Elektronentheorie [1904] ", *LCP*, 8 (1935), 76-124, 117 ; see further H.A. Lorentz, " Anwendung der kinetischen Theorien auf Elektronenbewegung [1913] ", *LCP*, 8 (The Hague, 1935), 214-243, 217, 224-225.

15. P. Drude, " Optische Eigenschaften und Elektronentheorie ", *AP*, 14 (1904), 677-725, 936-961, 679, 939.

16. H.A. Lorentz, " Le mouvement des électrons dans les métaux ", reprinted in *LCP*, 3 (The Hague, 1936), 180-214, 184-192.

17. When H.A. Lorentz in 1904 in Berlin talked about Drude's calculations he called the deviations in his theory from the experimental Wiedemann-Franz law " not inconsiderable " (nicht unbeträchtlich). See H.A. Lorentz, " Ergebnisse und Probleme der Elektronentheorie [1904] ", *LCP*, 8 (1935), 76-124, 109.

electrons by hot metals. Consequently, thermionic emission formed an essential part in any comprehensive representation of electron gas theory[18]. As the current in vacuum tubes is carried by electrons originating from a heated cathode, the phenomenon of thermionic emission in turn belonged to the basics of the emerging electronics technology.

The idea of an electron vapor originated with Harold A. Wilson, Owen W. Richardson, and J.J. Thomson[19]. The theory was, however, worked out independently by Friedrich Krüger, Karl Baedeker, and Walter Schottky. The model of electrons evaporating from a hot metal was as courageous and wavering as the basic model of an electron gas. Therefore, from the beginning, the formation of the theory was highly variable. Wilson and Richardson concentrated on the thermodynamics of a system composed of a solid phase and a really " free " electron vapor. Richardson pictured the emission of electrons from hot metal surfaces precisely as " an electron gas evaporating from the hot source "[20]. With help from a kinetic approach he derived the well known exponential law for a thermionic current[21] :

$$I_s = a\sqrt{T}e^{-\frac{b}{T}}$$

Here I_s is the saturation current density at the temperature T, e is the base of the natural logarithms, and b is a constant which should be half the heat of evaporation of electrons.

Wilson, on the other hand, restricted his considerations to a mere " thermodynamical " treatment, applying the Clausius-Clapeyron equation for the vapor pressure above the surface of a liquid to the vapor pressure of electrons above the surface of the metal[22]. However, Richardson's research provided additional support for a kinetic approach. His measurements of the Maxwell-Boltzmann velocity distribution of electrons emitted by hot metals again substantiated the analogy of the kinetic theory of gases with the electron

18. Typical is the handbook literature. Cf. R. Seeliger, " Elektronentheorie der Metalle [1921] ", in F. Klein (ed.), Encyklopädie der mathematischen Wissenschaften, in A. Sommerfeld (ed.), vol. 5, 2, Leipzig, 1904-1922, 777-878, 843-851. See also A. Sommerfeld, H. Bethe, " Elektronentheorie der Metalle ", in H. Geiger, K. Scheel (eds), Handbuch der Physik, 2nd ed., vol. 24, 2 (Berlin, 1933), 333-622, 348-352, 432-443.

19. J.J. Thomson, Die Korpuskulartheorie der Materie, Braunschweig, 1908, 71-75.

20. O.W. Richardson, " Thermionic phenomena and the laws which govern them ", Nobel Lecture, December 12, 1929 ; Nobel Lectures...Physics, 1922-1941, Amsterdam, London, New York, 1965, 224-236, 226.

21. O.W. Richardson, " The electrical conductivity imparted to a vacuum by hot conductors ", Philosophical Transactions of the Royal Society of London, (1903), [A] 201 : 497-549, on 499-503. See also O.W. Richardson, " Die Abgabe negativer Elektrizität von heißen Körpern ", JRE, 1 (1904), 300-315. The notion of " thermionics " was coined by O.W. Richardson in 1909, see " Thermionics ", PM, [6] 17 (1909), 813-833 ; see also O.W. Richardson, " Notes on the kinetic theory of matter ", PM, [6] 18 (1909), 695-698.

22. H.A. Wilson, " On the discharge of electricity from hot platinum ", Philosophical Transactions of the Royal Society of London, (1904), [A] 202 : 243-275, on 258-259.

gas theory. From this distribution outside the source, Richardson concluded that the velocities of electrons in the interior of the metal also obey a Maxwell-Boltzmann distribution function[23].

SEVERE PROBLEMS IN ELECTRON GAS THEORY

Analyzing the legitimacy of the electron gas theory of metals and presenting thermionic emission, we have already mentioned different kinds of statistics, the equipartition theorem, and the Hall effect. In the following section we want to look now briefly at the problems of electron gas theory whose shortcomings (*des lacunes*)[24] Brillouin traced back to l'application brutale des formules thermodynamiques[25].

One of those home-made problems of the application of thermodynamic formulae was the equipartition theorem. In retrospect, this seems very obvious[26] : If one assigns to electrons a mean kinetic energy of *3/2RT* per mole, the electrons contribute the according amount of *3/2R* to the specific heat of a metal. A comparison of the specific heats of metals and of insulators, however, will immediately show that metals have, by no means, a specific heat which is a plain summation of the Dulong-Petit value for solid elements (namely *3R = 6cal/degree and mole*) plus the contribution of the electron gas (namely *3/2R*).

The application of the equipartition theorem in electron gas theory led not only to the problem of specific heats. The equipartition theorem in the electron gas theory of metals created also a rather puzzling situation in the theory of black-body radiation. The situation must have been even more puzzling to physicists if one considers Willy Wien's[27] and Paul Drude's[28] expectations that the kinetic theory of gases and the theory of black body radiation may support one another.

23. See O.W. Richardson, F.C. Brown, " The kinetic energy of the negative electrons emitted by hot bodies ", *PM*, [6] 16 (1908), 353-376. See also O.W. Richardson, " Thermionic phenomena and the laws which govern them ", Nobel Lecture, December 12, 1929 ; *Nobel Lectures ... Physics 1922-1941*, Amsterdam, London, New York, 1965, 224-236, 226-227. See also O.W. Richardson, " Glühelektroden ", in E. Marx (ed.), *Handbuch der Radiologie*, vol. IV (Leipzig, 1917), 445-602, on 517. See further O.W. Richardson, " The kinetic energy of the ions emitted by hot bodies - II ", *PM*, [6] 18 (1909), 681-695, 688, fig. 3, a diagram comparing the calculated and the observed velocity distribution. See also O.W. Richardson, " The electron theory of contact electromotive force and thermoelectricity ", *PM*, [6] 23 (1912), 263-278, 263-264.

24. Marcel Brillouin to H.A. Lorentz, 12 February 1901, *LTZ*.

25. M. Brillouin to H.A. Lorentz, 25 (28 ?) March 1901, *LTZ*.

26. See A. Sommerfeld, H. Bethe, " Elektronentheorie der Metalle ", in H. Geiger, K. Scheel (eds), *Handbuch der Physik*, 2nd ed., vol. 24, 2 (Berlin, 1933), 333-622, 334 ; Ch. Kittel, *Introduction to solid state physics*, 3rd ed. [1966], translated as *Einführung in die Festkörperphysik*, München, 1968, 258-259.

27. W. Wien, " Ueber die Energievertheilung im Emissionsspectrum eines schwarzen Körpers ", *AP*, 58 (1896), 662-669, 664.

28. P. Drude, *Lehrbuch der Optik*, Leipzig, 1900, preface.

Referring to Drude's electron gas theory, Lorentz was able to calculate emission and absorption of electromagnetic radiation due to free electrons in metals in 1903. He obtained an expression which — for long wavelengths — agreed with Planck's radiation law, which seemed to be experimentally confirmed[29]. Despite the problems, Riecke and Baedeker felt that this was an important success of electron gas theory[30]. Further investigations of — among others — Harold Albert Wilson, James Jeans, and Niels Bohr stabilized the result[31]. But with Bohr's dissertation, the *evaluation* changed. In 1911, Samuel Bruce McLaren finally demonstrated that calculating emission and absorption with help of the statistics of electron gas theory and aiming at the whole range of frequencies, inevitably yields the later so-called Rayleigh-Jeans law[32]. Contrary to experimental results, this law indicated that — in the words of Planck — there may be no equilibrium in the distribution of energy between radiation and matter[33].

When Lorentz restricted theory to a single carrier, instantly the electron gas theory of metals seemed to be unable to give account of the different signs of the Hall effect. Lorentz was quite aware of the situation. On the other hand, however, he always had the feeling that the assumption of different types of carriers would create other problems, for example, in the explanation of contact phenomena[34]. But Eduard Riecke marked the limitations very clearly. At the *Hauptversammlung der Deutschen Bunsengesellschaft* in Aachen, in 1909, he discussed the problems of electron gas theory : " I am now supposed to talk

29. H.A. Lorentz, " On the emission and absorption by metals of rays of heat of great wavelengths [1903] ", *LCP*, 3 (The Hague, 1936), 155-176

30. E. Riecke, " Über die Elektronentheorie des Galvanismus und der Wärme ", Vortrag gehalten auf der Versammlung deutscher Naturforscher in Meran, 25. September 1905, *JRE*, 3 (1906), 24-47, 47 ; K. Baedeker, *Die elektrischen Erscheinungen in metallischen Leitern*, Braunschweig, 1911, 135.

31. H.A. Wilson, " The electron theory of optical properties of metals ", *PM*, [6] 20 (1910), 835-844, 841-844 ; J.H. Jeans, " The motion of electrons in solids. Part I.- Electric conductivity, Kirchhoff's law and radiation of great wave-length ", *PM*, [6] 17 (1909), 773-794. In 1910 Jeans compared a theory of radiation, which depends on continuous motion and on equipartition of energy, with a quantum theory " to many still unthinkable ", which different from Planck assumes a system of vibrators with " definite multiples of a fixed unit of energy " and indivisible " atoms " of energy in the aether. See J.H. Jeans, " On non-newtonian mechanical systems, and Planck's theory of radiation ", *PM*, [6] 20 (1910), 943-954, 943, 953. See also N. Bohr, " Studier over metallernes elektrontheori [1911] ", translated by J. Rud Nielsen as " Studies on the electron theory of metals ", *BCW*, [291]-[393], [357]-[379].

32. S.B. McLaren, " The emission and absorption of energy by electrons ", *PM*, [6] 22 (1911), 66-83, 66-72. Although McLaren was inclined to abandon " classical dynamics " he was not " prepared " to accept " Einstein's atomism " for " radiation ". See S.B. McLaren, " The theory of radiation ", *PM*, [6] 25 (1913), 43-56, 44.

33. M. Planck to H.A. Lorentz, 1 April 1908, *LTZ* ; the letter is partly and with altered spelling published in : A. Hermann, *Frühgeschichte der Quantentheorie (1899-1913)*, Mosbach, 1969, 47-48. See also J.H. Jeans, " On the partition of energy between matter and aether ", *PM*, [6] 10 (1905), 91-97.

34. H.A. Lorentz, " Le mouvement des électrons dans les métaux ", reprinted in *LCP*, 3 (The Hague, 1936), 180-214, 180. See also reference 14.

about the Hall effect as well as the whole collection of strange phenomena discovered by Nernst and von Ettingshausen. However, with regard to these phenomena, the unitary theory fails ... Under these circumstances I restrict myself
to state that in the building of electron gas theory exists a crack which goes all
the way down to the foundation "[35].

The solution to the problems came with the idea of a degenerate electron
gas, with Sommerfeld's application of Fermi statistics in electron gas theory,
with Bloch's interaction of electron wave and non-ideal lattice as well as with
Heisenberg's theory of defect electrons.

In 1913[36] and 1914[37], Hermann Tetrode and Willem Hendrik Keesom calculated the energy distribution among acoustic vibrations in a volume of a gas,
or liquid, with help of the statistics implicit in Planck's radiation law as well
as in Einstein's and Debye's quantum theories of lattice vibrations. Thus, they
were able to explain the vanishing of specific heats for $T = 0$, which had been
stated earlier by Walther Nernst[38]. At the same time, this theory represented
the behavior of an ideal gas, which is " degenerate " [entartet] at " lowest "
[tiefste] temperatures. This " degeneracy behavior " seemed to occur in the
electron gas for considerably higher temperatures, due to the smaller masses of
electrons[39]. It was the first glimmer of hope in solving the notorious problem
of the small contributions of an electron gas to the specific heats of metals at
normal temperatures[40].

But the breakthrough occurred only with the development of new quantum
statistics in early 1926, by Enrico Fermi (and shortly afterwards by Dirac),

35. E. Riecke, " Die jetzigen Anschauungen über das Wesen des metallischen Zustandes
[Lecture...1908] ", PZ, 10 (1909), 508-518, 517. See also E. Riecke, " Elektronentheorie galvanis-
cher Eigenschaften der Metalle [1913] ", in E. Marx (ed.), Handbuch der Radiologie, vol. VI
(Leipzig, 1925), = Die Theorien der Radiologie, 281-494, 286, 431.

36. H. Tetrode, " Bemerkungen über den Energiegehalt einatomiger Gase und über die Quantentheorie für Flüssigkeiten ", PZ, 14 (1913), 212-215.

37. W.H. Keesom, " Über die Zustandsgleichung eines idealen einatomigen Gases nach der
Quantentheorie ", PZ, 14 (1913), 665-670.

38. W. Nernst, " Der Energieinhalt fester Stoffe ", AP, 36 (1911), 395-439, 435.

39. H. Tetrode, " Bemerkungen über den Energiegehalt einatomiger Gase und über die Quantentheorie für Flüssigkeiten ", PZ, 14 (1913), 212-215, 214. Tetrode did, however, not allow for a
complete analogy of an ideal gas with conduction electrons, ibid.

40. W.H. Keesom, " Zur Theorie der freien Elektronen in Metallen ", PZ, 14 (1913), 670-675,
671. Preliminary remarks were made during the Wolfskehl conference in Göttingen. See
D. Hilbert (ed.), Vorträge über die kinetische Theorie der Materie und der Elektrizität. Gehalten
auf Einladung...der Wolfskehlstiftung [1913]. = Mathematische Vorlesungen an der Universität
Göttingen, VI, Leipzig, Berlin, 1914, 193-196. See also W.H. Keesom to Lorentz, 29 April 1913,
LTZ ; W.H. Keesom to A. Sommerfeld, 29 April 1913, AHQP, Microf. 31,11 ; A. Einstein to
H.A. Lorentz, 2 August 1915, LTZ. Walter Schottky questioned Keesom's assumption of a concentration of one electron per hundred metal atoms. Schottky found it therefore difficult to restrict the
consideration of the " heat movement " to the electrons. See W. Schottky, " Bericht über thermische Elektronenemission ", JRE, 12 (1915), 147-205, on 188. For the " tentative character " see
also W. Nernst, Die theoretischen und experimentellen Grundlagen des neuen Wärmesatzes, Halle,
1918, 163-171. Cf. also R. Seeliger, " Elektronentheorie der Metalle [1921] ", EMW, 5, 2 (Leipzig,
1904-1922), 777-878, 867.

which obeyed Pauli's exclusion principle[41]. With Fermi statistics, there was an enormous acceleration of development. Stimulated by galley proofs of Pauli's paper on the paramagnetism of alkalis, Arnold Sommerfeld and the whole institute in Munich did research in electron gas theory of metals[42]. Based on Fermi statistics, Sommerfeld's revision of Lorentz's transport theory led to an improved version of the free electron gas theory. The results were mostly in better agreement with experimental data : This is true for the contribution of an electron gas to the specific heats of the conductors as well as for the expression of the Wiedemann-Franz law, and — though debatable on the grounds of experimental significance — for the thermionic phenomena. Therefore, Richardson and Sommerfeld agreed on a revised Richardson law[43] :

$$I_s = AT^2 e^{-\frac{W}{kT}}$$

I_s is again the thermionic current density ; A is a universal constant based on the mass and charge of the electron, on Planck's and Boltzmann's constants ; T is the absolute Temperature, e is the natural logarithmic base ; W denotes the electronic work function of the metal, and k is Boltzmann's constant.

Progress in the field of galvanomagnetic effects came also with Pauli's paper on the exclusion principle in 1925. This paper indicated that not only existent, but also, missing electrons in a shell may have a physical meaning. With regard to the number of energy levels, atoms with n electrons resemble those atoms which lack n electrons to complete a shell. Referring to the quantum numbers of missing electrons Pauli had a notion of " hole values ", of *Lückenwerte*[44]. In 1929, Rudolf Peierls, who was working with Heisenberg, adopted Pauli's idea. His paper indicated that, according to the occupation of the shells, one may expect negative or positive Hall coefficients[45]. In 1931 Heisenberg demonstrated that in a good approximation we can replace the solution of a Schrödinger equation for n electrons by the solution of a Schrödinger equation for $N - n$ " holes ", where N is the number of electrons

41. See L.H. Hoddeson, G. Baym, " The development of the quantum mechanical electron theory of metals : 1900-1928 ", *Proceedings of the Royal Society of London,* (1980), [A] 371 : 8-23, on 11-20.

42. See M. Eckert, " Propaganda in science : Sommerfeld and the spread of the electron theory of metals ", HSPS, 17 (1986), 191-233.

43. A. Sommerfeld, " Zur Elektronentheorie der Metalle ", *Die Naturwissenschaften*, 15 [N° 41, 14 October 1927] (1927), 825-832 ; " Zur Elektronentheorie der Metalle auf Grund der Fermischen Statistik ", ZSP, 47 (1928), 1-32, 43-46, especially 30-31 ; " Zur Elektronentheorie der Metalle ", *Die Naturwissenschaften*, 16 (1928), 374-381.

44. W. Pauli, " Über den Zusammenhang des Abschlusses der Elektronengruppen im Atom mit der Komplexstruktur der Spektren ", ZSP, 31 (1925), 765-783, 778-779.

45. R.E. Peierls, " Zur Theorie der galvanomagnetischen Effekte ", ZSP, 53 (1929), 255-266. Peierls remembered that this " first paper of any importance " was due to Heisenberg's qualitative understanding of the positive Hall effect in terms of " holes ". See interview with R.E. Peierls, 17 June 1963, conducted by John L. Heilbron, AHQP.

of a fully occupied shell. Thus he introduced the now well known concept of an electrical conduction which, in addition to material negative electrons, is carried by positive " holes " (Löcher). From this conduction mechanism immediately follows the anomalous Hall effect[46].

MEDIATING MACHINES

Until now, an attempt was made to analyze the first mathematically formulated microphysical theory of electrical properties of metals. Of great importance was the derivation of the Wiedemann-Franz law which connected the conductivities of metals for heat and for electricity. Closer to technology was a substantial extension of electron gas theory, namely the theory of thermionic emission. Soon, however, severe problems of electron gas theory of metals arose. Not only the inner consistency of the theory became doubtful, but also their concentration on the negatively charged electron as a unique carrier. Although Lorentz and Richardson were authoritative persons in early electron gas theory, they did not, like Sommerfeld and his school later[47], really dominate the field. The result was a long lasting dialogue with a complicated network of theoretical and experimental arguments gradually shifting towards criticism and even disillusion.

One reason for the debatable reputation of electron gas theory is that it was always very close to technology : Particularly important for the problematic standing of the theory was the fact that the feedback of its application in the new field of electron tubes was rather doubtful. As mentioned before, a constituent part of electron gas theory, namely the theory of thermionic emission, provided also one of the physical foundations of tube technology. Since the advent of electron tube rectifiers, and since the use of triodes as electron tube amplifiers and oscillators, physicists and electrical engineers established a material system mediating methodologically between the requirements of industry and the aim of science. Therefore, we need to discuss an approach to the social construction of scientific knowledge which Norton M. Wise labelled " Mediating Machines ". Looking at " Mediating Machines " Norton Wise wanted to bridge the enormous gap between societal context and scientific progress in a historically conceivable way. The more narrow scope of Norton Wise's " Mediating Machines " is, how material systems in real technology affected progress in science, or, how they selected options in scientific theory. His most interesting case study was William Thomson, who refuted Maxwell's

---

46. W. Heisenberg, " Zum Paulischen Ausschließungsprinzip ", *AP*, [5] 10 (1931), 888-904. Heisenberg's result was immediately translated into the language of band theory. *Cf.* H. Bethe, A. Sommerfeld, " Elektronentheorie der Metalle ", in H. Geiger, K. Scheel (eds), *Handbuch der Physik*, 2nd ed., vol. 24, 2 (Berlin, 1933), 333-622.

47. See M. Eckert, " Propaganda in science : Sommerfeld and the spread of the electron theory of metals ", *HSPS*, 17 (1986), 191-233.

electrodynamics on the grounds of his own technologically successful tele-graph theory, which was based on measurable properties, as opposed to the mere hypothesis of Maxwell's displacement current.

In the process of formation, the electron gas theory, already, depended cru-cially on the progress in technology. A fundamental problem was the origin of electrons in thermionic processes. Chemical reactions of the remaining gas in the vacuum tube, or in the filament, were also discussed as a possible source for emitted electrons[48]. In the meantime, due to the development of metal fil-ament lamps, new materials were available. Willis R. Whitney and Irving Langmuir of the General Electric Company supplied Richardson with " specimens of ductile tungsten "[49]. In 1913, with help from an improved vac-uum and especially by using the new ductile tungsten, which withstands very high temperatures and furnishes large thermionic currents, Richardson was able to rule out any chemical process as a source of thermionic currents. He felt that he had given an experimental proof that the electric current in metals is carried by electrons[50].

Another problem of an elaborated electron gas theory, which was sometimes rather polemically discussed between Richardson, Bohr, and Walter Schottky, was the precise definition of the thermionic work function W. One question was, whether the energy to liberate free electron gas from the lattice and the metal surface or rather the energy to liberate electrons bound to metal atoms should be considered as thermionic work function[51]. Bohr and Richardson also discussed the influence of a surface charge which may depend on the temper-ature. Obviously both the complex process of liberating an electron from an atom and the occurrence of a temperature dependent surface layer contradicted the assumption of a constant specific heat of the electrons in the metal. There-fore, these questions did in fact touch upon the validity of the basic picture of electrons evaporating from a hot liquid source[52]. In turn the knowledge of the

48. W. Schottky, " Bericht über thermische Elektronenemission ", JRE, 12 (1915), 147-205, 150-167.

49. See O.W. Richardson, " The emission of electrons from tungsten at high temperatures : an experimental proof that the electric current in metals is carried by electrons ", PM, [6] 26 (1913), 345-350, 350 ; O.W. Richardson, " Die Emission von Elektronen seitens des Wolframs bei hohen Temperaturen ; ein experimenteller Beweis dafür, daß der elektrische Strom in Metallen von Ele-ktronen getragen wird ", PZ, 14 (1913), 793-796. For the influence of the development of incan-descent light on the thermionic measurements see also O.W. Richardson, " The specific charge of the ions emitted by hot bodies - II ", PM, [6] 20 (1910), 545-559, 555. See also Thomas P. Hughes, Networks of power, Baltimore, London, 1983, 168-171.

50. See O.W. Richardson, " Thermionic phenomena and the laws which govern them ". Nobel Lecture, December 12, 1929 ; Nobel Lectures...Physics 1922-1941, Amsterdam, London, New York, 1965, 224-236, on 227. See also O.W. Richardson, " The emission of electrons from tung-sten at high temperatures : an experimental proof that the electric current in metals is carried by electrons ", PM, [6] 26 (1913), 345-350.

51. See N. Bohr to O.W. Richardson, 29 September 1915 ; O.W. Richardson to N. Bohr, 9 October 1915, BCW, [482]-[488]. See also W. Schottky, " Bericht über thermische Elektronenemission ", JRE, 12 (1915), 147-205, 170-185.

52. N. Bohr to O.W. Richardson, 15 October 1915, BCW, [489]-[491], on [489]. See also F. Alexander Lindemann to O.W. Richardson, 30 June 1915, RDN, R-000 753.

work function was particularly important in the application of electron gas theory in the technology of vacuum tubes.

A great number of physicists developing electron gas theory, in fact, had a deep and sincere interest in technical applications of physics and many of them were engaged in the subsequent application of the theory : In 1904, Lorentz gave a talk on his contribution to electron gas theory for the *Berliner Elektrotechnischer Verein*[53]. Fritz Haber, who advised the BASF company in the field of high pressure ammonia synthesis, conceived of the idea of an electron gas lattice. Walther Nernst (former assistant to Eduard Riecke), for whom pure and applied research were almost identical, tried to link together the new quantum theory of solid state and electron gas theory. His student Frederick A. Lindemann, later scientific adviser to Winston Churchill, conceived of a lattice of electrons moving in a separate lattice of metal atoms[54]. Therefore, it is not at all surprising that Nernst's student Robert von Lieben invented the first amplifier based on a grid controlled gas discharge tube. Nernst also invited Graf Arco, who was the chairman of the Telefunken Company, as well as Wilhelm Siemens, to assist a demonstration of the Lieben tube in his laboratory in Berlin-Dahlem. Nernst's initiative, together with that of Emil Rathenau and Eugen Nesper, led to the establishment of a joint laboratory of the AEG, Siemens and Telefunken companies developing the Lieben tube as a telephone amplifier since 1912.

At least since World War I, electron tubes were widely used in communication technology. The intensive co-operation of actors in electron theory and in the technology of electron tubes due to World War I is all too obvious. To this context belongs the work of Irving Langmuir in the US in 1915[55]. In 1916, the physicist Walter Schottky received the most important patent (DRP 300 617) for his triode with anode screen grid. During the war, Max von Laue worked with Willy Wien in Würzburg on developing electronic amplifying tubes for

53. H.A. Lorentz, " Ergebnisse und Probleme der Elektronentheorie [1904] ", *LCP*, 8 (1935), 76-124, 101.

54. See R. Seeliger, " Elektronentheorie der Metalle [1921] ", *EMW*, 5, 2 (Leipzig, 1904-1922), 777-878, 864-865. See also W. Nernst, " Untersuchungen über die spezifische Wärme bei tiefen Temperaturen. III ", *SB* (1911), 306-315, on 311-315 ; F.A. Lindemann, " Untersuchungen über die spezifische Wärme bei tiefen Temperaturen. IV. ", *SB* (1911), 316-321, on 318-319. For the lack of experimental evidence see E. Riecke, " Elektronentheorie galvanischer Eigenschaften der Metalle [1913] ", in E. Marx (ed.), *Handbuch der Radiologie*, vol. VI (Leipzig, 1925), = *Die Theorien der Radiologie*, 281-494. In a paragraph on the lattice theories of metallic conduction the article's editor M. von Laue stated that the electron space-lattice obviously does not make x-ray diffraction. *Idem*, 491-494. F.A. Lindemann had calculated the (small) specific heat of the electron space-lattice in order to remove the " chief stumbling-block of the old [electron gas] theory ". See F.A. Lindemann, " Note on the theory of the metallic state ", *PM*, [6] 29 (1915), 127-140. Additional support for his electron space-lattice theory Lindemann found in the " very large latent heat of emission " of electrons from tungsten which " seems to preclude the idea that the free electrons form a gas inside the metal ". See F.A. Lindemann to O.W. Richardson, 30 June 1915, *RDN*, R-000 753.

55. I. Langmuir, " The pure electron discharge and its applications in radio telegraph and telephony [1915] ", *The collected works*, vol. 3 (Oxford and elsewhere, 1961), 38-58.

improving the army's communication techniques[56]. Owen W. Richardson, then at the University of London, King's College, held very close contact to the Signal School of the Admiralty at Portsmouth[57]. Hendrik Antoon Lorentz was in contact with Gilles Holst and Ekko Oosterhuis of the Philips company at Eindhoven, who dealt with vacuum tubes for wireless telegraphy[58]. Interesting in this context may be that Lorentz stimulated John Ambrose Fleming, who was extremely important for the development of wireless telegraphy and of the vacuum tubes, to repeat the Tolman-Stewart experiment on the inertia of metal electrons in London[59].

THE INTERPLAY OF SCIENCE AND TECHNOLOGY

Electrical engineers, however, were not always prepared to take advantage of a full grown electron gas theory of thermionic emission. Hans Rukop, who was head of development of electron tubes of the Telefunken company and later, in 1927 changed to " technical " physics as a professor at University of Cologne[60], complained how an " antiphysical spirit " among electrical engineers hindered the fast transformation of the patents of Lee de Forest and Robert von Lieben into industrial products[61]. According to Rukop, it was only after the publication of the clarifying papers of Irving Langmuir and Saul Dushman that electron gas theory lost its deterrent image for engineers.

On the other hand, technology apparently did not depend on the best physical theory available. Electronics engineers in practice were concerned with a whole variety of crude technology problems, such as vacuum pumps, sealing, and filament materials. What eventually counted in communication technology, was an improvement of the tube's properties, namely greater bandwidth, higher

56. See A. Hermann, " Max von Laue ", in C.C. Gillispie (ed.), *DSB*, 8 (New York, 1973), 50-53, 51. See also M. von Laue, " Über die Wirkungsweise der Verstärkerröhren ", *AP*, 59 (1919), 465-492. For the stimulation by the war see also *Das deutsche Telegraphen-, Fernsprech- und Funkwesen 1899-1924* with a supplement *Die deutsche Telegraphie im Weltkrieg* ([Amtliche Denkschrift der Reichspost] Berlin, 1925), 7, [supplement] 26, 36-37.

57. See the notification of " vacancies for physicists and engineers " whose " research work [in one case] should preferably have been in the direction of some branch of the modern electron theory of matter... ", E. Watson to Owen W. Richardson, 14 June 1918, *RDN*, R-000 529.

58. See E. Oosterhuis and G. Holst to H.A. Lorentz, 13 June 1918, *LTZ*. See also H.A. Lorentz, " Physics in the new and the old world [1926] ", *LCP*, 8 (The Hague, 1935), 405-417, 409. See also " Positive and negative electricity [1920] ", *idem*, 48-75, on 63-66, 71 ; " Application de la théorie des électrons aux propriétés des métaux [Solvay lecture, 1924] ", *idem*, 263-306, 282-283 ; " The motion of electricity in metals [1925] ", *idem*, 307-332, 312-316.

59. J. Ambrose Fleming to H.A. Lorentz, 1 December 1925, 22 January 1926, and 4 February 1926, *LTZ*.

60. *25 Jahre Telefunken, Festschrift der Telefunken-Gesellschaft (für drahtlose Telegraphie)*, Berlin, 1928, 112 ; Rukop was also a co-founder of the *Deutsche Gesellschaft für technische Physik* in 1919, which was a response to the somewhat mislead (*mißgeleitete*) behaviour of pure physicists towards industrial physicists, Hoffmann/Swinne, 43, 60.

61. H. Rukop, " *Die Telefunkenröhren und ihre Geschichte* ", *25 Jahre Telefunken, Festschrift der Telefunken-Gesellschaft (für drahtlose Telegraphie)*, Berlin, 1928, 114-154, 115.

frequencies, better uniformity, more reproducibility, enhanced reliability, longer life, and lower power consumption[62].

After the first World War, for example, the technology of oxide cathodes, which furnished very high saturation currents, had became mature. This caused, as Schottky remembered in his *Erlangen Lectures* on Semiconductors, a severe break in the theory of thermionic emission. Instead of dealing with those pure metals (*saubere Metalle*) with their thermodynamically definite emission of electrons, physicists now struggled with materials having strange caprices (*merkwürdige Launen*) and highly variable properties[63]. According to Schottky, theory needed to include a whole variety of structural properties of the solid state of matter. As solid state physics around 1915 was far from being able to meet those requirements, theoretical physics lost much of its influence in technology. Physicists could, for example, continuously modify the theory of thermionic emission[64] without apparently affecting the evolving technology of vacuum tubes.

Hans Rukop explained, for example, how a practical approach to vacuum tube efficiency in technology referred simply to the ratio of electron emission and power consumption and thus omitted the temperature and the basic constant of the Richardson equation. Only a discussion of the durability of tubes included the temperature of the filament[65]. Later, Arnold Sommerfeld and Hans Bethe emphasized that the new quantum theory did only slightly alter the theory of electron emission from metals[66]. Moreover : Sommerfeld, Bethe[67], and Hume-Rothery[68] pointed out that due to the predominant exponential term ($e^{-W/kT}$, where k is the Boltzmann constant) the original Richardson equation with a factor of $(kT)^{1/2}$ was experimentally almost indistinguishable from the physically sophisticated versions, as promulgated by Dushman, Schottky, and von Laue, with a factor of $(kT)^2$. The latter versions were derived from the equilibrium of an interior electron gas — with vanishing specific heat — and an electron gas outside the metal. The application of Fermi statistics on the metal electrons only added another constant factor. The velocity distribution outside the metal still proved to be (in a good approximation) in agreement

62. Blumtritt, Ms. 4 ; F.M. Smits (ed.), *History of Engineering & Science in the Bell System, Electronic Technology (1925-1975)*, 133-136 ; M.D. Fagen (ed.), *History of Engineering & Science in the Bell System, The Early Years (1875-1925)*, 363-364.

63. W. Schottky, " *Erlanger Halbleitervorlesungen* ", I. Teil, " *Elektronentheorie*, September/ Dezember 1947 an der Universität Erlangen ", *Schottky Papers*, Microfilm, Reel N° 4, Lehrstuhl für Geschichte der Technik der RWTH Aachen.

64. W. Schottky, H. Rothe, " Physik der Glühelektroden ", *Handbuch der Experimentalphysik*, Hrsg. von W. Wien, F. Harms, Bd. 13, 2. Teil (Leipzig, 1928), 1-281, 6.

65. H. Rukop, *loc. cit.*, 127-128.

66. A. Sommerfeld, H. Bethe, " Elektronentheorie der Metalle ", in H. Geiger, K. Scheel (eds), *Handbuch der Physik*, 2nd ed., vol. 24, 2 (Berlin, 1933), 333-622, 432.

67. A. Sommerfeld, H. Bethe, *loc. cit.*, 350-351.

68. W. Hume-Rothery, *The Metallic State, Electrical Properties and Theories*, Oxford, 1931, 140.

with the Maxwell distribution function[69]. Essentially, Richardson's original electron vapor theory of thermionic emission remained valid. Heinrich Barkhausen, in his most influential textbook on vacuum tubes, virtually refrained from consistently updating his introduction to thermionic emission theory. As late as 1945 he restricted himself to the assertion that the " new " approach of Fermi, Pauli, and Sommerfeld furnishes identical results in applied science[70]. However, in retrospect, quantum theory mattered. Discarding a continuous refinement of valve theory by including the alleged second order effects in physics, was in the long run the main obstacle for progress in valve design, especially with regard to the limited current densities available[71].

Heinrich Barkhausen, as a communication engineering professor at Dresden, felt that he was right in doing so, because it was not the realm of the " physical " saturation current but the " technical " space charge current which was decisive for the characteristic curves and thus for the operation of thermionic tubes[72]. Indeed, scientists working close to application, primarily needed to understand how a complicated flow of electrons through the space of the tube influenced the primary electric field and consequently the characteristic curves. Explaining characteristic curves on the basis of potential theory, however, was an enormous difficulty for the formulation of a mathematically coherent theory[73]. An approximate solution to the problem came with the model of space charges, that is, assuming negative charges at rest as equivalent to a steady flow of electrons with a concentration of charges near the cathode. Using Poisson's equation for the field of these alleged space charges Irving Langmuir (and independently — but starting with finite initial velocity — Walther Schottky[74]) calculated the decrease of emission for electrodes of various shapes, as compared with an uncorrected application of Richardson's equation[75]. Thus the maximum current i that can be carried through the space

69. A. Sommerfeld, H. Bethe, " Elektronentheorie der Metalle ", in H. Geiger, K. Scheel (eds), *Handbuch der Physik*, 2nd ed., vol. 24, 2 (Berlin, 1933), 333-622, 352.

70. H. Barkhausen, *Lehrbuch der Elektronen-Röhren und ihrer technischen Anwendungen*, Bd. 1 : *Allgemeine Grundlagen*, completely revised 5th edition, Leipzig, 1945, 24 ; H. Barkhausen, *Lehrbuch der Elektronenröhren und ihrer technischen Anwendungen*, Bd. 1 : *Allgemeine Grundlagen*, 9th edition, revised by E.-G. Woschni, Leipzig, 1960, 24 ; Cf. also H. Barkhausen, *Elektronen-Röhren*, 1. Band : *Elektronentheoretische Grundlagen*, *Verstärker*, 3rd edition, Leipzig, 1926, 14.

71. A.H. Beck, *Thermionic Valves. Their Theory and Design*, Cambridge , 1953, 5.

72. H. Barkhausen, *Lehrbuch der Elektronenröhren und ihrer technischen Anwendungen*, Bd. 1 : *Allgemeine Grundlagen*, 9th edition, revised by E.-G. Woschni, Leipzig, 1960, 46-69.

73. M. von Laue, " Über die Wirkungsweise der Verstärkerröhren ", *AP*, 59 (1919), 465-492.

74. W. Schottky, " Bericht über Wirkungsweise der Verstärkerröhren ", *AP*, 59 (1919), 465-492 ; W. Wien, F. Harms (eds), *Handbuch der Experimentalphysik*, Bd. 13, 2. Teil (Leipzig, 1928), 246.

75. W. Schottky, " Bericht über thermische Elektronenemission ", *JRE*, 12 (1915), 147-205, 196-200.

of a tube[76] — if V is the potential difference between cathode and anode —
was :

$$i \approx V^{\frac{3}{2}}$$

Barkhausen, in his most influential textbook entitled *Lehrbuch der Elektronenröhren und ihrer technischen Anwendung*, virtually inverted the physicist's view. Based on a representation of characteristic curves of a diode, which
utilized a logarithmic plot for the anode current (as a function of the potential),
he demonstrated, — and he glaringly overemphasized with this diagram —
how a physical view[77] stresses the role of residual current and especially saturation current and thus leaves space charge current as an intermediate part of
the curve, or as a sort of minor correction. " Practically " — in his own
words — " it is, however, precisely the other way round : In the majority of
applications the only interesting thing is the part of the curve related to space
charge. Residual current and saturation current furnish certain constraints, but
as such they are of no further interest "[78]. It is amazing, how Barkhausen —
though responding to professional needs — performed a perfect gestalt switch,
as if it was designed to prove Kuhn's theory of changing paradigms.

Consequently, in the comprehensive theory in Heinrich Barkhausen's text
book, thermionic emission appears as a " perturbation " of the predominant
" first order " space charge theory. Seen from the perspective of Schottky's
work, Barkhausen clearly acts here as an engineering scientist, reformulating
theory solely with regard to applicability and thus downgrading theory, and,
therefore, leaving forefront basic science[79]. This distance to forefront basic science is even more expressed in Hendrik Johannes Van der Bijl's work on vacuum tubes. The Bell Historians tell us that — notwithstanding his important
contributions — he was " largely responsible for analyzing tube performance
in terms of simple parameters [among others an amplification constant μ,
equivalent to $1/D$, where D is the German *Durchgriff*[80]] and establishing techniques for designing circuits with performance predictable from these parameters. This work ... culminated in the 1920 book, *The Thermionic Vacuum Tube*

76. P.W. Bridgeman, " Some of the Physical Aspects of the Work of Langmuir ", *The Collected Works of Irving Langmuir*, vol. 12, Oxford, London, New York, Paris, 1962, 433-457, 438.

77. W. Schottky, H. Rothe, " Physik der Glühelektroden ", in W. Wien, F. Harms (eds), *Handbuch der Experimentalphysik*, vol. 13, Part 2 (Leipzig, 1928), 3-284, especially 231-233.

78. H. Barkhausen, *Lehrbuch der Elektronenröhren und ihrer technischen Anwendungen*, Bd.
1 : *Allgemeine Grundlagen*, 9th edition, revised by E.-G. Woschni, Leipzig, 1960, 46. The same
reasoning is in : H. Rothe, W. Kleen, *Grundlagen und Kennlinien der Elektronenröhren.* =
Bücherei der Hochfrequenztechnik, 3rd ed., Bd. 2 (Leipzig, 1948), 1-2.

79. Another example is M. Pupin who successfully reformulated O. Heaviside's theory of long
distance telephonie, stressing the benefits of an increased inductivity of the cables.

80. W. Wien, F. Harms (eds), *Handbuch der Experimentalphysik*, Bd. 13, 2. Teil (Leipzig,
1928), 347.

and Its Applications, which guided designers for many years "[81]. In order to achieve undistorted amplification with triodes, electronics engineers actually strove for very much pointed, but, physically, rather awkward characteristic curves which consisted only of linear parts featuring a very steep linear ascent in the vicinity of the operating point[82].

At the same time, the specific engineering problems of communication technology became increasingly complicated. With regard to the evolving complexity of circuitry for radio transmitters, the approach to multi-electrode tube operation changed again. Of pre-eminent technical importance was, for example, the stability of oscillations if a triode is utilized in any feedback oscillator circuit. Typical is here Balthasar van der Pol's research, which he performed in the Philips Nat. Lab. (*Natuurkundig Laboratorium*) in the early twenties. Far away from a theoretically predictable characteristic, Balthasar van der Pol, who later moved into the direction of fundamental radio research, started with the empirically measured oscillation characteristic which depicted the anode current as a function of the anode potential. Then he fitted a function containing power series to the measured curve. Furthermore, he expanded this expression for the anode current into a MacLaurin series which then entered into the differential equation of the circuit and finally lead to a mathematical representation of the oscillation operation of the circuit[83]. Full blown electrical engineering — in " tube art " — came in the thirties, with the extensive use of electrical models, the so-called equivalent circuits. Thus, electrical engineers tried to master, for example, the interplay of the tube's components in very high frequency applications[84].

Therefore, the interplay of physics and technology clearly functioned as a limiting factor for the single researcher in electron (gas) theory. Fascinating is, for example, how, during the war, in a strange reversal of arguments, British General Electric Engineers plead for a thorough understanding of the oscillation mechanisms of resonant cavity magnetrons, whereas University of Birmingham Physicists Randall and Boot were extremely anxious not to alter deliberately a functioning high power radar transmission tube[85]. It was only after extensive use of empirical design procedures that theoretical investigation

81. M.D. Fagen (ed.), *History of Engineering & Science in the Bell System, The Early Years (1875-1925)*, 262.

82. *Cf.* for example F. Moeller, *Die Dreielektrodenröhre und ihre Anwendung*, Berlin, 1934, 51.

83. B. van der Pol, *Selected Scientific Papers*, in H. Bremmer, C.J. Bouwkamp (eds), Amsterdam, 1960, *cf.* vol. I, [230], [238], [260f.], [281]-[297], 2 vols ; H. Barkhausen, *Lehrbuch der Elektronenröhren*, 3. Band, Rückkopplung, 8th edition, revised by E.-G. Woschni with help of unpublished papers of Barkhausen, Leipzig, 1960, 62-69, here a graphical discussion, which is so typical for electrical engineering.

84. F.M. Smits (ed.), *History of Engineering & Science in the Bell System, Electronic Technology (1925-1975)*, 139-141.

85. C.C. Paterson, " The High Power Pulsed Magnetron ", *Notes on the Contribution of G.E.C. Research Laboratories to the Initial Development, Confidential Report*, 30th August, 1945, Report N° 8717, 8 pages, EGBN, E. George Bowen Papers, Cambridge, Churchill College, Archives, 4.

of the operating mechanism of magnetrons became important in suggesting ideas for new devices, or for an improvement of existing devices. As analytical methods of calculating electron trajectories in magnetrons were unsuccessful[86], the promising approach was an approximate calculation by numerical methods[87]. But theoretical analysis remained difficult. As a consequence of the absence of a wholly satisfactory theory of magnetron operation, in designing new devices electrical engineers, around 1960, still made considerable use of scaling laws, as established jointly during the Second World War by J.C. Slater and by the Bell Laboratories[88].

The biography of Irving Langmuir may be another good example here. Langmuir received a Bachelor of Science degree in metallurgical engineering from Columbia University. As a student of Walther Nernst he also earned a doctorate in physical chemistry from the University of Göttingen. Working under Willis R. Whitney in the laboratories of General Electric, Langmuir became a renowned industrial researcher and a celebrated Nobel Prize winner. He was perfect in elaborating experimentally and mathematically the field of electron emission from hot bodies. As a physicist, however, he remained in the realm of classical physics. According to the analysis of Percy W. Bridgeman and Leonard S. Reich, Langmuir only relied on those theoretical tools in physics which at the time were applicable in technology, for example, the easily conceivable material models of interaction of electrons, atoms, and molecules. Therefore, he did not contribute to the creation of new structures of thought in physics and chemistry, such as wave mechanics or theory of relativity. This was a price he willingly paid for his success as an industrial researcher[89].

The most telling citation, however, comes from Maximilian J.O. Strutt. Around 1940, Strutt worked with Gilles Holst and Ekko Oosterhuis in the Philips Company in Eindhoven. Later, he was — similar to Hans Rukop — appointed a " Professor " and " Direktor " of the Institute for Advanced Electrical Engineering [*Institut für Höhere Elektrotechnik*] at the Swiss Federal

86. See e. g. L. Brillouin, " Theory of the magnetron ", *Physical Review*, 60 (1941), 385-396 ; 62 (1942), 166-177.

87. Most important was Hartree's method of self-consistent fields. This method starts with an — ideally good — initial estimate of the electric field in the interaction space of the tube and with the consequent calculation of electron trajectories and of a space-charge distribution. In an iterative procedure electric field, electron trajectories and space-charge distributions are re-calculated until the electric field derived from the electron trajectories is the same as the field in which the trajectories were calculated. *Cf.* C.G. Lehr, I. Silberman, J.W. Lotus, " Electron trajectories in a magnetron ", *Microwave Tubes, Record of the International Congress on Microwave Tubes, Munich...1960*, " Nachrichtentechnische Fachberichte ", *Beihefte der Nachrichtentechnischen Zeitschrift* (NTZ), 22 (1961), 195-198.

88. G.D. Sims, I.M. Stephenson, *Microwave Tubes and Semiconductor Devices*, London, Glasgow, 1963, 198-218.

89. L.S. Reich, " Edison, Coolidge, and Langmuir : Evolving Approaches to American Industrial Research ", *Journal of Economic History*, 47, N° 2 (1987), 341-351, 349 ; P.W. Bridgeman, " Some of the Physical Aspects of the Work of Langmuir ", *The Collected Works of Irving Langmuir*, vol. 12, Oxford, London, New York, Paris, 1962, 433-457, 433-434.

Institute of Technolgy [ETH, *Eidgenössische Technische Hochschule*] in Zürich. Publishing now the completely revised version of his former — so to speak — Philips textbook, he felt great relief : " As the author is now for several years free of any industry affiliation constraints, he is able to treat tubes " unprejudiced " [*unvoreingenommen*, in the original German text] and without " censorship " [*Zensur*]. Therefore, for example, properties of tubes, or perturbing effects, to which books, influenced by industry, do not, or not sufficiently pay attention, are here treated extensively ". Indeed, Strutt mentioned the approximation of the velocity distribution of thermionic emission with help from the Maxwellian distribution function[90]. Among the basics he ranged the wave properties of the electron. With this quantum theory of matter he sought to explain some marked maxima in the angular distribution of secondary electrons emitted from crystal surfaces[91], similar to the low energy electron refraction experiments of Clinton Davisson and Lester Germer (which in turn had been stimulated by vacuum tube research in the Bell Laboratories, specifically electron emission from a clean metal surface under ultrahigh vacuum[92]). Therefore, in order to give a comprehensive explanation of fluctuation processes in the valve, Strutt made recourse to a detailed analysis of all physically relevant parts of the diode characteristic[93].

Walter Schottky may have been the actual exception in bridging the gap between basic forefront science and technology. He was a graduate student of Max Planck, he became a professor for theoretical physics at the University of Rostock, and finally, he was an outstanding industrial researcher at the Siemens company. He was perhaps the only scientist who was able to merge clarifying work on technical problems of electron tubes, considerable progress in related fields in pure science, as well as a comprehensive scholarship in modern physics. His above mentioned calculations on the influence of space charges on thermionic emission, resulting — as was mentioned earlier — in the equation $i \approx V^{3/2}$ (where i is the current between the electrodes due to the space charge and V the potential difference), the patent for his triode with

90. M.J.O. Strutt, *Elektronenröhren.* = *Lehrbuch der Drahtlosen Nachrichtentechnik*, Hrsg. von Nicolai v. Korshenewsky and Wilhelm T. Runge, Bd. 3, Berlin, Göttingen, Heidelberg, 1957, 22-23.

91. *Idem*, 12-16, 32.

92. *Cf.* in particular : A. Russo, " Fundamental research at Bell Laboratories : The discovery of electron diffraction ", *HSPS*, 12 (1981), 117-60 ; S. Millman (ed.), *History of Engineering & Science in the Bell System, Physical Sciences*, 113 ; Davisson published on the problem of residual current in valve physics, C. Davisson, *Phys. Rev.,* 25 (1925), 808, and Germer published on velocity distribution of thermionic emission electrons, L.H. Germer, *Phys. Rev.,* 25 (1925), 795, cited in : W. Schottky, H. Rothe, " Physik der Glühelektroden ", in W. Wien, F. Harms (eds), *Handbuch der Experimentalphysik*, Bd. 13, 2. Teil (Leipzig, 1928), 1-281, especially on 239, 241. C.J. Davisson working with the Bell Labs in the mid-1920s analyzed the focusing of electrons in electron guns, later he built a large picure tube for TV transmission experiments, in : F.M. Smits (ed.), *History of Engineering & Science in the Bell System, Electronic Technology (1925-1975)*, 144-145.

93. M.J.O. Strutt, *Elektronenröhren, op. cit.*, 107-142, 251-285.

anode screen grid as well as his pioneer paper on fluctuation processes of electron emission, the so-called shot effect (*Schroteffekt*), linked both worlds together. Most impressive may be the shot effect which, first of all, was science. In science it furnished an independent and very precise measuring method for the elementary charge[94]. On the other hand, the shot effect was transferred as such from a theoretical investigation into the calculation of signal-to-noise ratios describing an upper limit to useful amplification with help of tubes[95]. But in the historical fine structure of Schottky's physical work there are also clear indications of a feedback of his work in applied science into pure science. As mentioned before, applied physicists needed to understand the predominant influence of space charges on the characteristic curves. For reasons of technical applicability, with his celebrated calculation of the space charge current, Schottky detoured in a way the complicated and evolving theory of thermionic emission.

Therefore, in 1919, Schottky instigated a bitter argument with Max von Laue on his (Schottky's) straightforward application of the Clausius-Clapeyron equation (which was derived for the vapor pressure building up above a liquid) on a thermionic electron vapor (emitted from a hot metal surface). Responding to von Laue's criticism, Schottky had the ironic notion of being an open-hearted thermionic engineer (*Glühstromtechniker*) as opposed to the physicist Max von Laue, with his more rigid approach of pure science[96]. Restricting the validity to small concentrations of electrons and to a vanishing electrical interaction with neighboring electrons, Schottky stuck to his use of the Clausius-Clapeyron equation for practical purposes[97]. In his reply to Sommerfeld's breakthrough in the application of Fermi statistics, Schottky was very outspoken when he claimed that, though he believed in the value of quantum mechanics for metal electrons, the only important theoretical structure, which had consequences in practice, was the Maxwellian distribution function approximation (*Maxwellscher Schwanz*) for fast electrons, — " certainly " in the case of thermionic emission electrons, but most likely also in the case of metal electrons[98]. In his contribution to the Handbuch der Experimentalphysik, he labelled Fermi statistics a " special " assumption which linked electrons in the state of an ideal gas outside the metal and quantum states of bound electrons.

94. W. Schottky, H. Rothe, " Physik der Glühelektroden ", in W. Wien, F. Harms (eds), *Handbuch der Experimentalphysik*, Bd. 13, 2. Teil (Leipzig, 1928), 1-281, especially 270-276.

95. W.C. Elmore, M. Sands, *Electronics Experimental Techniques*, New York, Toronto, London, 1949, 148-156.

96. M. Von Laue to W. Schottky, 4 October 1919, in : *Schottky Papers*, Microfilm, Reel N° 1, Lehrstuhl für Geschichte der Technik der RWTH Aachen.

97. W. Schottky, H. Rothe : " Physik der Glühelektroden ", in W. Wien, F. Harms (eds), *Handbuch der Experimentalphysik*, Bd. 13, 2. Teil (Leipzig, 1928), 1-281, especially 35-37.

98. W. Schottky to Sommerfeld, 11 May 1928, in : *AHQP*, Microfilm N° 34, Sect. 1. *Cf.* also M. von Laue, " Läßt sich die Clausius-Clapeyronsche Gleichung auf die Glühelektronen anwenden ? ", *Physikalische Zeitschrift*, XX (1919), 202-203.

Therefore, he distinguished the domain of Fermi statistics from the absolutely separate phenomena of electron emission (in both weak and strong) fields, external electron density, and of contact potentials[99]. It fits well into this picture that, as late as in 1940, he excused the lack of competence in special problems of solid state physics with his limited mastery of wave mechanics[100].

Unlike Lord Kelvin — if we resume Norton Wise's discussion on "mediating machines" — Schottky had, certainly, no aversion to modern physics. Nevertheless, his scientific truth was sometimes very close to Baconian utility. It was quite different from Sommerfeld's exhaustive use of the best tools[101] available. Furthermore, it was far away from the debate on the essentials of quantum physics.

CONCLUSION

During the process of extension and of application electron gas theory of metals lost the unique and simple structure of the kinetic theory of ideal gases, which was so promising at the beginning. Even worse : the standing of electron gas theory may have been continuously affected by its applicability. Some years ago — to have a short look into contemporary history — semi-classical electron gas theory along with computer simulation functioned as a tool for electrical engineers to create impressive landscapes of calculated equipotential lines, of lines of equivalent carrier densities, and even lines of equivalent carrier temperatures in semiconductor devices[102]. This is different from the application of, for example, Maxwell's electrodynamics, which, without fundamental alteration (that is, loaded only with boundary conditions), confirmed its truth in wireless telegraphy. This is also different from the Theory of Special Relativity, which as such proved its practical utility during the evolving technology of the new particle accelerators.

99. W. Schottky, H. Rothe, " Physik der Glühelektroden ", in W. Wien, F. Harms (eds), *Handbuch der Experimentalphysik*, Bd. 13, 2. Teil (Leipzig, 1928), 1-281, especially on 61.

100. Letter of W. Schottky to H. Welker, 16 February 1940, in : Nachlass Heinrich Welker, Deutsches Museum München, " Chronologischer Briefwechsel ".

101. Interview with H. Bethe, 17 January 1964, conducted by Thomas S. Kuhn, Transcription in *AHQP*, Ms A 4:5, 11-12.

102. R. Thoma, *Entwicklung eines hydrodynamischen Gleichungssystems zur Beschreibung von Halbleiterbauelementen*, Diss. (Dr.-Ing.), RWTH Aachen, 1991, 58-62.

ABBREVIATIONS USED IN THE REFERENCES :

AHQP : (*Archive for History of Quantum Physics*, University of California, Berkeley, and elsewhere)
AP : (*Annalen der Physik*)
BCW : (N. Bohr, *Collected Works*, Vol. 1, Amsterdam, New York, 1972
BSC : (*Bohr Scientific Correspondence*)
EMW : (F. Klein (ed.), *Encyklopädie der mathematischen Wissenschaften*)
HSPS : (*Historical Studies in the Physical Sciences*)
JRE : (*Jahrbuch der Radioaktivität und Elektronik*)
LCP : (H.A. Lorentz, *Collected Papers*, The Hague, 1934-1939, 9 Vols)
LTZ : (H.A. Lorentz, *Correspondence, Algemeen Rijksarchief*, Den Haag, Microfilm at the Office for History of Science (OHST) at the UC, Berkeley)
PM : (*The Philosophical Magazine...*)
PZ : (*Physikalische Zeitschrift*), RDN (The University of Texas [Austin] Richardson Collection, Microfilm at the OHST)
SB : (*Sitzungsberichte der Königlich Preussischen Akademie der Wissenschaften*, Berlin)
ZPC : (*Zeitschrift für Physikalische Chemie*)
ZSP : (*Zeitschrift für Physik*)

TEACHING THE HISTORY OF ATOMIC PHYSICS AND ATOMIC WEAPONS

Alexander G. KELLER

Few fundamental advances in science have been put to work as rapidly and as dramatically in a new technology, as the discovery of nuclear fission. This technology took the form of a military device capable of mass destruction on a scale unparalleled : yet it also promised a quick solution to the energy problems of contemporary industry. The economic effects were therefore expected to be enormous-indeed quite incomparable to anything that had gone before. Both military and civilian technologies affected the international political order so as to overshadow the long struggle between liberal and capitalist states on the one hand, and the Communist states, a conflict which came to be known as the Cold war and lasted until the 1990s. If the threats and promises have now become somewhat muted, the political history of humanity over the past half century can not be disengaged from the history of atomic power and atomic weapons. So the whole story, in its various ramifications, seems ideal for a course in the history of science which is to take one central theme. Of course, that is far from the whole story of twentieth century physics. But this particular branch of science, once regarded as too abstruse for all but the most enthusiastic lay persons, has in consequence of these events become the main icon of modern science in the eyes of much of the public. Certainly that is so if we think of basic science applied to specific technologies ; and the applications of these to the most public concerns, power in the political and the economic sense.

What after all are the aims of a History of Science university course ? If intended for science or engineering students, then surely to give them a sense of the social context in which scientific knowledge grows, and bears fruit, as Leonardo da Vinci himself put it, and is used by those not directly involved in the discovery of the facts of nature, out of intellectual curiosity. Engineers in particular seek knowledge for its use in their work. For them this story is clearer than most ; the boundaries are set — we know what is atomic science at any given moment and we know how processes and artefacts were developed to bridge the space between theoretical concept and unprecedented weapon. Indeed one striking aspect of the story is the way that scientists who had concerned themselves with fundamental questions of physics — of the basic components with which the universe is made, and what holds those components together — were yet able to turn themselves into technologists, with remarkable ease.

Although some members of our Physics department at Leicester University are interested in the history of their science, this subject is not taught to their students. Indeed although the course can be taken as part of the History of Science element in a Combined Science course, most of those who take this route are students of psychology ; whereas physicists and engineers are regrettably absent.

Instead the course is taught primarily to History students ; and is specially attractive to those taking a joint degree in History and Politics. For them, I hope it may help to familiarise them with the process of scientific thinking and technological research so as to give them some appreciation of the functions science performs in the modern world. At least they should gain an inkling of the those same basic building blocks of the universe ; they should learn what neutrons are, and the difference between U 238 and U 235 … and what is meant by radioactivity — and the problems of fall-out… They will then see how science enters into our understanding of our world, and of our place in it. As well, they should grasp at least in general terms how discovery can be applied to industrial processes and have some idea of the hardware that comes out of them. They can see how warfare has been altered by these inventions. Likewise, international political relations could never be the same after the bomb fell on Hiroshima. Perhaps indeed such a course should be more widely available to those studying the social sciences. But as it is, the course has enjoyed a growing popularity over the years.

The course has been taught at Leicester since the mid 1980s. In those days Ronald Reagan was at the White House and if the first seedlings of perestroika were already showing their heads above the surface in the USSR, it was not apparent that the Cold War would shortly come to an end, so that the escalation of nuclear weaponry would actually go into reverse. Therefore I decided that we should end with the first treaty which put some brake on the further development of nuclear armoury, or at least blocked one of the routes along which development might proceed ; that is the first SALT Treaty of 1972.

We would begin well before the point at which the extensive literature on the subject of atomic weapons usually opens, indeed long before the actual discovery of nuclear fission in 1938-1939. Mainly that was because I wanted to remove the air of mystery which envelopes this story's origins, for that suggests a sudden, almost magical bolt from the blue, and turns the discoverers into modern wizards. Instead we take the story back to the end of the 19th century, from the discovery of X-rays followed by radioactivity, thence to Ruther-ford and the nucleus, the Bohr atom, and the neutron — of course in simplified outlines without, going into much technical detail. On the other hand, I also wanted to counteract the famous remark attributed to Oppenheimer (famous but perhaps apocryphal), that " the scientists have known sin ". That is why we begin with the association between the development of scientific chemistry and the emergence of ever more destructive explosives, going right back to the 1840s (and almost continuous thereafter)... not forgetting the use of toxic gases in the 1st World War, and of incendiary devices in assault from the air. Let me admit that my own interests in the history of physics have concentrated on the period before 1939, and especially the first years of the century before 1914. But I would claim that most of the literature either ignores all the research that led up to the discovery or at most treats it in a brief preliminary chapter.

The course was initially entitled simply. The Atom Bomb, but since 1994 has been divided into two modules, one in each semester (October-January, January-June) :

1) " Science, Technology and the Atom Bomb " starts indeed in the 19th cen-tury and ends with the bombing of Hiroshima.

2) Nuclear Weapons and the Cold War (1945-1972) includes the story of the arms race-hydrogen bomb, ICBMS and ABMs, and MIRVs, questions of testing and mutually assured deterrence, examining particular incidents like the 1962 Cuban crisis ; but we also deal with the various attempts at negotiation. In this way the course can study the technical accomplishment, and the scientific pathways to greater accuracy and control, while weaving into the programme analyses of the political agendas and the military and industrial structures which informed and directed the making of crucial decisions.

Each student has the opportunity to give a seminar paper on one of the top-ics listed — if necessary, owing to numbers, in groups which will — we hope — work together as a team of three or four. Although numbers are, by the standards which used to prevail in British universities relatively large, every student must also write two essays for each module chosen from a list... Although both courses are dominated by what was happening in the USA — inevitably since the USA made the running almost from the start-other countries are included. Thus in Science Technology and the Atom Bomb we deal with the first British plans for such a weapon from the Frisch/Peierls memorandum onwards ; and also with the German programme, trying to assess reasons for its failure. to make much progress. In the second course some time is allotted to Soviet developments although until quite recently Western historians of Soviet nuclear science and nuclear technologies had far less access to USSR archives than to American ones. Since the course is being taught in Britain we devoted some time to the renewed Brish programme, on which the Labour government of Attlee launched the UK in the late 1940s. There is also now available an excellent book in English on the Chinese atomic bomb project[1].

The story of the Manhattan Engineering District and what led up to it in the USA from the famous " Einstein " letter and the first proposals of Szilard and others in 1939, through the Met. Lab. and Los Alamos has been well treated enjoying an abundant literature. Several years ago, in 1990, *Isis* published a bibliographical article on " Books on the Bomb " ;[2] more has appeared since. That bibliography excluded many articles ; indeed a truly comprehensive bibliography would be enormous. For teaching, however, we must go for a few outstanding works, even if some may have the character of introductions to the subject. One of the best popular writers on the subject is Richard Rhodes whose *The Making of the Atomic Bomb*[3] is strongly recommended to all students. Some might argue that his approach is too journalistic, but that may help to make it the more approachable for students. He has more recently come out with *Dark Sun*[4], a kind of sequel, which deals with the making of the hydrogen bomb. Books indeed continue to appear ; once David Holloway could gain some access to Russian sources he could write on *Stalin and the Bomb*[5]. Invaluable too for students are such works as those of Laurence Badash, John Newhouse and Roland Powaski, which all open in effect with the discovery of fission but carry on into the post War era[6]. Powaski's *March to Armageddon* is particularly useful, not least as a guide to further literature. Official papers have become available and official histories take us through the early years, as do contemporary scientific and official reports and other documents.

Of all the great moments in the history of science none has produced so many biographies and autobiographies. For the leading figures biographies were soon written some indeed, of the first to die, in the 1950s-such as Ernest Lawrence, Enrico Fermi-including a very readable account by his wife Laura, composed while he was still alive[7]. Then in the sixties, other brief memoirs by such men as Leo Szilard and George Gamow were published after their death in edited form. Otto Frisch wrote a book which deserves a prize for the most honest title of an autobiography, *What Little I Remember* Rudolf Peierls' *Bird of Passage* suggests that although he spent most of his long life in England he always felt himself somewhat foreign. Among others, Otto Hahn, Victor Weis-

1. J. Lewis, Xue Litai, *China Builds the Bomb*.

2. R. Seidel, " Books on the Bomb " (essay review), *Isis,* 81(1990), 519-537.

3. R. Rhodes, *The Making of the Atomic Bomb*, New York, 1986.

4. R. Rhodes, *Dark Sun*, New York, 1995.

5. D. Holloway, *Stalin and the Bomb*, Yale U.P, 1994.

6. L. Badash, *Scientists and the development of Nuclear Weapons*, New Jersey, 1995 ; J. Newhouse, *The nuclear Age*, London, 1989 ; R.E. Powaski, *March to Armageddon*, Oxford, 1987. Also useful are J. Melissen, *The Struggle for Nuclear Partnership*, Groningen, 1993 (on the relationship between Great Britain and the USA, reflected in British development of a British nuclear arsenal) ; and P.R. Josephson, *Totalitarian Science and Technology*, New Jersey, 1996.

7. L. Fermi, *Atoms in the Family*, New York, 1954.

skopf, Eugene Wigner, Emilio Segre, Stan Ulam, Leona Libby[8] have all written of their involvement Libby was the only woman it seems among the scientists of Los Alamos but in 1996 a biography of the much more eminent Lise Meitner has finally appeared. Numerous articles and biographies based on the subject's account are also available, so that we can form a picture of the role of writings of Edward Teller. As for the figure of Robert Oppenheimer which must dominate any account of Los Alamos, several biographies are available. Arthur Compton's *Atomic Quest* provides the personal account of another scientist who was as important in the story as Oppenheimer or Teller, perhaps even Fermi[9]. It is also possible to go back to physicists who played a key role in earlier developments, such as Rutherford, Cockcroft and Chadwick. Nor could any such list be exhaustive. Historians may look to the wider social and political structures and to changes that affect us all. Nevertheless, History students, and Science students too need to see the most active agents as people, whose motives and actions are open to investigation. In many ways, we find that whatever the risks in personalising historical processes, this method makes the subject more approachable.

8. As Leona Libby is a married name-and a second married name at that, I include here title here : L. Libby, *The Uranium People*, New York, 1979. But this article is not intended as a bibliography of all the biographies and autobiographies of atomic scientists, I do not give the numerous other potential items. A schedule and bibliography of the course can be supplied on request.

9. A. Compton, *Atomic Quest*, New York, 1956.

CONTRIBUTORS

Seiya ABIKO
Seirei Christopher College
Hamamatsu (Japan)

Seiya ARAMAKI
Fujita Health University
Toyoake (Japan)

Michel BLAY
Ecole Normale Supérieure
Lyon (France)

Pietreo CERRETA
Università di Napoli
Napoli (Italy)

Stéphane COLIN
Lille (France)

Michel COTTE
CDHT - CNAM
Paris (France)

Alberto Luiz DA ROCHA BARROS
IF - USP
São Paulo (Brazil)

Giulia DI GIROLAMO
Institut d'Histoire des Sciences
Stasbourg (France)

Fokko Jan DIJKSTERHUIS
University of Twente
Enschede (The Netherlands)

Manuel FERNANDES THOMAZ
Universidade de Aveiro
Aveiro (Portugal)

Olival FREIRE Jr.
Instituto de Física, UFBa
Salvador (Brazil)

Jacques GAPAILLARD
Centre François Viète
Nantes (France)

Haruo HAYASHI
Toyo University
Saitama (Japan)

Vadime I. IAKOVLEV
Perm State University
Perm (Russia)

Ryoichi ITAGAKI
Tokai University
Hiratsuka (Japon)

Walter KAISER
Rheinisch-Westfälische Technische
Hochschule
Aachen (Germany)

Alexander G. KELLER
Leicester University
Leicester (United Kingdom)

Nahum KIPNIS
Minneapolis (USA)

Chieko KOJIMA
Nihon University College
of Science and Technology
Tokyo (Japan)

Helge KRAGH
Aarhus University
Aarhus (Denmark)

Matteo LEONE
Turin University
Turin (Italy)

Vladimir MALANIN
Perm State University
Perm (Russia)

Joke MEHEUS
Université de Gand
Gand (Belgique)

Miroslav MIRKOVIĆ
Technićki Muzej Zagreb
Zagreb (Croatia)

I.C. MOREIRA
Instituto de Física - UFRJ
Rio de Janeiro (Brazil)

Gisela NICKEL
Deutsche Akademie der
Naturforscher Leopoldina
Ober-Olm (Germany)

Tomoji OKADA
Saitama (Japan)

Michel PATY
REHSEIS - CNRS - Université Paris 7
Paris (France)

Yves PIERSEAUX
Université libre de Bruxelles
Bruxelles (Belgique)

Bernard POURPRIX
Université des Sciences et
Technologies de Lille
Villeneuve d'Ascq (France)

Ana Maria RIBEIRO DE ANDRADE
Museu de Astronomia e Ciências Afins
Rio de Janeiro (Brazil)

Nadia ROBOTTI
Università di Genova
Genova (Italy)

Ricardo ROMÉRO
Université de Lille
Lille (France)

Arcangelo ROSSI
Università di Lecce
Lecce (Italy)

Arne SCHIRRMACHER
Deutsches Museum
Munich (Germany)

Alfredo TOLMASQUIM
Museu de Astronomia e Ciências Afins
Rio de Janeiro (Brazil)

Eri YAGI
Toyo University
Saitama (Japan)